Apache Pulsar
原理解析与应用实践

杨国栋　著

APACHE PULSAR PRINCIPLE ANALYSIS
AND APPLICATION PRACTICE

机械工业出版社
CHINA MACHINE PRESS

图书在版编目（CIP）数据

Apache Pulsar 原理解析与应用实践 / 杨国栋著 . —北京：机械工业出版社，2023.3
ISBN 978-7-111-72608-1

I.① A… II.①杨… III.①分布式处理系统 IV.① TP338

中国国家版本馆 CIP 数据核字（2023）第 027411 号

Apache Pulsar 原理解析与应用实践

出版发行：	机械工业出版社（北京市西城区百万庄大街 22 号 邮政编码：100037）		
策划编辑：孙海亮		责任编辑：孙海亮	
责任校对：贾海霞 张 征		责任印制：常天培	
印 刷：北京铭成印刷有限公司		版 次：2023 年 5 月第 1 版第 1 次印刷	
开 本：186mm×240mm 1/16		印 张：15.75	
书 号：ISBN 978-7-111-72608-1		定 价：99.00 元	

客服电话：（010）88361066 68326294

为什么要写本书

Pulsar 是一个集消息传递、消息存储、轻量化函数式计算于一体的云原生流数据平台。Pulsar 提供数据存储与消费能力，凭借优秀的架构设计、强大的可扩展性，在消息队列、流数据处理等多个领域被广泛使用。

笔者最初接触 Pulsar 时其社区版本是 2.4，彼时的 Pulsar 已崭露头角。但当时关于 Pulsar 的中文资料相当少，更不用说中文图书了，很多问题需要通过求助于社区和阅读源码来解决。那时的 Pulsar 虽然优秀，但是对于初学者来说学习与使用成本较高。在实际项目中，笔者及团队伙伴使用 Pulsar 构建了数据服务，也发掘出 Pulsar 在工程实践中的价值。笔者在学习与工作的过程中有意识地整理了大量与 Pulsar 相关的资料。

Pulsar 在 2016 年发布了第一个社区版本，经过多年的发展，越来越多的头部公司使用 Pulsar 来构建消息服务。截至本书写作时，Pulsar 已经迭代到 2.10 版本，功能日益完善，社区生态方兴未艾。通过 Pulsar，你不仅可以构建消息队列服务，还可以构建可靠的、高吞吐量的大数据应用，甚至可以为金融场景提供高可靠、高性能的服务支持。

很高兴有机会将自己学习与实践 Pulsar 的经验整理成册。希望本书能够帮助初学者尽快上手 Pulsar，并构建出更加稳健的服务。

读者对象

根据对 Pulsar 使用需求的不同，本书的读者群可以分为如下几类。

❑ 希望系统学习 Pulsar 并快速上手使用的初学者。

❑ 希望掌握 Pulsar 的核心运行原理及高级应用的中高级开发者。

❑ Pulsar 运维人员。

❑ Pulsar 爱好者，如 Pulsar 开源社区爱好者、对 Pulsar 感兴趣的其他人员等。

本书特色

本书从应用实践入手，注重理论与实践的结合，可让读者在快速上手应用的基础上了解其背后的原理。在介绍基础理论的同时，本书重点介绍如何基于理论快速构建出稳定的 Pulsar 服务，以及依靠丰富的 Pulsar 生态构建出以 Pulsar 为核心的一系列数据服务。

如何阅读本书

本书共 11 章，各章的主要内容如下。

第 1 章的目标是帮读者整体认识 Pulsar。本章不仅对 Pulsar 的背景和特性进行了介绍，还对比了其他几种开源消息队列工具。

第 2 章介绍 Pulsar 的基本概念与架构。通过对本章的学习，读者可以建立对 Pulsar 原理和构成的全局认识，为学习后续内容打下基础。

第 3 章介绍 Pulsar 的安装与部署过程。通过对本章的学习，读者可以在分布式、单机、容器化等多种环境下完成 Pulsar 的部署。

第 4 章以 Java 语言为例，介绍 Pulsar API 的基本使用方法。通过对本章的学习，读者能够具备 Pulsar 客户端开发的基本能力。

第 5 章介绍 Pulsar 中 Broker、BookKeeper、ManagedLedger 以及与主题管理相关的核心组件的工作原理。学完本章，读者可以掌握 Pulsar 的运行原理。

第 6 章介绍事务、消息队列协议、分层存储等 Pulsar 高级特性的原理与使用方法。

第 7 章介绍 Pulsar Function 与 Pulsar I/O，以及如何依靠 Pulsar Function 这一轻量级计算引擎实现简单的数据处理功能。

第 8 章介绍 Pulsar SQL 和 Trino。通过对本章的学习，读者可以了解 Pulsar SQL 的使用与配置方法，以及 Trino Pulsar 连接器的实现原理。

第 9 章介绍生产环境中使用 Pulsar 所需完成的安全配置，以及 Pulsar 运维所需监控和管理工具，最后还介绍了集群管理的相关知识。

第 10 章介绍如何将 Pulsar 与 Flink 结合，以及如何利用 Flink 的计算能力构建实时计算服务。

第 11 章介绍与 Pulsar 应用实践相关的经验，包括 Pulsar 应用模式、Pulsar 与 Spark 集成、Pulsar 数据库的变更数据捕获（CDC）和 Pulsar 可靠性优先场景等内容。

本书各章内容相对独立，对于初学者来说，建议从前到后依序阅读；对于有一定基础的读者来说，建议根据自身情况有选择地阅读。

勘误和支持

由于笔者的水平有限，书中难免会出现一些错误或者不准确的地方，恳请读者批评指正。为此，笔者特意创建了一个 GitHub 仓库，地址为 https://github.com/golden-yang/pulsar-demo，你可以将书中的错误或关于本书的疑问发布在 Issue 页面中。书中的全部源文件也可以从这个网址下载。

致谢

首先感谢腾讯公司可爱的同事们，感谢平时在工作和生活中一直支持笔者的领导和前辈。感谢韩亮、李苏兴、李玮、何川、何小成、王文植、吴兆松、张博、朱兴照、周维等多位同事在工作上的指导与支持。

感谢杭州电子科技大学的老师们，他们在笔者的研究生阶段帮笔者增长了见识，明确了发展方向。特别感谢笔者的硕士导师张建海教授、孔万增教授、朱莉老师三年里对笔者的帮助。是各位老师的言传身教让笔者拥有了挑战一切困难的勇气。感谢实验室的师兄、师姐、师弟、师妹多年的支持与陪伴。

感谢 Pulsar 社区中每一位开源贡献者，Pulsar 能成为一个成熟、优秀的开源项目，离不开所有人的努力。

最后感谢父母，感谢你们将笔者培养成人。感谢从写作初期就鼓励笔者大胆尝试的妻子。书稿完成之时家里也要准备迎接新成员。谨以此书献给笔者最亲爱的家人们！

目　录 *Contents*

基　础　篇

Chapter 1 第 1 章

Pulsar 概述

Apache Pulsar（后文均简称 Pulsar）是一个云原生分布式消息平台和流数据平台，由雅虎创建并在随后贡献给开源社区，现在是 Apache 软件基金会的顶级项目。本章将会从发展过程、应用场景及原始架构优势等角度对 Pulsar 进行介绍。

1.1 Pulsar 是什么

Pulsar 是一个分布式发布、订阅（pub-sub）消息的平台，具有非常灵活的消息传递模型以及跨语言的客户端 API。Pulsar 也是一个集消息传递、消息存储、轻量化函数式计算于一体的流数据平台。Pulsar 采用了计算与存储分离的架构，支持云原生、多租户、持久化存储、多机房跨区域数据复制等，具有高一致性、高吞吐、低延时及高可扩展性等流数据存储系统特性。

说到 Pulsar 就不得不提到 BookKeeper 了。BookKeeper 是从 Apache 孵化出的一个分布式日志存储系统。2011 年 BookKeeper 作为 ZooKeeper 的子项目孵化，并在 2015 年成为 Apache 的顶级项目。起初，BookKeeper 是一个预写日志（Write Ahead Log，WAL）系统，经过几年的发展，BookKeeper 的功能日趋完善，可以为 Hadoop 分布式文件系统（HDFS）的 NameNode 提供高可用和多副本功能，为日志流服务 DistributedLog 提供存储支持。BookKeeper 也可为消息系统 Pulsar 提供存储服务。Pulsar 通过合理运用 BookKeeper 的诸多优势，如低延迟写入、读写 I/O 分离、水平可扩展性等，成为一个可靠的消息队列系统。

2013 年雅虎创建了 Pulsar，并于 2016 年将 Pulsar 捐给了 Apache 软件基金会。Pulsar

在 2018 年成为 Apache 的顶级项目[⊖]，并被雅虎日本、腾讯、智联招聘、Bigo、百度等[⊜]国内外知名公司广泛使用。在实践中，Pulsar 解决了企业诸多痛点，下面将通过两个例子进行介绍。

雅虎日本是雅虎和软银合资成立的一家日本互联网公司，其运营的网站是在日本最受欢迎的门户网站之一。雅虎日本的互联网服务在日本市场占主导地位。2019 年，雅虎日本就支持 100 多个应用，并拥有超过 150 000 台服务器。雅虎日本的多个数据中心使用 Pulsar 来支持大量内部应用，如内容更新通知、邮寄服务的工作队列、日志管道等[⊜]。之所以雅虎日本会使用 Pulsar，是因为只有高性能、可扩展、稳定的消息队列服务才能满足海量用户的需求，还因为它需要提供多租户功能来满足众多服务的需求。此外，雅虎日本拥有众多数据中心，对跨地域复制有强烈的需求，这也需要 Pulsar 的支持。

腾讯计费系统（米大师）是孵化于腾讯内部，用于支撑千亿级营收的互联网计费平台，它汇集了国内外主流支付渠道，可提供账户管理、精准营销、安全风控、稽核分账、计费分析等多种服务^⑨。该系统承载了公司的每天数亿收入大盘，为来自 180 多个国家或地区的 100 多万结算商户、万级业务代码提供服务，托管账户总量超过 300 亿个，是一个全方位的一站式计费平台^⑤。在该系统中，需要通过消息队列提供高一致、高可用的消息通道能力，结合事务状态表最终使各种异常收敛。因此腾讯计费系统对分布式消息队列提出的要求为高一致性、高可用性、海量存储及快速响应。因为 Pulsar 原生具有高一致性、存储和服务分离架构的扩容友好性，同时支持多种消费模式和多域部署模式，相比 Kafka^⑥、RocketMQ^⑦等消息队列更有优势，所以腾讯技术团队选择基于 Pulsar 构建腾讯计费系统的消息队列能力。

为了在腾讯计费场景中更好地应用 Pulsar，腾讯技术团队对 Pulsar 做了一些功能优化，如延迟消息和定时重试，并回馈给社区。

1.2 Pulsar 的优势

开源领域中有诸多优秀的开源消息队列，如 RabbitMQ、RocketMQ 和 Kafka。在它们的基础上，Pulsar 实现了很多上一代消息系统或者上一代流数据系统没有实现的功能和特性，比如云原生、多租户、存储与计算分离、分层存储等。针对之前消息队列系统的诸多痛点，Pulsar 予以解决。

⊖ 参见 https://yahooeng.tumblr.com/post/150078336821/open-sourcing-pulsar-pub-sub-messaging-at-scale。

⊜ 参见 https://pulsar.apache.org/en/powered-by/。

⊜ 参见 https://streamnative.io/success-story/tencent/。

⑨ 参见 https://cloud.tencent.com/product/cpdp。

⑤ 参见 https://cloud.tencent.com/developer/article/1492260。

⑥ 参见 https://kafka.apache.org/。

⑦ 参见 https://rocketmq.apache.org/。

本节将从多个角度介绍 Pulsar，让读者对 Pulsar 的优势有一个整体认识。为了帮助大家深刻理解这些优势，本节和 1.3 节都会对 Pulsar、RocketMQ、Kafka 进行对比。

1.2.1 Pulsar 不只是消息队列

消息队列是在消息的传输过程中保存消息的容器。消息队列是分布式系统中重要的中间件，在高性能、高可用、低耦合等系统架构中扮演着重要的角色。在业务系统中，通过消息队列可以实现异步通信并解耦业务系统；在访问量剧增的情况下，通过消息队列可以实现流量的削峰填谷。

在大数据场景下，大数据系统需要处理流式数据，如业务日志数据、监控数据、用户行为数据等。通过消息队列可对这些数据进行采集和汇总，然后导入大数据实时计算引擎，或利用消息对接功能写入存储之中。使用消息队列可解决异构系统的数据对接问题。

基于上述背景和问题，Pulsar 诞生了。

1）**Pulsar 是一个分布式消息平台，可以同时处理流式数据和异构系统数据对接这两类问题。** 这是因为 Pulsar 具有非常灵活的消息传递模型。

2）**为了实现更加丰富的消费模式，Pulsar 提出了订阅的概念。** 订阅是一种数据消费的规则，它决定了如何将消息传递给消费者。不同的订阅模式可决定多个消费者在消费时的不同行为。Pulsar 提供了多种订阅模式——独占模式（Exclusive）、故障切换模式（Failover）、共享模式（Shared）、键共享模式（Key_Shared），可以根据不同的业务场景选择不同的订阅模式。Pulsar 还提供了数据连接器的功能，Pulsar I/O 是 Pulsar 提供的将数据灵活地导入其他系统或从其他系统中导出的工具。

3）**Pulsar 是一个集消息传递、消息存储、轻量化函数式计算于一体的流数据平台。** Pulsar 不仅提供了数据的存储与消费能力，还提供了一定的流处理能力。Pulsar Function 是 Pulsar 自带的一个轻量级计算引擎，可以对 Pulsar 内的数据进行简单统计、过滤、汇总。

4）**Pulsar 是一个分布式可扩展的流式存储系统，** 并在数据存储的基础上构建了消息队列和流服务的统一模型。其中，Pulsar 具有的消息队列功能类似于 RabbitMQ 和 RocketMQ 在业务系统中的功能，数据流的模型类似于大数据系统中的 Kafka。注意，消息队列和流服务这两个概念并不是完全无关的，它们只是在逻辑上侧重点不同而已。

1.2.2 存储与计算分离

很多人都知道存储和计算分离，那么为什么需要存储和计算分离呢？Pulsar 为什么可以实现存储和计算分离呢？

1. 为什么需要存储和计算分离

在分布式系统中，有许多存储与计算混合部署的产品，如 Hadoop 与 Kafka。在架构设计时选择计算和存储混合部署，可以将计算移动到数据所在的地方，充分发挥数据本地读写的优势，加快计算速度并降低网络带宽的影响。Kafka 是将计算和存储混合部署的优势发挥到极致的一个项目。

Kafka 最初由领英开发，并于 2011 年年初开源，于 2012 年成为 Apache 顶级项目。Kafka 项目的目标是为实时数据处理提供一个统一、高吞吐、低延迟的平台。

在 Kafka 中，每个分区的管理与存储职能都依赖其中一个服务端节点（承担分区 Leader 角色的 Broker 节点）。该节点在处理数据写入请求的同时，会将数据写到本机的存储路径下，并负责向其他副本写入数据。在数据的读取过程中，该节点负责读取磁盘数据并发送回客户端。在 Kafka 的架构中，存储与计算功能都由一个 Kafka Broker 节点负责，这样可简化服务端处理流程，增大单机的处理吞吐量。RabbitMQ 和 RocketMQ 与 Kafka 类似，采用的也是存储与计算相结合的设计方式。

随着技术的进步，网络速度越来越快，不再是分布式系统的瓶颈，而计算机磁盘 I/O 速度增长相对缓慢，计算和存储混合的架构缺点随之逐渐显现⊖。

计算与存储混合的设计可能会造成机器资源的浪费。当系统的计算资源或存储资源不足时，需要对系统进行扩容。此时无论计算资源和存储资源谁先达到瓶颈，都需要增加机器，所以可能会浪费很多机器资源。当对存储资源进行扩容时，在计算和存储混合的模式下可能需要迁移大量数据，进而大大增加扩容成本。

由于计算和存储混合暴露出来的缺点越来越多，加之网络速度越来越快，架构设计又重新回到计算和存储分离这一方向上⊖。

2. Pulsar 存储与计算分离的原理分析

Pulsar 是一个存储与计算分离的消息队列，其中提供计算服务的角色被称为 Broker，提供存储服务的角色被称为 Bookie。Broker 是服务端的一个无状态组件，主要负责两类职能——数据的生产消费与 Pulsar 管理。真正扛起存储重任的是 BookKeeper。

Broker 提供的是无状态的计算服务，在计算资源不足时可独立扩容。Bookie 提供的是有状态的存储服务，Pulsar 中的数据会以数据块的形式分配到不同的 Bookie 节点。当存储资源不够时，可通过增加 Bookie 节点进行扩容。Pulsar 会感知 Bookie 集群的变化，并在合适的时机使用新增加的 Bookie 节点进行存储，这就避免了人为迁移数据的操作。Broker 与 Bookie 的扩容相互独立，避免了资源浪费，提高了 Pulsar 的可维护性。

Pulsar 是一个复杂的系统，由多个组件构成，第 2 章会对 Pulsar 的基本结构进行更详细的介绍。

1.2.3 云原生架构

云原生是一种在云计算时代构建和运行应用的方法，可以充分利用和发挥云平台的弹

⊖ 参见 http://norvig.com/21-days.html。
⊖ 参见 https://blog.csdn.net/li563868273/article/details/104164356/。

性、自动化优势。云原生应用在云上可以最佳方式运行，让业务系统的可用性、敏捷性和可扩展性得到大幅提升。

云原生的代表技术包括容器、服务网格（Service Mesh）、微服务、不可变基础设施和声明式 API 等。利用这些技术能够构建容错性好、易于管理和便于观察的松耦合系统。结合可靠的自动化手段，云原生技术使工程师能够轻松地对系统做出频繁和可预测的重大变更。

云原生应用能够做到容器化，容器可以让应用以一种标准化的方式进行交付，以一种敏捷、可扩展和可复制的方式部署到云上，从而充分发挥云的能力。容器消除了线上与线下的环境差异，保证了应用在生命周期内环境的一致性和标准化。云原生基础设施能够提供动态编排调度功能。应用开发者可以借助 Docker 将应用和依赖打包到一个可移植的容器中，并通过 Kubernetes 进行容器化管理，实现集群的自动化部署、扩缩容、维护等功能。

Pulsar 是一个云原生应用，拥有诸多云原生应用的特性，如无状态计算层、计算与存储分离，可以很好地利用云的弹性（伸缩能力），从而具有足够高的扩展性和容错性。Pulsar 是消息队列领域基于云原生基础架构设计的产品，它能够很好地在容器化环境中运行。

Pulsar 采用的存储与计算分离架构在云原生环境中有着更大的价值。Pulsar 实例中的存储节点可以由一组 Bookie 容器负责，计算节点由一组 Broker 容器负责。存储与计算节点可以完全独立扩缩容，通过 Kubernetes 这样的容器编排工具，业务方可以快速构建可弹性扩缩容的云原生消息队列。

此外，Pulsar 对 Kubernetes 有良好的支持。在开源项目 Apache Pulsar Helm Chart[⊖]的支持下，Pulsar 可以保障业务轻松迁移到 Kubernetes 环境中。在 Apache Pulsar Helm Chart 项目中，Kubernetes 可以单独管理各类组件，如 Zookeeper、Bookie、Broker、Function、Proxies。除此之外，Apache Pulsar Helm Chart 项目中还集成了 Pulsar 的管理与监控工具，如 Pulsar Manager、Prometheus 与 Grafana。

社区还提供了 Pulsar Operator。Pulsar Operator 是一个在 Kubernetes 中管理 Pulsar 集群的控制器[⊖]，它为 Pulsar 提供了完整生命周期的管理功能，包括部署、升级、扩展和配置更改。借助 Pulsar Operator，Pulsar 可以在部署于公共云或私有云上的 Kubernetes 集群中无缝运行。

1.2.4 Pulsar 的存储特性

Pulsar 依赖 BookKeeper 构建存储能力，并因此具备了分块存储、分层存储、存储与计算分离的特性。本节将深入讨论 Pulsar 的存储特性。

在大数据系统中，使用分块存储的系统有着悠久的历史，从 GFS（Google File System，Google 文件系统）到开源的 HDFS（Hadoop File System）。这种面向大规模数据密集型应用

⊖ 参见 https://github.com/apache/pulsar-helm-chart。

⊖ 参见 https://operatorhub.io/operator/pulsar-operator。

的、可伸缩的分布式文件系统在大数据存储领域引起巨大反响。基于分块存储的文件系统可以运行在廉价的普通硬件设备上，并提供灾难冗余的能力⊖。

在这类分布式文件系统中，所有的文件被抽象成数据块进行存储，因此我们可以方便地对这类文件系统进行扩展。

众多的消息队列所采用的数据存储结构各异，我们将通过对比 Kafka 与 RocketMQ 来介绍 Pulsar 的分块存储结构。

1. Kafka 的存储结构

Kafka 基于只追加日志文件策略构建了核心存储结构，消息队列中的数据以日志的方式进行组织，对日志的所有写操作都提交在日志的最末端，而对日志的读取也只能按顺序进行。每个主题的每个分区都对应着一个独立文件，Kafka 的分区对应着文件系统的物理分区。该设计让 Kafka 具有了高吞吐量与低成本的优势。机械硬盘的连续读写性能较好，但随机读写性能很差，这是因为磁头移动到正确的磁道上需要时间。随机读写时，磁头需要不停地移动来进行寻址，这浪费了很多时间，因此整体性能不高。顺序写入文件的存储结构使 Kafka 即使使用机械硬盘也可以拥有高性能与高吞吐量。

Kafka 可以借助多分区来实现主题级别的扩展，也可以通过增加物理机的方式实现一定程度的横向扩容。但是，也正是因为这种存储结构，在大规模集群中使用 Kafka 会引入了新的问题。

❑ 会带来额外的运维成本。在 Kafka 中每一个分区都只能归属于一台机器，即 ISR（In-Sync Replicas，同步的副本）集合中的一个主节点。Kafka 的多个数据副本只能保证高可用性，每个分区的容量大小受限于主节点的磁盘大小。如果在单个磁盘即将被占满时进行扩容，需要运维人员进行扩展分区和迁移数据等操作。

❑ 有单机分区上限问题。每个 Kafka 分区都会使用一个顺序写入的文件进行数据存储。但是在单个 Kafka 节点上有成百上千个分区时，从磁盘角度看，若顺序写入过多则其会退化为随机写入，此时磁盘读写性能会随着分区数量的增加而降低。因此 Kafka 单节点可以支持的分区数量是有限制的。

2. RocketMQ 的存储结构

在 RocketMQ 消息队列中，消息的存储是由内部的消费队列（ConsumeQueue）和提交日志（CommitLog）配合完成的。消息的物理存储文件是 CommitLog，ConsumeQueue 是消息的逻辑队列，在消息队列中起索引的作用。在 RocketMQ 中每个实际的主题都对应着一个 ConsumeQueue，其中存放着 CommitLog 中所有消息的存放位置。CommitLog 以物理文件的形式存放在服务器中，并被当前服务器中所有 ConsumeQueue 共享。不同于 Kafka 使每个逻辑队列都对应着一个物理分区，RocketMQ 采用物理存储与逻辑队列相互分离的分区

⊖　Ghemawat S, Gobioff H, Leung S T. The Google file system[C]//Proceedings of the nineteenth ACM symposium on Operating systems principles. 2003: 29-43.

方式，这种分区方式可以称为逻辑分区。

在逻辑分区方式下，多个分区的数据会写入同一个数据文件中，这使 RocketMQ 可以支持大量的分区数据量，但是在消费数据时却会因存在较多的随机读操作而降低数据读取的效率。针对逻辑分区的架构，RocketMQ 做了一些优化，例如 CommitLog 以顺序写的形式来提高写入性能，在随机读取时充分利用操作系统的页缓存机制来提升读取性能。但是理论上 RocketMQ 的吞吐量依然比 Kafka 低。

3. Pulsar 的存储结构

Pulsar 利用 BookKeeper 实现了分块存储的能力，它在一定程度上兼具 Kafka 物理分区与 RocketMQ 逻辑分区的优点。

在 BookKeeper 中，Ledger 代表一个独立日志块或一段数据流，是持久化存储的单元。记录会被有序地写入 Ledger 中。数据一经写入就不允许进行修改了。Pulsar 能够将每个主题映射为多个独立的数据段，每个数据段对应一个 Ledger。随着时间的推移，可以为主题创建多个数据段，为 Pulsar 主题提供几乎无限的存储能力。

每个 Ledger 都拥有独立的 I/O 能力，Pulsar 可以将 Broker 上的网络 I/O 均匀分布在不同的 Bookie 节点上，又可以充分利用 Bookie 节点的 I/O 能力。Pulsar 通过 BookKeeper 获得了容量和吞吐量方面的水平可扩展能力，通过向集群添加更多 Bookie 节点，可以立即增加容量与吞吐量。

Pulsar 的存储原理将在第 5 章详细介绍，这里暂不展开。

1.2.5 消息传输协议

Pulsar 支持可插拔的协议处理机制，可以在运行时动态加载额外的协议处理程序。基于消息队列协议层，目前 Pulsar 已经支持 Kafka、RocketMQ、AMQP 和 MQTT 等多种协议。并将自身云原生、分层存储、自动负载管理等诸多特性推广至更多的消息队列系统[⊖]。

Pulsar 协议层支持的 Kafka 项目为 Kafka on Pulsar（KoP）协议。通过将 KoP 协议部署在现有的 Pulsar 集群中，用户可以在 Pulsar 集群中继续使用原生的 Kafka 协议，同时能够利用 Pulsar 的强大功能，完善存量 Kafka 应用的使用体验。

在使用原生 Kafka 客户端的情况下，通过 Pulsar 可构建 Kafka 服务端功能，从而以低成本的方式解决 Kafka 在多租户支持、负载均衡、海量主题支持等方面的痛点。更多关于 Pulsar 消息传输协议的内容会在 6.2 节介绍。

1.2.6 消费方式

从消息队列中读取数据的角色称为消费者。消费者从消息队列中读取数据有两种方法——主动拉取（Pull 模式）与被动接收（Push 模式）。在 Pull 模式下，消费者会不断轮询

⊖ 参见 https://github.com/apache/pulsar/wiki/PIP-41%3A-Pluggable-Protocol-Handler。

消息队列，判断是否有新的数据，如果有就读取该数据。在 Push 模式下，一旦生产者有新数据放入消息队列中，系统就会推送给消费者。

Push 模式具有更好的实时性，由服务端发送消息，消息在客户端缓冲队列等待客户端的实际读取。该模式需要有一定的反压机制，以避免因消息堆积导致内存溢出。Pull 模式能够更好地控制数据流，数据拉取的操作由客户端控制，客户端在需要读取数据时会主动发送数据拉取请求，服务端根据该请求将数据发送到客户端。

RocketMQ 与 Kafka 都基于 Pull 模式进行数据读取。Pull 模式的优势在于可以控制数据的消费速度和消费数量，保证消费者不会达到饱和状态。但是在没有数据时，会出现多次空轮询，浪费计算资源。

Pulsar 中的消费者在读取数据时采用以 Push 模式为主、Pull 模式为辅的同步模式。Pulsar 中的客户端有一个缓冲队列。客户端会向服务端发送流量配额请求，服务端会主动向客户端推送配额允许范围内的数据。消费者连接建立后，服务端通过配额向消费者推送数据。与此同时，消费者每消费一条数据都会增加客户端流量配额计数，在配额计数达到队列的一半时，客户端会再次发送流量配额请求，请求服务端推送数据。数据同步的原理会在 5.4.3 节进行更加详细的介绍。

1.2.7　丰富的功能与生态

用户在使用消息队列或者流式服务时，有时遇到的应用场景仅是对消息进行搬运，或者进行一些简单的统计、过滤、汇总等操作，Pulsar 通过 Pulsar Function 就可以原生支持这些功能。Pulsar 官方提供了多种导入与导出数据的连接器。通过简单地配置 Pulsar I/O，可灵活地将 Pulsar 与关系型数据库、非关系型数据库（如 MongoDB）、数据湖、Hadoop 生态等外部系统相结合。Pulsar Function 相关内容会在第 7 章进行更加详细的介绍。

在大数据应用中，Pulsar 可以用于存储结构化数据。结构化数据由预定义的字段构成，Pulsar 提供了 Schema 功能来进行结构化定义。通过 Pulsar SQL 功能，Trino Pulsar 连接器使 Trino 集群内的 Trino Worker 能够通过 SQL 语句查询数据。Pulsar SQL 相关内容会在第 8 章进行更详细的介绍。

在 Pulsar 中使用运维管理与监控工具，如 Prometheus、Grafana、Pulsar Manager 等，能够减少在运维、优化、排错方面的投入。第 9 章将会介绍如何使用这些工具。

经过社区的努力，现在 Pulsar 可以与多种大数据生态结合，如 Kafka、HDFS、HBase、Flink、Spark、Trino 等。Pulsar 与 Flink 结合的内容将会在第 10 章进行介绍。Pulsar 在大数据生态中的应用场景与使用方法会在第 11 章进行介绍。

1.3　消息队列对比

在 Pulsar 出现之前开源社区中已有多种消息队列，Pulsar 的设计必然会站在"前人"的肩膀上，参考前一代消息队列的功能与设计。本节结合其他几种消息队列，对 Pulsar 消息队列的性能、可靠性及功能进行介绍和对比。

1.3.1 消息队列简介

目前有多种开源消息队列，其中比较典型的有 2007 年发布的 RabbitMQ，2010 年诞生的 Kafka，2011 年推出的 RocketMQ，以及 2016 年成为 Apache 顶级项目的 Pulsar。

1.2.2 节已经对 Kafka 的发展历史和基本架构进行了简单介绍，本节将介绍另外两种较为流行的开源消息队列。

1. RabbitMQ

RabbitMQ 是采用 Erlang 语言实现的 AMQP 消息中间件，它起源于金融系统，用于在分布式系统中存储与转发消息。AMQP 是一种用于异步消息传递的应用层协议，AMQP 客户端能够无视消息来源，任意发送和接收消息，服务端负责提供消息路由、队列等功能。

RabbitMQ 的服务端节点称为 Broker。Broker 主要由交换器（Exchange）和队列（Queue）组成。交换器负责接收与转发消息。队列负责存储消息，提供持久化等功能。AMQP 客户端通过 AMQP 信道（Channel）与 Broker 通信，通过该信道生产者与消费者完成数据发送与接收。

2. RocketMQ

RocketMQ 是一个分布式消息系统，具有低延迟、高性能、高可靠性、万亿级容量和灵活的可扩展性等特点。RocketMQ 是 2012 年阿里巴巴开源的分布式消息中间件。2016 年 11月 21 日，阿里巴巴向 Apache 软件基金会捐赠了 RocketMQ。2017 年 2 月 20 日，Apache软件基金会宣布 Apache RocketMQ 成为顶级项目。

RocketMQ 的架构可以分为 4 个部分——Broker、NameServer、Producer、Consumer。RocketMQ 的服务端节点称为 Broker，Broker 负责管理消息存储分发、主备数据同步、为消息建立索引、提供消息查询等。NameServer 主要用来管理所有的 Broker 节点及路由信息。Producer 与 Consumer 负责数据发送与接收。

RocketMQ Broker 依靠主备同步实现高可用，消息到达主服务器后，需要同步到备用服务器上，默认情况下 RocketMQ 会优先选择从主服务器拉取消息。如果主服务器宕机，消费者可从备用服务器拉取消息。备用服务器会通过定时任务从主服务器定时同步路由信息、消息消费进度、延迟队列处理进度、消费组订阅信息等。

RocketMQ 5.0 版本在架构上进行了存储与计算的分离改造。它引入无状态的 Proxy 集群来承担计算职责，原 Broker 节点逐步演化为以存储为核心的有状态集群。在不同场景下，可以根据应用场景和部署环境（公有云或私有云）为 RocketMQ 选择存储与计算一体化或者分离的使用方式。

1.3.2 性能与可靠性

高性能和高可靠性是消息队列涉及的两个主要话题，本节将从这两个角度对多种开源消息队列进行讨论。

1. 副本与存储结构

在分布式系统中，集群的高可用一般通过多副本机制来保障。Pulsar、Kafka、RabbitMQ 与 RocketMQ 都依赖副本或备份来保障高可用。Kafka 以分区维度进行高可用保障，每个分区的数据会保存多个副本。在多个副本中会有一个被选为主副本并负责数据的读取与写入。与此同时，主副本还负责将数据同步至其他副本。在集群视角下，各个主副本会分布在不同的节点上，从全局来看，每个服务端的负载是相对均衡的。为确保负载均衡和高可用性，当新的服务端节点加入集群的时候，Kafka 中部分副本可以被移动到新的节点上。

RocketMQ 依赖主从复制机制来实现数据的多副本，从而保证服务的可靠性。不同于 Kafka 采用物理分区方式（每个分区对应一个真实的日志文件），RocketMQ 采用逻辑分区的方式。RocketMQ 消息的存储由逻辑队列和物理日志一同实现，其中物理日志负责将消息存储在物理存储介质中，而消息的逻辑队列里存储对应消息的物理存储地址。在物理存储部分，RabbitMQ 也采用类似的主从复制机制来保障高可用。

Pulsar 通过 BookKeeper 实现了数据的高可靠。在 BookKeeper 中 Ledger 是基本的持久化存储单元。Pulsar 的每个主题的数据都会在逻辑上映射为多个 Ledger。每个 Ledger 在服务端会存储多个副本。为了灵活地控制存储时的一致性，BookKeeper 在存储时提供了 3 个关键的参数——数据存储的副本数（Ensemble Size，直译为集合数量）、最大写入副本数（Write Quorum Size，直译为法定写入数量）、最小写入副本数（Ack Quorum Size，直译为法定确认数量）。

在上述几种消息队列中，不同的副本方案和数据存储方案决定了其使用场景。Kafka 在大数据场景下可以取得极高的吞吐量，但是在单节点分区数很多的情况下，受物理分区设计的影响，在使用机械磁盘时 Kafka 的性能会受到很大影响。RocketMQ 的存储模型决定了主题的个数不会成为其性能瓶颈。RocketMQ 通过逻辑分区的机制可以轻松拓展主题数量。也因为这种逻辑分区的机制，在同等场景下 RocketMQ 的吞吐量达不到 Kafka 的水平。

Pulsar 采用另一种综合方案，在 Broker 端每个主题都是逻辑主题，这使其可以轻松支持海量主题。而在每个存储分块内部，由于采用了 BookKeeper 读写分离机制和顺序读写存储机制，在全局情况下 Pulsar 可以获得不低于 Kafka 的吞吐量。当然，凡事都有代价，在存储与计算分离的情况下，Pulsar 势必会占用更多的网络 I/O。为了获取更好的性能，BookKeeper 客户端在写入多副本时，也是由客户端完成多副本写入操作的，而不是采用服务端复制的方式，这进一步加大了 Broker 与 Bookie 之间的网络资源消耗量。不过，当磁盘 I/O 比网络 I/O 更容易成为性能瓶颈时，这种消耗是值得的。

当前版本的 Pulsar（截至本书完稿时）还是一个强依赖 Zookeeper 的系统，每个主题与 Ledger 之间的元数据信息都需要存储在 Zookeeper 中，这必将对 Zookeeper 造成比较大的压力。社区正在积极解决这个问题。瑕不掩瑜，在综合考量存储设计的情况下 Pulsar 解决了上一代消息队列的很多问题。

目前消息队列在存储方面大都采用多副本的机制来保障可靠性，此时单副本是否可靠决定了消息队列的存储是否可靠。在存储组件收到写入操作时，数据刷盘根据行为的不同可以分为同步刷盘与异步刷盘。同步刷盘是增强一个组件可靠性的有效方式，存储组件会在收到写入请求的同时进行写入操作，然后返回写入成功的响应；而异步刷盘会优先保障写入性能，并以异步的方式写入存储设备。Pulsar、Kafka 和 RabbitMQ 都支持单副本上的同步刷盘与异步刷盘。

2. 语义支持与一致性级别

在很多情况下，高性能与高可靠是相悖的。根据 CAP 定理，在一个分布式系统中，一致性（Consistency）、可用性（Availability）、分区容错性（Partition tolerance）三者不能同时满足。因此在进行分布式架构设计时必须做出取舍。分布式系统中的可靠性代表着多个副本之间的一致性，而提高一致性势必要对可用性和分区容错性进行取舍，从而造成功能或性能的下降。

消息在生产者和消费者之间进行传输的方式有 3 种——至多一次（At most once）、至少一次（At least once）、精确一次（Exactly once，又称精准一次）。下面我们分别看看 Kafka、Pulsar、RocketMQ 在这方面的表现。

（1）Kafka

我们先来看看 Kafka，其具有幂等性和事务功能。Kafka 的幂等性是指单个生产者对于单分区单会话的幂等，而事务可以保证消息原子性地写入多个分区，即消息写入多个分区要么全部成功，要么全部回滚。这两个功能加起来可以让 Kafka 具备精确一次语义的能力。

（2）Pulsar

Pulsar 可以通过幂等生产者在单个分区上写入数据，并保证其可靠性。通过客户端的自增序列 ID、重试机制与服务端的去重机制，幂等生产者可以保证发送到单个分区的每条消息只会被持久化一次，且不会丢失数据。

另外，Pulsar 事务中的所有生产或消费操作都作为一个单元提交。一个事务中的所有操作要么全部提交，要么全部失败。Pulsar 保障每条消息都只被写入或处理一次，且即使发生故障数据也不会丢失或重复。如果事务中止，则该事务中的所有写入和确认操作都将自动回滚。综上可以发现，Kafka 与 Pulsar 的事务功能都是为了支持精确一次语义的。

（3）RocketMQ

RocketMQ 也提供了精确一次语义。RocketMQ 中的精确一次语义适用于接收消息，处理消息，将结果持久化到数据库的流程中，从而保证每一条消息消费的最终处理结果有且仅有一次写入数据库。也就是说，RocketMQ 可以保证消息消费的幂等性。

RocketMQ 的事务流程被分为正常事务消息的发送和提交以及事务消息的补偿两个阶段。在消息发送过程中，生产者将消息发送到服务端后，若服务端未收到生产者对该消息的二次确认，则该消息会被标记成不可用状态。处于不可用状态的消息称为半事务消息，此时消费者无法正常消费这条消息。另外，若发生网络闪断、生产者应用重启等情况，导致某条消息的二次确认丢失，那么 RocketMQ 服务端需要主动向消息生产者询问该消息的最终状态（Commit 或 Rollback），该询问过程即消息回查。

RocketMQ 中的事务在业务系统中会有更多表现能力。RocketMQ 中事务的作用是确保执行本地事务和发消息这两个操作要么都成功，要么都失败。RocketMQ 还增加了一个事务反查机制，以尽量提高事务执行的成功率和数据一致性。而 Kafka 与 Pulsar 中的事务的作用是确保多个主题之间的精确一次语义，即确保在一个事务中发送的多条消息要么都成功，要么都失败。

3. 扩展能力

当消息量突然上涨，消息队列集群到达瓶颈的时候，需要对集群进行扩容。扩容一般分为水平扩容和垂直扩容两种方式：水平扩容指的是往集群中增加节点，垂直扩容指的是把集群中部分节点的配置调高以增加其处理能力。在分布式系统中，大家更加期待能够发挥分布式集群的水平扩容能力。

Kafka 是一个存储与计算混合的消息队列。由于 Kafka 集群采用主题物理分区设计，数据会存储在服务端节点上，而新加入集群的节点并没有存储分区，所以无法马上对外提供服务。因此需要把一些主题的分区分配到新加入的节点，此时需要运维人员介入。在分区消息均衡的过程中，需要将某些分区的数据复制到新节点上，并在扩缩容前评估好所需容量。在针对大规模集群进行维护的过程中，若某个主题流量剧增，此时也需要运维人员介入，手动进行负载均衡。

由于采用了主备设计，RocketMQ 的服务端扩展能力比较强，只要将主备设备新增到集群中即可。但是需要在扩容完毕后，在新增的服务端节点创建对应的主题和订阅组信息。RocketMQ 服务端具备读、写权限控制能力，可以针对单个主题的单个队列进行读写控制，这非常便于进行运维操作。Kafka 的分区是在不同的物理机器上实现的，而 RocketMQ 采用的是逻辑分区，因此不存在消息均衡的情况。

Pulsar 的服务端的 Broker 负责接入、计算、分发消息等职能，Bookie 负责消息存储，两者均可以按需动态地进行扩缩容处理。服务端会周期性地获取各个 Broker 节点的负载情况，并根据负载情况进行负载均衡，即每次扩容后都可以自动进行负载均衡。

因为 Bookie 是有状态的服务端节点，任一主题相关的消息都不会与特定存储节点进行捆绑，因此可以轻松替换存储节点或对其所在集群进行扩缩容。集群中最小或最慢的节点不会成为存储或带宽的短板。Bookie 集群扩容后，再写入新消息的时候会选用新加入的、负载低的节点作为候选节点。在存量数据不受影响，并且无须手动进行负载均衡的情况下，Pulsar 会将新增消息写入新扩容的节点。

1.3.3　功能特性对比

性能是进行消息中间件选型时要参考的重要维度，但并不是唯一的维度，在选型过程中还要考虑消息队列能否满足业务需求，即考虑功能特性。本节将从多个角度对消息队列的功能特性进行讨论。

1. 消息模式

消息队列一般有两种消息读取模式——点对点（Point to Point，P2P）模式和发布订阅模式。在点对点模式下，某条消息被消费以后，消息队列不会再推送该消息。虽然消息队列可以支持多个消费者共同消费消息，但是同一条消息只会被一个消费者消费。发布订阅模式定义了如何向一个内容节点发布和订阅消息，这个内容节点称为主题。主题可以认为是消息传递的中介，消息发布者将消息发布到某个主题，而消息订阅者则从主题中订阅消息。

主题使得消息的订阅者与发布者互相保持独立，不需要接触即可完成消息的传递。发布订阅模式在一对多广播消息时采用。RabbitMQ 采用的是点对点模式，而 Kafka、Pulsar 与 RocketMQ 采用的是发布订阅模式。不过在 RabbitMQ 中可以通过设置交换器类型实现发布订阅模式以达到广播消费的效果，在发布订阅模式中也能以点对点的形式进行消息消费。

在消息队列中，有时需要保障消息的有序性。如 Kafka、RocketMQ、Pulsar 等消息队列会将消息按照分组关键字（或对应的 Key）分类，将同一 Key 的顺序消息分发到同一个分区中，借此实现单分区内消息的有序性。消费时，每个分区与消费组保持一对一的关系，通过简单的处理即可保证消费的有序性。

消息的可回溯性也是消息队列的重要特性。一般消息在消费完成之后就被处理了，之后再也不能消费该条消息。通过消息回溯可在消息被消费完成之后，再次消费该消息。在一些事务性场景中，如果消息中间件本身具备消息回溯功能，那么可以通过回溯已被消费的消息来满足一些特殊的业务需求。Kafka、Pulsar、RocketMQ 都支持消息回溯，可以根据时间戳或指定消费位置，重置消费组的偏移量使对应消息可以被重复消费。RabbitMQ 不支持回溯，消息一旦被标记确认就会被删除。

对于业务场景中对消息队列的使用需求，我们称为传统的消息队列应用场景。消息队列的主要应用场景包括低延迟订阅服务、流量削峰、异步请求处理等。在这些应用场景下，对消息的可靠性要求比较高。

在大数据系统中，消息队列是流数据的存储介质，是连接实时计算的基础组件，为大数据系统提供缓存与部分存储能力。在这种场景下，高吞吐量是最先被考虑的指标。例如，目前大数据的流处理系统事实标准 Kafka 就用了诸多设计来保障高吞吐量。首先，Kafka 使用了物理分区的设计（每个分区对应独立的存储文件），这使我们可以利用磁盘的顺序写入特性来增加吞吐量；其次，Kafka 使用了页缓存与零拷贝的底层技术，这也增加了消息队列的吞吐量。

Pulsar 是一个分布式可扩展的流式存储系统。它在存储系统的基础上构建了消息队列和流服务的统一模型，这让它不仅具有传统消息队列（类似偏向业务系统的 ActiveMQ、RocketMQ）的功能，比如事务性和高一致性，从而完成业务方面的需求，还让它成为一个大数据流模型（类似 Kafka），可利用高吞吐量、低延迟的大数据特性完成大数据分析与计算需求。注意，Pulsar 在这两方面的能力不是完全隔离的，只是在业务场景上有些区别。

2. 多租户

多租户是一种软件架构技术，主要用来实现多用户的环境下共用相同的系统或程序组件，并确保各用户的数据具有一定的隔离性。RabbitMQ 支持多租户技术，每一个租户为一个虚拟主机（vhost），本质上是一个独立的小型 RabbitMQ 服务器，具有自己独立的队列、交换器、绑定关系及权限等。vhost 就像物理机中的虚拟机一样，为各个实例提供逻辑上的分离，为不同程序提供安全、保密访问数据的功能。它既能将同一个 RabbitMQ 中的众多租户区分开，又可以避免队列和交换器等的命名冲突。

官方原生的 Kafka 没有完善的体系化多租户功能，但是包含一些配额管理与用户管理功能。基于 Kafka 协议的部分商业版消息队列支持多租户功能。例如 CKafka（Cloud Kafka）是一个具有分布式、高吞吐量、高可扩展等特性的消息系统，完全兼容开源 Kafka API 0.9.0 至 2.8.0 版本。CKafka 也是一款集成了租户隔离、限流、鉴权、安全、数据监控告警、故障快速切换、跨可用区容灾等一系列特性的，历经大流量检验的，可靠的公有云 Kafka 集群[⊖]。

Pulsar 是天生支持多租户的消息队列。Pulsar 租户可以分布在多个集群中，并且每个租户都可以应用自己的身份验证和授权方案。命名空间是租户内的独立管理单元。在命名空间上设置的配置策略适用于在该命名空间中创建的所有主题。

3. 优先级队列

优先级队列不同于先进先出队列，优先级高的消息具备优先被消费的特权，这样可以为下游提供不同消息级别。优先级队列在消费速度小于生产速度时才有意义，因为只有这样才可以保证高优先级消息总是被消费。但是当消费速度大于生产速度，并且消息中间件服务器中没有消息堆积时，因为服务端中所有消息都会被及时消费，所以消息优先级是没有什么意义的。

RabbitMQ 支持优先级队列，使用客户端提供的可选参数即可为任何队列设定优先级。Kafka、RocketMQ、Pulsar 皆不支持原生的优先级队列，若想在这 3 类消息队列中使用优先

⊖ 参见 https://cloud.tencent.com/product/ckafka。

级队列功能，需要用户通过不同主题或分区在业务层进行优先级划分。

4. 延迟队列

在一般的消息队列中，消息一旦入队就会被马上消费，而进入延迟队列的消息会被延迟消费。延迟队列存储的是延迟消息。所谓延迟消息是指消息被发送以后，并不想让消费者立刻拿到，而是等到特定时间消费者才能拿到的消息。例如在网上购物场景下，需要消费者在 30 分钟之内付款，否则订单会自动取消，这个就是延迟队列的一种典型应用。

下面对主流的具有延迟队列功能的消息队列产品进行对比。

1）RabbitMQ：在 3.6 版本后，RabbitMQ 官方提供了延迟队列的插件。RabbitMQ 需要在服务端插件目录中安装 rabbitmq_delayed_message_exchange 插件才能使用延迟队列功能。该插件将延迟时间设置在消息上。指定为延迟类型的交换机在收到消息后不会立即将消息投递至目标队列，而是存储在内部数据库中，在达到设置的消息延迟时间时才将其投递至目标队列。

2）Kafka：Kafka 基于时间轮（TimingWheel）自定义了一个用于实现延迟功能的定时器。但是该定时器无法被用户使用，仅用于实现内部的延时操作，比如延时请求和延时删除等。因此 Kafka 不支持用户使用延迟队列。

3）RocketMQ 开源版：RocketMQ 将延迟消息临时存储在一个内部主题中，不支持任意时间精度，支持特定的延迟级别，如 5s、10s、1min 等。RocketMQ 发送延迟消息时，会在写入存储数据前将消息按照设置的延迟时间发送到指定的定时队列中。每个定时队列对应一个定时器。RocketMQ 通过定时器对定时队列进行轮询，并查看消息是否到期。若消息到期，RocketMQ 会将这条消息写入存储。

4）Pulsar：支持秒级的延迟消息，所有延迟投递的消息都会被内部组件跟踪，消费组在消费消息时，会先去延迟消息追踪器中检查，以明确是否有到期需要投递的消息。如果有到期的消息，则根据追踪器找到对应的消息进行消费；如果没有到期的消息，则直接消费非延迟的正常消息。延迟时间长的消息会被存储在磁盘中，当快到延迟时间时才被加载到内存里。

RabbitMQ 依赖于第三方数据库存储系统 Mnesia 来实现延迟队列功能，所以它在性能方面会受到限制。RocketMQ 的延迟方案对延迟消息的时间控制精度不高，不能精确地控制延迟消费，故其使用有很大的局限性。Pulsar 的延迟消息只支持共享消费模式，不支持独占和灾备模式，消息以轮询的方式发给其中的任意一个消费者，在存在多个消费者的情况下无法保证有序性。三种方案都有各自的优劣势及应用场景，用户在使用时可以根据自己的业务场景进行选择。

5. 重试队列与死信队列

如果消费者在消费消息时发生了异常，那么就不会对当前消息进行确认。在提供消息不丢失保障功能的消息队列中，这条消息就可能会被不断处理，从而导致消息队列陷入死循环。为了解决这个问题，消息队列系统可以为需要重试的消息提供一个重试队列，由重试队列进行消息重试。

在消息队列中，当由于某些原因导致消息多次重试，仍无法被正确投递时，为了确保消息不被无故丢弃，一般将其置于一个特殊角色的队列，这个队列一般称为死信队列（Dead-Letter Queue）。

RabbitMQ 支持消息重试，可以对最大重试次数、重试间隔时间等进行设置。RabbitMQ 也支持死信队列。当队列中的消息超出重试次数或生存时间时，如果 RabbitMQ 配置了死信队列，那么这些应该被丢弃的消息会被放入死信队列中。

RocketMQ 中每个消费组都有一个重试队列，并且消息重试超过一定次数后就会被放入死信队列中。

Kafka 暂不支持死信队列。

Pulsar 也支持死信队列。在 Pulsar 中某些消息可能会被多次重新传递，甚至可能永远都在重试中。通过使用死信队列，可让消息具有最大重新传递次数。当实际传递次数超过最大重新传递次数时，对应的消息会被发送到死信主题并自动确认。

1.4　快速体验

本节介绍如何进行 Pulsar 的单机部署。所谓单机部署，就是在一台机器上部署一个可用的完整服务，并通过运行单机模式的 Pulsar 进行本地开发和测试。单机模式下要启动 Pulsar，必须配合 Pulsar Broker、Zookeeper 和 BookKeeper 组件，并且启动后的 Pulsar 在单独的 Java 虚拟机（JVM）中运行。本节将以 Linux 系统为例，重点介绍 Pulsar 在 CentOS 7.x 中的安装部署流程。

1.4.1　下载安装

首先通过 Pulsar 的官方网站下载二进制安装包。你可以在 Pulsar 的官网（http://pulsar. apache.org）或 Pulsar 的 GitHub 主页（https://github.com/apache/pulsar/releases）中找到二进制安装包，或者直接在服务器中通过以下命令下载安装包。这里以 Pulsar 2.10.0 为例。在下载完成后，对文件进行解压并进入文件夹所在位置。

```
# wget https://archive.apache.org/dist/pulsar/pulsar-2.10.0/apache-pulsar-
  2.10.0-bin.tar.gz
# tar -zxvf apache-pulsar-2.10.0-bin.tar.gz
# cd apache-pulsar-2.10.0
```

1.4.2　单机服务启动

在本地下载并解压 Pulsar 二进制安装包后，就可以通过命令行来启动本地集群了。该命令在 bin 目录下，启动方式如下。本地集群启动后会在控制台输出若干日志文件。此时 Pulsar 服务会直接启动，使用"Ctrl+C"组合键可以终止当前 Pulsar 服务。

```
$ bin/pulsar standalone
```

还有一种运行模式——后台运行。在此运行模式下用户结束当前终端的进程不会影响后台程序的运行。以后台运行模式启动和停止集群的命令如下。

```
$ bin/pulsar-daemon start standalone
$ bin/pulsar-daemon stop standalone
```

运行后台启动和后台停止命令后，在输出终端中若可以看到如下提示则代表操作成功了。

```
# 运行结果
$ bin/pulsar-daemon start standalone
doing start standalone ...
starting standalone, logging to /opt/apache-pulsar-2.10.0/logs/pulsar-standalone-
    DESKTOP-7D0KTG4.log
Note: Set immediateFlush to true in conf/log4j2.yaml will guarantee the logging
    event is flushing to disk immediately. The default behavior is switched off
    due to performance considerations.

$ bin/pulsar-daemon stop standalone
doing stop standalone ...
stopping standalone
Shutdown is in progress... Please wait...
Shutdown completed.
```

1.4.3 生产与消费

在 Pulsar 中生产者是负责向服务端写入消息的重要角色之一，下面将演示如何利用 Pulsar 提供的命令行工具向服务端写入消息。

Pulsar 客户端工具位于二进制安装包的 bin 目录下，使用下面的命令可以发送一条消息到 topic-test 主题。看到"1 messages successfully produced"这条日志，说明我们成功发送了一条消息到 topic-test 主题。

```
$ bin/pulsar-client produce topic-test --messages "hello-world"
20:37:49.452 [main] INFO    org.apache.pulsar.client.cli.PulsarClientTool - 1
    messages successfully produced
```

此时我们可以使用 Admin 管理工具查看我们创建的主题和消息写入情况。在 Pulsar 中，在不指定主题所属的租户与命名空间的情况下，默认使用的主题为 persistent://public/default/topic-test。使用 pulsar-admin 工具运行如下命令，可以查看租户为 public 且命名空间为 default 的所有主题列表。在写入成功的情况下可以看到在终端输出中列出了持久化主题的完整路径名称。

```
$ bin/pulsar-admin topics list public/default
"persistent://public/default/topic-test"
```

我们还可以通过 Admin 管理工具查看生产者写入的消息等详细信息。使用如下命令可以查看一个主题内的统计状态信息。该命令的返回值为一个较为复杂的 JSON 字符串。下面代码中的 msgInCounter 代表写入的消息数量，storageSize 代表当前写入的消息大小。

```
$ bin/pulsar-admin topics stats persistent://public/default/topic-test
...
  "msgInCounter" : 1,
  "storageSize" : 64,
...
```

在 Pulsar 中消费者是帮助用户从主题中消费消息的工具。下面将演示如何利用 Pulsar 提供的命令行工具从服务端消费消息。

以在上面成功写入消息的 topic-test 主题中消费消息为例。使用如下命令消费消息。如果出现 "got message" 消息，说明消费者成功获取到一条值为 hello-world 的消息。

```
$ bin/pulsar-client consume topic-test -s "subscription_test" --subscription-
    position Earliest
----- got message -----
key:[null], properties:[], content:hello-world
20:54:14.107 [main] INFO   org.apache.pulsar.client.impl.PulsarClientImpl -
    Client closing. URL: pulsar://localhost:6650/
20:54:14.114 [pulsar-client-io-1-1] INFO   org.apache.pulsar.client.impl.
    ConsumerImpl - [topic-test] [subscription] Closed consumer
20:54:14.122 [main] INFO   org.apache.pulsar.client.cli.PulsarClientTool - 1
    messages successfully consumed
```

至此，我们已经初步体验了 Pulsar 服务，更详细的部署安装过程将会在第 3 章介绍。

Chapter 2 | 第 2 章

Pulsar 的基本概念和架构详解

Pulsar 涉及诸多概念,例如命名空间、多租户、分区主题、非分区主题、持久主题、非持久主题。本章将对这些概念进行解读。

Pulsar 之所以拥有强大的功能得益于优秀的架构设计,本章会对 Pulsar 的逻辑架构进行介绍,向读者展示它的逻辑分层和逻辑结构,还会介绍 Pulsar 的逻辑架构是如何实现的,在实现过程中 Pulsar 社区进行了怎么样的物理架构设计和核心组件服务设计。

2.1 Pulsar 的基本概念

在刚接触 Pulsar 时,很多用户会对 Kafka 与 Pulsar 进行对比,并将 Pulsar 视作与 Kafka 类似的大数据消息系统组件。但是,Pulsar 在设计之时就站在了诸多前辈(ActiveMQ、RabbitMQ、Kafka、RocketMQ 等)的肩上,因此 Pulsar 不仅是一款消息队列系统,还具有很多其他消息队列系统没有的功能。本节将介绍 Pulsar 中的诸多概念和特性,也正是这些丰富的设计,赋予了 Pulsar 更强的拓展性。

2.1.1 多租户与命名空间

Pulsar 系统在设计时,目标之一就是作为一个多租户系统,能够在系统层面实现资源隔离。与普通的多租户系统不同,Pulsar 的多租户系统可在多租户环境下使用同一套程序,且保证租户间资源与数据隔离。为了支持多租户,Pulsar 原生支持租户的概念。租户可以分布在多个集群中,并且每个租户都可以应用自己的身份验证和授权方案。

在实现 Pulsar 的多租户功能时,还会涉及一个关键概念——命名空间。命名空间是租户内的独立管理单元。在命名空间上设置的配置策略适用于在该命名空间中创建的所有主题。租户可以使用 REST API 和 pulsar-admin CLI 工具创建多个命名空间。用户可以通过设置不同级别的策略来管理租户和命名空间，可以独自管理存储配额、消息过期时间（TTL）和隔离策略等配置。

在 Pulsar 中，主题天然支持多租户，在主题的路径中，租户是第一级路径结构，命名空间是第二级路径结构，例如 persistent://tenant/namespace/topic。租户级别的配置为最高级别的配置，是由 Pulsar 管理的基本管理单元。命名空间的配置为次高级别的配置，是数据策略的管理单元，每个命名空间对应一种应用或者一类场景。

在多租户和多命名空间的支持下，可以更方便地实现如下设计目标：

❑ 支持多租户与多命名空间。

❑ 资源配额与限制。

❑ 支持 I/O 独占。

❑ 支持 Broker 节点与 Bookie 节点独占。

❑ 支持故障域（Failure Domain），有利于降低故障影响。

❑ 支持亲和力（Affinity）配置与反亲和力组（Anti-Affinity Group）配置⊖。在命名空间层级，可对节点分配进行细粒度控制，从而避免一个节点发生故障后，此节点的负载被分配到其他节点上，导致更大面积的故障。

2.1.2 主题

在 Pulsar 中，消息存储与管理的基本单位是主题，而在主题内消息的基本管理单位是数据段，所以可以认为数据段是 Pulsar 中最小的信息管理单位。生产者会将消息写入主题中，消费者在消费消息时也是从主题中获取消息的。本节将介绍多种主题——分区主题、非分区主题、持久化主题、非持久化主题。

1. 分区主题和非分区主题

在 Pulsar 中一个主题不仅是生产者、消费者与之交互的逻辑级别，更是在服务端对消息系统中的消息进行管理的物理级别。每一个主题中消息都是有序的，每个主题都作为一个独立的消息管道提供消息服务。主题的地址可以通过路径来区分和定位，每个主题都有归属于它的租户和命名空间，例如 persistent://public/default/topic。在不指定租户和命名空间的情况下，默认使用租户 public 和命名空间 default。

主题根据是否能拓展分区可以划分为分区主题和非分区主题。在非分区主题中，主题被创建后，不能修改分区，整个主题由一个 Borker 服务节点独立提供服务，服务包括订阅管理、消费者管理、生产者管理等。而分区主题在逻辑上可被划分为多个非分区主题。假设 persistent://public/default/topic 被划分为 3 个非分区主题 ——persistent://public/default/

⊖ 参见 Anti-Affinity in pulsar: https://github.com/apache/pulsar/pull/8349。

topic-parition-0、persistent://public/default/topic-partition-1、persistent://public/default/topic-parition-2，那么 persistent://public/default/topic 就是一个分区主题。通过主题名可以指定主题的生产或者消费方式，此时 Pulsar 会自动根据路由规则访问带有"-partition-*"的逻辑分区主题。用户也可以直接访问某个分区主题，从而完成数据的生产与消费。

在初始使用某个主题时，服务端会根据配置参数 allowAutoTopicCreation 决定是否自动创建主题，默认是自动创建。可以根据配置参数 allowAutoTopicCreationType 决定创建哪种类型的主题，默认为创建非分区主题。如下命令可以在 Pulsar 中通过管理工具 pulsar-admin 创建分区主题和非分区主题。

```
# 创建非分区主题
$ bin/pulsar-admin topics create persistent://public/default/topic
$ bin/pulsar-admin topics list public/default
"persistent://public/default/topic"
# 创建分区主题
$ bin/pulsar-admin topics create-partitioned-topic persistent://public/default/
    partition-topic -p 3
$ bin/pulsar-admin topics list
"public/default""persistent://public/default/partition-topic-partition-0"
"persistent://public/default/partition-topic-partition-1"
"persistent://public/default/partition-topic-partition-2"
```

2. 持久化主题和非持久化主题

在大部分应用场景中，消息队列需要将生产者发送的消息持久化保存，并支持由用户配置不同的过期策略。消息队列还要支持不同的消费者对消息进行消费。这些功能都是由主题实现的。在 Pulsar 中默认创建的主题都是这种类型的主题，这类主题被称为持久化主题。除此之外，还有一种非持久化主题。对于持久化主题，所有消息都持久化保存在磁盘上，而非持久化主题的消息不会持久化保存到磁盘上。

在非持久化主题中，服务端收到消息后会直接转发给当前的所有消费者。如果在收到生产者消息后，系统尚未完成向所有消费者推送消息，但服务端进程已经进行了重启，那么未发送的消息将会丢失。

非持久化主题的地址以 non-persistent 开头，例如 non-persistent://tenant/namespace/topic，通过前缀可以区分是否是持久化主题。使用如下命令可以在 Pulsar 中创建一个非持久化主题。

```
$ bin/pulsar-admin non-persistent create-partitioned-topic  non-persistent://
    public/default/non-p-topic -p 1
```

2.1.3 生产者

生产者是消息队列向服务端写入消息的重要组件。

　　若只有一个生产者往服务端发送消息，那么此时生产者与服务端的关系是一对一的，这是最简单的应用场景。但是在真实应用场景下，有可能存在一个生产者向多个服务端（分区主题的多个分区）发送消息或者多个生产者向多个服务端发送消息的情况，如图2-1所示。

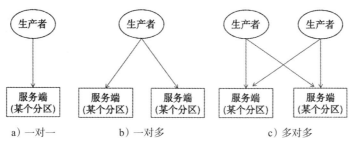

a）一对一　　　　b）一对多　　　　　　c）多对多

图2-1　生产者与服务端关系图

　　当生产者与服务端的关系为一对一时，由服务端处理该生产者的所有消息发送请求。这里的服务端指一个非分区主题或者一个分区主题的某一个分区（也是一个非分区主题），这对应图2-1a所示的情况。

　　当一个生产者向多个分区的主题发送消息时，多个服务端可以共同处理来自每一个生产者的消息。至于该生产者的某条具体消息会被发送到哪个分区，是由生产者端配置的路由规则决定的，这对应图2-1b所示的情况。Pulsar通过不同的路由规则实现了多种路由模式。

　　目前Pulsar已经实现了以下两种路由模式。

❑ 轮询路由模式：该模式可保证吞吐量优先，但是单个分区的消息会被打散分发到各个服务端节点。

❑ 单分区模式：该模式会将当前生产者的所有消息分发到某个分区。

　　路由规则具体配置和使用方法将在4.1.4节中结合生产者API的使用一同介绍。

　　当多个生产者向多个分区写入消息时，哪些生产者可以成功发送消息是由生产者访问模式来决定的，这对应图2-1c所示的情况。Pulsar提供了3种生产者访问模式——共享（Shared）、独占（Exclusive）和独占等待（WaitForExclusive）。

❑ 共享模式：共享模式下多个生产者都可以发送消息到服务端，服务端按照接收顺序依次处理各条消息。

❑ 独占模式：独占模式下仅有一个生产者可以连接至服务端。如果新生产者在建立之前已经有其他生产者成功连接至服务端，那么新的生产者的建立会失败并抛出异常。

❑ 独占等待模式：独占等待模式仅有一个生产者可以发送消息至服务端。在新建生产者时，如果对应服务端已经连接了其他生产者，则生产者新建进程将被挂起，直到生产者获得独占访问权限。与服务端建立连接的生产者被视为领导者（Leader Producer）。因此如果想在应用程序中实现领导者选举功能，可以使用这种访问模式。

2.1.4 消费者与订阅

在 Pulsar 中，消费者是负责从服务端消费消息的角色。而订阅与消费者有着密切的关系。为了实现订阅模式和其他更加丰富的消费模式，Pulsar 提出了订阅的概念。订阅是一种消息消费规则，它决定了如何将消息传递给消费者，不同的订阅模式决定了多个消费者在消费时的不同行为，如图 2-2 所示。

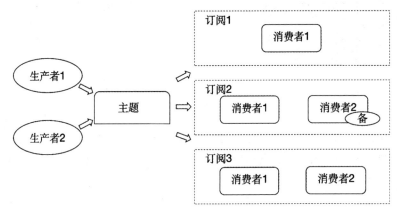

图 2-2 Pulsar 中的消费者与订阅

每个主题都可以创建多个订阅。根据订阅模式的不同，每个订阅可以支持一个或多个订阅者同时连接。每个订阅都是用游标记录消费者消息的位置的。Pulsar 中订阅有两种模式——持久化订阅与非持久化订阅。

默认情况下 Pulsar 提供的是持久化订阅，使用同一个订阅的消费者会在服务端存储消费的位置，并在重启后在上次消费的位置继续消费消息。在客户端，用户可以选择非持久化订阅模式。消费者在使用非持久化订阅模式时，若是退出消费，则当前订阅会被服务端释放，且不会存储本次消费的位置。

在每个订阅中所有生产者写入的消息都会被永久保存，直至消费者将其正确处理。消息被正确处理的标志就是消息确认。消息的确认有两种方式——逐条确认与累计确认。在逐条确认方式下，每成功消费一条消息，消费者都需要向服务端发送确认请求，告知服务端该消息已经被成功消费。而在累计确认方式下，客户端会在消费一批消息后，再向服务端批量发送确认请求。

1. 订阅模式

针对不同的应用场景，Pulsar 提供了多种订阅模式——独占（Exclusive）模式、故障转移（Failover）模式、共享（Shared）模式、键共享（Key_Shared）模式。

在独占模式下，每个订阅只允许一个消费者接入，如图 2-3 所示。如果多个消费者尝试使用同一个订阅去连接主题，则会抛出异常。若订阅的主题是多分区主题，消费者也会独占多个分区。独占模式是 Pulsar 默认的订阅模式。

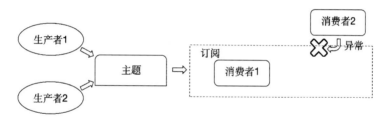

图 2-3　独占模式

在故障转移模式下，多个消费者可以被添加到同一个订阅中，如图 2-4 所示。Pulsar 会为非分区主题或分区主题的每个分区选择一个主消费者并接收其消息。当主消费者断开连接时，所有消息都会传递给下一个消费者。对于分区主题，服务端将根据优先级和消费者的名称在字典中的顺序对消费者进行排序。然后，服务端会尝试将主题均匀分配给具有最高优先级的消费者。对于非分区主题，服务端将按照消费者订阅非分区主题的顺序选择消费者。

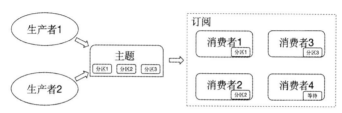

图 2-4　分区主题中的故障转移模式

在共享模式下，多个消费者可以添加到同一个订阅，如图 2-5 所示。消息以循环分配的方式在消费者之间传递，并且任何给定的消息都只传递给一个消费者。当消费者断开连接时，所有发送给它但未被确认的消息将被重新安排发送给剩余的消费者。在这种模式下，由于消息发送具有随机性，所以多个消费者之间不能保证消息有序。在共享模式下，消费者也不能使用累计确认来提高消费的速度。

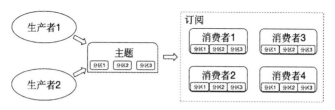

图 2-5　共享模式

类似共享模式，在键共享模式下，多个消费者可以添加到同一个订阅，如图 2-6 所示。消息可以在多个消费者中传递，具有相同键的消息仅会被传递给一个消费者。在使用键共享模式时，必须为消息指定一个键。与共享模式类似，在键共享模式下消费者也不能使用累计确认。

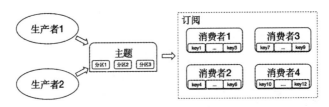

图 2-6　键共享模式

在消息队列的常用应用类型中，发布订阅模式与队列服务是两类场景的应用范式，用户可以通过灵活使用不同的订阅与订阅模式满足多种业务场景需求。如果要在消费者之间实现传统的发布订阅模式，应为每个消费者指定唯一的订阅名称，并使用独占模式。在这种配置下，每个消费者都会消费全量的 Pulsar 主题消息，如图 2-7 所示。

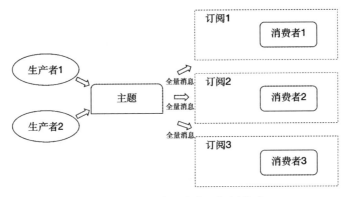

图 2-7　Pulsar 实现发布 – 订阅模式

如果想在 Pulsar 中实现消费者之间的消息队列模式，应在多个消费者之间共享相同的订阅名称，此时多个消费者可共同消费一份全量消息，如下图 2-8 所示。

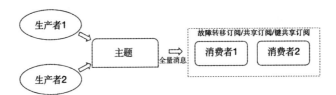

图 2-8　Pulsar 实现队列模式

2. 消费者

在 Pulsar 中消费者是用户从主题中消费消息的工具，而订阅是在一个主题上维护消息消费位置的抽象概念。下面先看一个示例，具体如下。

```
$ bin/pulsar-client consume topic-test -s "subscription_test" --subscription-
    position Earliest
```

上述代码演示的是如何使用 pulsar-client 命令消费消息。其中，-s 参数指定了当前使用的订阅的名称，这里为 subscription_test。如果此订阅名从未被使用过，则服务端会创建一个新订阅。如果此订阅被使用过，则服务端会从上次消费的位置开始继续消费消息。参数 --subscription-position 代表该订阅在第一次被使用时需要初始化的位置。Earliest 表示消费位置应该被初始化为主题中能消费的最早一条消息所在的位置。Latest 表示消费位置应该被初始化为主题中最后一条消息的位置。图 2-9 展示了一个订阅中消费的位置和初始化的位置。

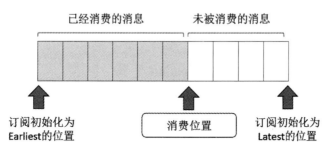

图 2-9　消费的位置和初始化的位置

我们还可以继续通过 Admin 管理工具查看消费者和当前订阅的详细信息。使用如下命令可以查看一个主题内的统计状态信息。其中，msgOutCounter 属性代表消费的消息数量；subscriptions 代表当前主题中所有的订阅，subscription_test 代表上一个被使用过的订阅。返回的统计状态信息中包含消费过程中的所有指标。

```
$ bin/pulsar-admin topics stats persistent://public/default/topic-test
...
"msgOutCounter" : 2,
"subscriptions" : [
  "subscription_test" :{
      "unackedMessages" : 0,
      "type" : "Exclusive",
      ...
      "lastAckedTimestamp" : 0,
      "lastMarkDeleteAdvancedTimestamp" : 1625250287833,
      "consumersAfterMarkDeletePosition" : { },
      "nonContiguousDeletedMessagesRanges" : 0,
      "nonContiguousDeletedMessagesRangesSerializedSize" : 0,
      "replicated" : false,
      "durable" : true
  }
]
...
```

2.1.5　消息的保留与过期

Pulsar 服务端会负责处理经过 Pulsar 的消息，包括对消息进行持久存储。在 Pulsar 中，可以通过两种策略来管理主题内消息的持久化行为——消息保留与消息过期。消息保留策略用于控制能够存储多少已被消费者确认的消息，消息过期策略用于为尚未确认的消息设置生存时间（Time To Live，TTL）。这两种策略的示意如图 2-10 所示。

图 2-10　消息保留策略与消息过期策略

消息保留策略可以控制 Pulsar 中存储的数据总量，在消息被处理后可以自动将部分数据设置为过期状态以帮系统清理存储空间，又可以为消息队列提供用于缓冲固定量消息的空间。

消息保留策略不会影响订阅主题上的未确认消息。未确认消息由积压配额控制。积压是服务端存储的主题中未确认的消息的集合。Pulsar 将所有未确认的消息管理在积压中，直到它们被处理或确认。积压配额是用来控制积压上限的策略，用户可以为命名空间中的所有主题设置积压配额或时间阈值。当积压超过积压配额时，会根据消息保留策略来决定服务端如何处理超出配额的那部分消息，例如丢弃或抛出异常。

通过消息生存时间和订阅的自动确认机制，Pulsar 可以在一段时间后自动丢弃队列中的部分数据，以避免未被消费的消息过度积压，进而影响整个系统的存储容量。

对于每个主题来说，默认情况下，服务端只保留积压配额范围内的消息。由于一个主题可以有多个订阅，所以一个主题也可以有多个积压。不再存储的消息不一定会被立即删除，实际上在下一个基本存储单位 Ledger 存储满之前，用户仍然可以访问这些消息。

Pulsar 可以在命名空间维度对整个命名空间内的主题进行保留或过期配置。通过 pulsar-admin 中的 set-message-ttl 子命令可以指定命名空间和消息的生存时间。在不配置命名空间级别参数的情况下，可通过以下两个参数设置实例中默认的消息保留策略——全局默认保留时间（defaultRetentionTimeInminutes）与全局默认保留大小（defaultReintention-SizeInMB）。默认情况下，这两个参数都设置为 0。目前社区版本的 Pulsar 支持在主题维度对保留与过期策略进行配置，并且优先级高于命名空间级别的配置和服务端 broker 级别的配置$^{\ominus}$。

2.2　Pulsar 的逻辑架构

通过上一节的介绍，相信读者对 Pulsar 系统已经有了初步的了解。接下来我们将站在

Pulsar 主题的视角，从 Pulsar 逻辑架构的角度着手，介绍 Pulsar 是如何利用上一节中介绍的组件实现复杂但可靠的消息系统的。

2.2.1 主题的配置管理

Pulsar 被设计为一个多租户的系统，因此 Pulsar 的主题都是在租户与命名空间下进行管理的。Pulsar 中的每个主题都归属于具体的租户与命名空间。其中，租户级别的配置为最高级别的配置，它是 Pulsar 角色管理的基本单元。命名空间的配置为次高级别的配置，它是数据策略的管理单元。每个命名空间都对应一种应用或者一类场景，同一命名空间内的主题有着类似的生命周期，且应满足一致性要求。租户、命名空间与主题之间关系示意如图 2-11 所示（以游戏和智慧产业为例）。

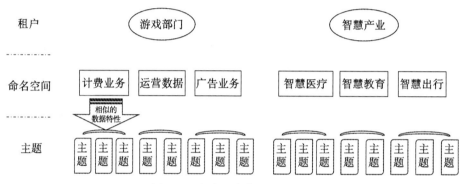

图 2-11　租户、命名空间与主题

在主题视角下，租户代表基本的用户权限和集群权限，命名空间代表一类应用场景共同拥有的数据策略。例如在金融类业务下，命名空间中的主题可以牺牲一部分吞吐量来保障较高的可靠性。

每一个 Pulsar 集群都可以为多个团队提供服务，但是在跨多个团队进行资源分配时，最好能有合适的隔离计划，以避免不同团队和应用程序之间竞争资源，而且这样还可以提供高质量的消息服务。我们可以使用 Pulsar 的资源隔离机制来控制资源的划分与使用。

资源隔离机制允许用户为命名空间分配资源，包括计算节点 Broker 和存储节点 Bookie。pulsar-admin 管理工具提供了 ns-isolation-policy 命令，该命令可以为命名空间分配 Broker 节点，并限制可用于分配的 Broker。pulsar-admin 管理工具的 namespaces 命令中的 set-bookie-affinity-group 子命令提供了 Bookie 节点的分配策略，该策略可以保证所有属于该命名空间的数据都存储在所需的 Bookie 节点中。

除了可以在命名空间进行物理资源隔离外，还可以在命名空间中实现物理资源与逻辑资源的使用限制，以求对 Pulsar 集群的整体使用进行良好控制。使用限制主要包括如下几个。

❑ 对生产者、消费者自动创建主题的限制。

❑ 对主题挤压配额的限制。

❑ 主题保留与过期策略。

❑ BookKeeper 持久化策略。

❑ 各个主题的限流策略。

❑ 各个订阅级别的限流策略。

2.2.2 主题的数据流转

因为 Pulsar 是一个计算与存储分离的消息队列，所以可以将它看作一个可以进行数据持久化存储的系统。默认情况下，从生产者进入服务端的消息都会被持久化到 BookKeeper 中，消费者在消费消息时，可以从 BookKeeper 中读取持久化的"冷数据"。本节将从多个角度描述 Pulsar 在持久化存储中的设计与实现。

在 Pulsar 消息的整个生命周期中，流转的最小独立个体就是消息（Message）。生产者会以消息为基本单位将数据发送至服务端 Broker 上，服务端会以消息为单位将数据存储在 Bookie 节点上。

Pulsar 中的消息在承载用户数据的同时，还保存了元数据信息，其中包括生产者名、发布时间、序列化名、消息的键以及消息的属性等。在 Pulsar 中消息不仅可以存储单条用户数据，还可以在分批消息模式下在生产者端将多条消息打包为一条消息，打包后的消息同普通单条消息一样存储在 Bookie 节点中，并被消费者整体消费。在进行单条消息消费时，Pulsar 会再将其中的数据逐条读出。

当用户将消息写入 Pulsar 时，客户端请求会被发送到管理该主题的 Broker 节点上，然后 Broker 节点会负责将消息写入 Bookie 节点中的某个 Ledger 中，在写入成功后 Broker 节点会将成功写入的状态返回给客户端。图 2-12 为生产者消息写入流程图。

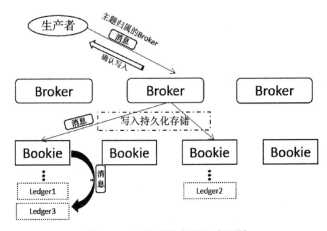

图 2-12 生产者消息写入流程图

在消费消息时，Pulsar 会先尝试从 Broker 节点的缓存中读取消息，如果不能命中消息，则会从 Bookie 节点中读取消息，并最终将消息发送给消费者。图 2-13 为消费者消息读取流程图。

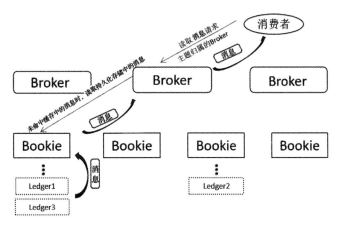

图 2-13　消费者消息读取流程图

主题中的消息在被消费时依赖订阅（Subsription）和游标（Cursors）。订阅中不包含消息的主数据，只包含元数据和游标。每个游标代表 Pulsar 中消费者的消费位置。在消费者读取到消息队列中的消息后，客户端需要向服务端发送确认（Acknowledgement，Ack）信息。在 Pulsar 收到客户端发送的确认信息后，服务端会从系统中删除该消息。如果消息没有被客户端确认，那么消息将被保留，直到它被处理（消息的过期机制可以让消息自动被确认）。

2.2.3　主题的数据存储

在 Pulsar 中逻辑上的主题可以被分为多个独立的非分区主题，因此主题数据存储的单位是非分区主题。我们在本节中讨论的主题默认都为非分区主题或分区主题的某个分区。主题的数据在逻辑上被分解为多个片段（Segment）。片段在 BookKeeper 集群中对应着物理概念上的最小的分布单元——Ledger，如图 2-14 所示。

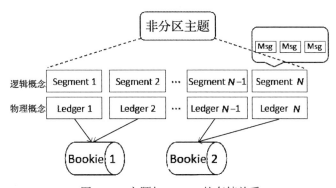

图 2-14　主题与 Ledger 的存储关系

每个主题的数据都会分别写入多个 Ledger 中,每个 Ledger 都是一个独立的日志文件,一个主题中多个 Ledger 不会同时提供写入功能,同一时刻只会有一个 Ledger 处于开放状态并提供数据写入功能。在多分区主题中,每个分区中都会有多个开放写入的 Ledger,因此多分区主题理论上会有更高的数据吞吐量。

每个 Ledger 中存储的数据到达上限后,Pulsar 会关闭当前的 Ledger,Ledger 一旦关闭就不可再改变。在旧的 Ledger 被关闭的同时,会创建一个新的 Ledger,Pulsar 会向新 Ledger 写入数据。Ledger 在 Pulsar 中是最小的删除单元,因此我们不能删除单条记录,只能删除整个 Ledger。

在 Pulsar 中存储的每一条消息都会包含分区序号(partition-index)、Ledger 序号(ledger-id)、Entry 序号(entry-id)以及批内序号(batch-index)等信息,这些信息用来唯一确定一条消息,如图 2-15 所示。

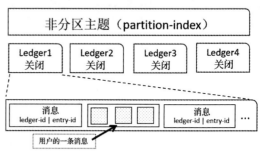

图 2-15　消息的组成示意

2.3　Pulsar 物理架构

在 Pulsar 的物理集群中有多个物理组件,这些组件共同协作实现了 Pulsar 的丰富功能。Pulsar 客户端是用户写入和消费数据的入口,Pulsar 通过 ProducerAPI、ConsumerAPI、AdminAPI 实现了各种与数据消费相关的功能,如消息的生成与写入、主题与分区管理。Pulsar 服务端由一个或多个 Broker 节点来处理和负载均衡来自生产者的消息,并将消息分派给消费者。Pulsar 将消息存储在 BookKeeper 实例中,由一个或多个 Bookie 组成的 BookKeeper 集群处理消息的持久化存储。

除此之外,Pulsar 使用特定的 Zookeeper 集群处理 Pulsar 集群之间的协调任务,使用集群内部 Zookeeper 集群处理 Pulsar 集群内部的协调任务。

本节剖析 Pulsar 集群的运行原理。

2.3.1　物理架构概述

本节将介绍与 Pulsar 物理集群相关的概念和结构。集群与实例的概念在中文语境下容易混淆,所以我们先来介绍集群与实例这两个概念。

1. 集群与实例

在 Pulsar 集群中,实例代表一个或多个 Pulsar 集群的集合。实例中的集群之间可以相互复制数据,实现跨区域的数据备份。一个实例内的多个集群依赖 Zookeeper 集群实现彼此之间的协调任务,例如异地复制。

每个 Pulsar 集群由下面几部分组成：一个或多个 Broker 节点，用作存储的一个或多个 Bookie 节点以及集群级别的 Zookeeper 集群，如图 2-16 所示。

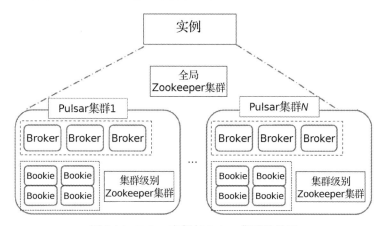

图 2-16　Pulsar 实例与 Pulsar 集群的关系

异地复制（Geo-replication）是在实例中跨多个集群，对持久存储的消息数据进行复制的一种机制。异地复制分为两类——数据同步与订阅状态同步。

当配置了异地复制后，再在主题上产生消息时，消息首先在本地集群中进行持久化存储，然后异步转发到远程集群。生产者和消费者可以向实例中的任何集群发布消息或消费集群中的消息。

异地复制的配置应在租户与命名空间级别进行，首先需要创建允许访问两个集群的租户，然后启用异地复制命名空间，通过配置该命名空间在两个或多个已配置的集群之间进行复制。在该命名空间中的任何主题上发布的任何消息都将复制到指定集合中的所有集群。

除了同步数据外，异地复制还可以在多个集群之间同步订阅状态。在启用异地复制的集群中，不仅可以创建订阅的本地集群，还可以在启用复制订阅后在集群之间传输订阅状态。启用异地复制后，Pulsar 可以保持订阅状态同步。因此，一个主题可以跨多个地理区域实现异步复制。在故障转移的情况下，消费者可以从不同集群的故障点重新开始消息的消费。多个集群的复制关系如图 2-17 所示。

2. 分层存储架构

BookKeeper 集群可以使用廉价的机械硬盘作为存储介质。但是在部署 BookKeeper 集群的过程中，为了最大化提升写入与读取能力，有可能选择带有固态硬盘（SSD）的机器，这类机器成本较高。

Pulsar 中的消息最初会存储在 BookKeeper 集群中，通过内部管理组件进行抽象管理。前文介绍过，在 Pulsar 的主题中，数据管理的基本单位是数据段，其中数据删除与创建的基本单位也是数据段。Pulsar 社区版提供了分层存储的能力，在服务端提供了数据卸载功能，可以将每个逻辑单位上的数据段从 BookKeeper 存储切换为其他类型的存储。

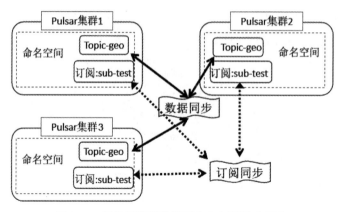

图 2-17 异地复制的数据同步与订阅状态同步

Pulsar 的分层存储功能允许将较旧的积压数据卸载到可长期存储的系统中，例如 Hadoop HDFS 或 Amazon S3，从而释放 BookKeeper 中的空间并降低存储成本。通过分层存储可以实现消息队列中的冷数据与热数据分离，让成本更加可控。

分块存储与分层存储使 Pulsar 更像是一个批流融合的存储引擎。Pulsar 不仅通过消息队列实现了实时数据读写的基本功能，还对存储在 BookKeeper 中的数据段或者离线存储在 HDFS 中的数据提供了统一的抽象。Pulsar 结合分层存储架构，为实时数据和历史数据做了逻辑上的统一与物理意义上的隔离。对于 Pulsar 分层存储的特性，6.3 节会详细介绍。

由图 2-14 可知，每个 Pulsar 主题中的消息都是由有序的片段组成的，每个主题只能写入日志的最后一个片段。已经被关闭的片段是只读的，片段内的数据是不可变的，这是一种面向数据段的存储架构。

分层存储卸载（Offload）机制利用了这种面向数据段的架构。当请求卸载时，日志的数据段被一个一个地复制到分层存储系统中，如图 2-18 所示。命名空间策略可以配置为在达到阈值后自动卸载数据至分层存储系统中。一旦主题中的数据达到阈值，就会触发卸载操作。

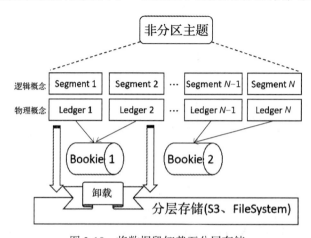

图 2-18 将数据段卸载至分层存储

2.3.2　核心组件与服务

本节将介绍 Pulsar 物理集群中的各种组件，以及各个组件在 Pulsar 中发挥的作用。在一个 Pulsar 集群中会包括几个必要组成部分，如 Zookeeper、Bookie 和 Broker，还会有一些可选的组件，如 Pulsar 代理（Proxy）、Pulsar Function、Pulsar I/O、Pulsar SQL。

1. Zookeeper

在 Pulsar 中，Zookeeper 负责与分布式协调、部分元数据存储相关的工作。Pulsar 中可以存在两类 Zookeeper 集群。

❑ 用于协调 Pulsar 实例中多个 Pulsar 集群的全局 Zookeeper 集群。在全局 Zookeeper 集群中，会存储 Pulsar 实例中多个 Pulsar 集群的信息，并在异地复制等多集群功能中发挥作用。

❑ 负责协调单个 Pulsar 集群的 Zookeeper 集群。这类 Zookeeper 集群会协调整个 Pulsar 集群的元数据管理和一致性工作，比如 Broker 节点状态、命名空间信息存储、命名空间 Bundle 分配、Ledger 状态存储、订阅元数据信息以及负载均衡等。

因为 Zookeeper 集群采用了一致性协议机制，所以它不能通过横向扩容来获取更高的性能。依据来自成熟分布式系统的经验，在大数据存储中，Zookeeper 这类组件容易成为整个集群的性能瓶颈。因此 Pulsar 集群在设计时，一直谨慎地依赖 Zookeeper 的一致性功能，避免将主题、订阅、游标等容易导致膨胀的数据存储在 Zookeeper 集群中。

2. Broker

Broker 是 Pulsar 对外提供服务的核心组件。Broker 是一个无状态组件，可以更好地在云原生环境中应用。目前 Broker 主要负责两类职能——生产消费服务与 Pulsar 管理服务。

Broker 提供了消息队列的生产与消费的基本功能。生产者可以连接到 Broker 节点发布消息。Broker 还负责将持久化的消息写入 BookKeeper 集群中。消费者可以连接到 Broker 节点来消费消息，在读取消息时如果能在 Broker 节点的缓存中命中消息，则直接从缓存中读取消息，这就是所谓的数据追尾读。若无法命中消息，则需要从 BookKeeper 或者分层存储系统中读取"冷数据"。Broker 节点会对外暴露 TCP　6650 端口以供给客户端连接。Pulsar 所提供的区域复制功能可以通过 Broker 中的持久化复制器向其他 Pulsar 集群写入数据。

另外，Pulsar Broker 还以 REST API 的形式提供 HTTP 服务，Broker 节点可以为租户和命名空间提供管理功能，为主题提供服务发现功能，为生产者和消费者提供管理接口，还可以为用户提供针对 Pulsar Function、Pulsar I/O 的管理功能。

因为 Broker 是无状态的计算节点，所以在现有 Broker 节点负载较高时，可以对它进行水平扩容（增加新机器节点）。新注册的 Broker 节点上线后会将自己注册到集群中，并通过负载均衡算法获取部分主题的管理权。

为了实现上述功能，Broker 提供了丰富的管理组件，如图 2-19 所示。

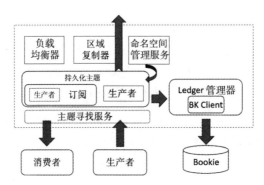

图 2-19   Broker 组件功能示意

- ❑ 负载管理器：负载管理器会收集不同的 Broker 的负载状态，并生成资源使用的建议。
- ❑ 主题寻找服务：通过 REST API 请求获取某个主题所在的 Broker 节点的地址，并获取主题所属命名空间的 Bundle 信息。
- ❑ 命名空间管理服务：负责处理命名空间相关的管理请求，管理命名空间中的负载单位 Bundle。
- ❑ 主题管理服务：负责在 Broker 节点上对主题进行管理，并维护此主题上的生产者、订阅组以及对应的消费者。
- ❑ Ledger 管理器：负责管理每个主题需要写入的 Ledger。Ledger 管理器会不断打开新的 Ledger 供生产者写入数据，并在写满一个 Ledger 后重新创建新的 Ledger。

3. BookKeeper 与 Bookie

BookKeeper 是一个通过分布式预写日志实现的数据存储组件，能够支持低延迟的使用场景，并且提供了高扩展、高容错的存储服务。BookKeeper 通过预写日志实现了一致性与故障恢复功能。

在 BookKeeper 中除了 Ledger 外，还有日记账（Journal）、内存表（Memtable）、账目日志（Entry Log）、索引缓存（Index Cache）等概念，这些概念之间的关系如图 2-20 所示。

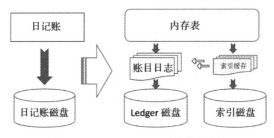

图 2-20   BookKeeper 基本架构图

BookKeeper 中基本的数据单元是 Entry（账目），账目又称记录（Record），代表一条独立的记录。每条记录中除了必要的二进制数据外，还包含 Ledger 序列号、账目序列号等字段。

Ledger 代表 Bookie 中的一个独立日志，也是 BookKeeper 中持久化存储的单元，就像会计学中的分类账（用于登记不同类别账目的账簿）。在数据写入 BookKeeper 的 Ledger 后，数据会首先写入日记账中，日记账代表 Bookie 中一个追加写入的预写日志，并被持久化到日记账磁盘中。在数据被持久化到日记账磁盘时，才会进行真正的数据写入操作。日记账会顺序写入磁盘中，这样既保证了吞吐量，又保证了 BookKeeper 的事务性和一致性。

日记账可保证服务的可靠性。日记账日志中包含 BookKeeper 事务日志。在对 Ledger 进行任何更新之前，BookKeeper 都要确保将事务写入持久化存储中。在 Bookie 启动或旧的日志文件达到日志文件大小阈值时，都会创建一个新的日志。

账目日志会记录从 BookKeeper 客户端收到的数据。来自不同 Ledger 的日志数据被聚合并按顺序写入账目日志，数据存储的偏移量会作为指针保存在 Ledger 索引缓存中，以帮助实现快速查找功能。多个 Ledger 的数据会被顺序写入磁盘中，这确保了不会因为有过多的 Ledger 而影响磁盘的写入速度。但是这种方式需要维护额外的索引文件来保障数据读取速度。BookKeeper 为每个 Ledger 分别创建了一个索引文件，这些索引文件记录了存储在记录日志中数据的偏移量。Ledger 索引文件会被缓存在内存池中，这样可以更有效地管理磁盘磁头调度。由于更新索引文件会引入随机磁盘 I/O 索引文件，因此在后台同步运行的线程会延迟更新索引文件，这确保了更新的速度。在将索引页持久化到磁盘之前，它们会被收集在 Broker 缓存中以供查找。

BookKeeper 在内存中维护了内存表用于缓存数据，从日记账中写入 Bookie 的数据首先被存储在内存表中，然后再将账目数据的形式持久化到磁盘上。

所有同时期进入 Ledger 的数据都会写入相同的账目日志文件中，为了加速数据读取，Pulsar 会基于账目数据的位置进行索引，这个索引会缓存（即索引缓存）在内存中，并会以刷新方式写入索引磁盘的文件。每个 Ledger 中的账目数据都会顺序写入磁盘中，这保障了单个 Ledger 的吞吐量。在 BookKeeper 的生产环境中，可以将多个磁盘设备应用在 BookKeeper 系统中，例如一个用于存储日记账日志，另一个用于一般存储账目数据。这样的能力可以让 BookKeeper 将读取操作与正在进行的写入操作隔离开来，从而实现并发在数千个 Ledger 中读取和写入数据。

Pulsar 因为使用 BookKeeper 作为持久化存储组件，所以获得了许多优势。

❑ Pulsar 能够将每个主题映射为多个独立的 Ledger，这为主题提供了几乎无限的存储能力。

❑ 每个 Ledger 拥有着独立的 I/O 能力，Pulsar 不仅可以将 Broker 上的网络 I/O 均匀分布在不同的 Bookie 节点上，还可以充分利用 Bookie 节点的写入 I/O 能力。

❑ Pulsar 通过 BookKeeper 获取到了容量和吞吐量方面的水平扩展能力。通过向集群添加更多 Bookie 节点，可以提高吞吐量。

❑ Pulsar 可以将每个主题数据片段存储到两个以上的 Ledger 节点上，通过分布式冗余的方式，保证在出现各种系统故障时 Pulsar 数据仍具有一致性。

❑ 除了消息数据,Pulsar 订阅的游标数据也持久存储在 BookKeeper 中。BookKeeper
使 Pulsar 能够以可扩展的方式存储消费者位置。

4. Pulsar 代理服务发现

Pulsar 代理在 Pulsar 中是一个无状态的代理组件。Pulsar 客户端在连接服务端时,可以
直接指定 Broker 的地址,也可以配置 Pulsar 代理的地址,然后由 Pulsar 代理将请求转发至
Broker 节点。

在物理机上部署的 Pulsar 集群可以很方便地通过 Broker 的地址直接连接至服务端。而
在云环境中,这个问题将会变得复杂。

在云环境(例如 Kubernetes)下的集群中运行 Pulsar,很容易从集群内部连接到
Broker。然而,如果客户端在 Kubernetes 集群环境之外,则它无法简单直接地访问 Broker
地址,虽然可以使用 Kubernetes 集群的 NodePort 等机制来实现服务的发现与通信,但是当
节点出现故障时,这个解决方案就显得不够优雅了。

Pulsar 代理具有 Broker 节点无状态的性质,通过使用 Pulsar 代理服务发现组件,所有
查找主题和数据连接都流经 Pulsar 代理。这样的代理可以在云原生环境下以多种模式公开,
进而更好地发挥 Pulsar 的云原生特性⊖。

⊖ Pulsar 代理:https://github.com/apache/pulsar/wiki/PIP-1:-Pulsar-Proxy。

Pulsar 安装与部署

本章将系统介绍 Pulsar 的安装和部署流程。Pulsar 有单机与分布式多种部署方式，并且可以灵活选择 Pulsar on Docker 或者 Pulsar on K8s 多种容器部署形式。通过学习本章，你将了解如何从零构建 Pulsar 测试环境，如何在生产环境中部署 Pulsar 集群，如何对源码进行编译打包。

3.1　依赖环境

目前 Pulsar 支持部署在 64 位的 macOS、Linux 和 Windows 系统中，但须依赖于 64 位的 JDK8 或者更高的版本。本节将介绍安装 Pulsar 所依赖的 Java 服务和 Pulsar 二进制安装包。

3.1.1　安装 Java

在安装与部署 Pulsar 服务之前，需要在所有部署应用的机器上安装 Java 环境。由于 Pulsar 只支持 JDK8 以及更高的版本，所以应确保安装了正确的 JDK 版本。对于 Centos7.X 系统，可以使用 Yum 软件包管理器进行一键安装，具体的安装方法如下。

```
$ yum list java* | grep 1.8
java-1.8.0-openjdk.x86_64                        1:1.8.0.71-2.b15.el7_2   updates
java-1.8.0-openjdk-accessibility.x86_64          1:1.8.0.71-2.b15.el7_2   updates
java-1.8.0-openjdk-accessibility-debug.x86_64 1: 1.8.0.71-2.b15.el7_2     updates
$ yum install java-1.8.0-openjdk.x86_64
```

3.1.2 Pulsar 安装包

我们首先需要通过 Pulsar 的官方网站下载二进制安装包，可以在 Pulsar 的官网（http://pulsar.apache.org）与 Pulsar 的 GitHub 主页（https://github.com/apache/pulsar/releases）中找到它，还可以直接在服务器中通过以下命令下载安装包。这里以 Pulsar 2.10.0 为例。

```
# wget https://archive.apache.org/dist/pulsar/pulsar-2.10.0/apache-pulsar-
    2.10.0-bin.tar.gz
# tar -zxvf apache-pulsar-2.10.0-bin.tar.gz
# cd apache-pulsar-2.10.0
```

在下载完成后，对文件进行解压并进入文件夹所在位置。默认配置下的 Pulsar 集群在启动之后，会在该路径下会包含 bin、conf、examples、lib、data、instances 和 logs 这几个关键的目录，如表 3-1 所示。

表 3-1　Pulsar 目录

目录	说明
bin	与 Pulsar 服务相关的命令行工具目录：pulsar, admin, pulsar-client, pulsar-daemon, pulsar-perf, bookkeeper, pulsar-managed-ledger-admin
conf	与 Pulsar 服务相关的配置文件目录：bkenv.sh, client.conf, functions_log4j2.xml, global_zookeeper.conf, presto, pulsar_tools_env.sh, websocket.conf, bookkeeper.conf, discovery.conf, functions-logging, log4j2-scripts, proxy.conf, schema_example.conf, zookeeper.conf, broker.conf, filesystem_offload_core_site.xml, functions_worker.yml, log4j2.yaml, pulsar_env.sh, standalone.conf
examples	Pulsar Function 示例程序目录
lib	Pulsar 服务依赖的 JAR 文件目录
data	Zookeeper 和 BookKeeper 数据存放的路径。在 bookkeeper.conf 配置文件中，通过 ledgerDirectories 参数可以指定 BookKeeper 的数据存储地址；在 zookeeper.conf 配置文件中，通过 dataDir 可以指定 Zookeeper 数据存储地址
instances	Pulsar Function 运行过程中创建的中间文件目录
logs	Pulsar 服务端日志文件目录

1. Pulsar 命令行工具

在 Pulsar 二进制安装包下的 bin 目录中 存放的都是与 Pulsar 服务相关的命令行工具，具体如下。

❏ pulsar：初始化以及直接启动核心服务、组件的入口。

❏ admin：Pulsar 服务管理工具，对主题、命名空间等组件进行命令行管理的入口。

❏ pulsar-client：Pulsar 客户端命令行工具，支持在命令行构建消费者与生产者。

❏ pulsar-daemon：对后台启动的 Pulsar 核心组件进行管理的工具，例如 Broker、Bookie、Zookeeper、functions-worker。

❏ pulsar-perf：Pulsar Broker 性能测试工具。

❏ bookkeeper：BookKeeper 管理工具。

❑ pulsar-managed-ledger-admin：访问 ManagedLedger 二进制数据的工具。在 Pulsar 的早期版本中（1.20.0-incubating），Broker 开始将 ManagedLedger 数据存储为二进制格式，为避免这部分关键数据损坏后无法恢复，Pulsar 提供了该工具来访问二进制数据。该工具依赖于 Python 或 Protobuf、kazoo 等 Python 包，使用前需要用户自行配置安装。

2. Pulsar 配置文件

在 Pulsar 安装包中，conf 目录下存放的是 Pulsar 服务所依赖的各类配置文件，按照用途不同可以分为核心服务配置文件和非核心服务配置文件两类。

Pulsar 核心服务配置文件包括以下几种。

❑ broker.conf：负责处理来自生产者的传入消息、将消息分派给消费者及在集群之间复制数据等，该配置文件中存放的是与 Broker 相关的配置参数。

❑ bookkeeper.conf：BookKeeper 是一个分布式日志存储系统，Pulsar 使用它来持久化存储所有的消息，该配置文件定义了 Pulsar 在使用 BookKeeper 进行持久化存储时的各类参数。

❑ zookeeper.conf：Zookeeper 可协助 Pulsar 处理大部分与基本配置和协调相关的任务。Pulsar 服务中 Zookeeper 的默认配置文件即 Pulsar 安装后生成的 zookeeper.conf 文件。

❑ proxy.conf：该配置文件定义了 Pulsar 网关的配置参数。在独立部署一些组件时（如第 7 章介绍的 Function Worker），需要在这里配置服务连接的参数。

❑ websocket.conf：用来定义一些网络协议层配置，例如链接超时、服务绑定的域名和端口、通信加密方式等。

❑ discovery.conf：与 Pulsar 服务发现相关的配置。

❑ functions_worker.yml：Pulsar Function Worker 中使用的配置。

❑ presto：Pulsar SQL 服务所依赖的关键配置目录，第 8 章将详细介绍与此相关的配置方式和参数含义，所以这里就不赘述了。

❑ filesystem_offload_core_site.xml：Pulsar 分层存储中用到的文件存储系统的链接信息。

除此上述配置文件之外，其他几个配置文件不用于 Pulsar 的核心服务，但是它们同样有自己的特殊应用场景，具体如下。

❑ client.conf：包含 pulsar-client 和 pulsar-admin 客户端工具中的配置参数，可以在该配置文件中配置远程连接的 Broker 连接信息和鉴权信息。

❑ log4j2.yaml：log4j 日志参数配置文件。

❑ standalone.conf：单机部署模式中用到的配置文件，整合了 broker.conf 和 bookkeeper.conf 中的关键参数，用于启动单独部署的服务。

3. Pulsar 管理工具

为了方便对集群状态、命名空间、主题等对象进行管理，Pulsar 提供了丰富的管理工具。可以通过 REST 服务对这些工具进行访问或者通过二进制安装目录下的 bin/pulsar-admin 进行管理。例如可以通过下面两种方式查看集群健康状态、主题列表和订阅列表。

```
$ bin/pulsar-admin brokers list cluster_name        # 查看 Broker 节点
"VM-112-24-centos:8080"
$ bin/pulsar-admin brokers healthcheck              # 查看集群健康状态
ok
$ bin/pulsar-admin topics list public/default       # 查看主题列表
"persistent://public/default/topic-test1"
"persistent://public/default/topic-test2"
$ bin/pulsar-admin topics subscriptions persistent://public/default/topic-test1
                                                    # 查看订阅列表
"subscription_test"
```

上述查看结果还可以通过以下 HTTP 接口来获取，例如：

```
$ curl http://localhost:8080/admin/v2/persistent/public/default/ # 查看 Broker 节点
["VM-112-24-centos:8080"]
$ curl http://localhost::8080/admin/v2/brokers/health           # 查看集群健康状态
ok
$ curl http://localhost:8080/admin/v2/persistent/public/default/ # 查看主题列表
["persistent://public/default/topic-test1",
"persistent://public/default/topic-test2"]
$ curl http://localhost:8080/admin/v2/persistent/public/default/topic-test1/
    subscriptions                                   # 查看订阅列表
["subscription_test"]
```

事实上，二进制安装包中的命令都是通过封装对应的 REST 接口来实现的，因此只要掌握上述任意一种集群管理的方式，就可以同时熟练使用另一种方式。第 9 章会详细介绍与集群管理相关的内容。

3.2 分布式部署

单机部署模式适合刚接触 Pulsar 的读者使用。读者可通过此模式快速对 Pulsar 进行上手体验和功能验证。在大数据环境中，必不可少的是将 Pulsar 部署为一套集群服务。本节我们就来介绍如何在生产环境中部署 Pulsar 服务。

3.2.1 资源分配规划

在生产环境中部署 Pulsar 集群，至少应包含以下几个逻辑结构：Zookeeper、Broker、Bookie 和必要的命名解析服务。

❑ **Zookeeper 集群**：在目前社区版本中，BookKeeper 和 Pulsar Broker 服务都依赖于

Zookeeper。尽管 Zookeeper 只是被用来周期性做一致性协调和配置相关的任务，但是为了保证 Pulsar 的稳定，需要保证 Zookeeper 服务的稳定，故我们应单机部署 Zookeeper 集群，但可以选择性能普通的机器或者虚拟机。官方的推荐使用 3 台机器来组建 Zookeeper 集群[⊖]。

- ❑ Broker：Broker 是 Pulsar 集群中最核心的组件，可提供命名空间管理、主题管理、生产者管理、订阅与消费者管理、服务发现等服务。Broker 提供服务时需要消耗内存与 CPU 资源，并且需要部署多个节点来保证服务的高可用，因此建议将 Broker 组件部署在 3 个以上的节点中。
- ❑ Bookie：Bookie 节点是一个独立的 BookKeeper 节点，由多个 Bookie 节点组成的 BookKeeper 为 Pulsar 提供了数据持久化存储服务，以及多副本、高可用性、一致性的保障。也正是因为 BookKeeper 在完整的 Pulsar 集群中承担着持久化存储数据的重任，所以在生产环境中应尽量选择 3 个及以上 Bookie 节点来对其进行配置。
- ❑ 必要的命名解析服务：在所有分布式服务中，都有将一批对等节点组为一个逻辑上的集群，并对外提供服务的需求。因此在生产实践中，需要将一组节点通过命名解析服务对外暴露。用户可以根据企业环境中的实际需求选择 Consul 服务或者其他域名解析服务。

在物理机上运行 Pulsar，官方建议至少需要 6 台 Linux 机器或虚拟机。其中 3 台用于运行 Zookeeper，3 台用于运行 Pulsar 中的 Broker 和 Bookie。若是没有足够数量的机器，或想测试集群模式下的 Pulsar，也可以将 Zookeeper 以及 Pulsar 中的 Broker 和 Bookie 全部部署在 3 台机器中。

对于运行 Zookeeper 的机器，可以使用性能普通的机器或虚拟机。Pulsar 会用 Zookeeper 处理周期性协调、部分元数据存储与配置等任务。目前 Pulsar 对 Zookeeper 的依赖仍然比较大，为保证集群可靠性，建议在独立机器中部署 Zookeeper。

对于运行 Bookie 和 Broker 的机器的性能应足够高。运行 Broker 的机器需要更多的 CPU 核数和 10Gbps 网络方案。运行 Bookie 的机器需要具有存储型服务器的特点，推荐使用多块固态硬盘（SSD）或性能较好的机械硬盘（HDD），并支持由电池作为供电来源的写缓存与网络磁盘阵列（RAID）。

BookKeeper（即多个 Bookie）和 Broker 均依赖直接内存进行数据读写加速，而且 BookKeeper 还依赖页缓存，所以能否采用合理的内存分配策略至关重要。Pulsar 社区推荐的内存分配策略如下：

- ❑ 操作系统预留 1 ～ 2GB 内存。
- ❑ Java 虚拟机内存占物理机器内存的 50%，其中堆内存占 33%，直接内存占 67%。
- ❑ 页缓存占用物理机器内存的 50%。

⊖　参见 https://zhuanlan.zhihu.com/p/192323952。

3.2.2 集群搭建实战

分布式部署 Pulsar 需要满足如下要求：64 位操作系统（macOS/ Windows /Linux），64 位 JDK8 或更高版本。如果读者想在一台机器中搭建出完整的服务（伪分布式服务），也可以参照本节进行操作。

1. 部署 Zookeeper 集群

如果你有部署好的 Zookeeper 集群，可以跳过下面的安装流程。在 Pulsar 安装目录下修改 conf/zookeeper.conf 配置。对 Zookeeper 集群进行配置安装的示例如下。

```
dataDir=data/zookeeper
clientPort=2181
server.1=zk1.example.com:2888:3888
server.2=zk2.example.com:2888:3888
server.3=zk3.example.com:2888:3888
```

上述代码中的" server.1=zk1.example.com:2888:3888"代表 myid 为 1 的服务器，并使用 2888 端口进行集群内通信，使用 3888 端口进行 Leader 选举。

在每台主机上，需要在 myid 文件中指定节点的 ID，该文件默认在每台服务器的 data/zookeeper 文件夹中（可以通过 dataDir 参数更改该文件的位置）。如下代码是在 server.1 机器上进行节点 ID 配置。

```
$ mkdir -p data/zookeeper
$ echo 1 > data/zookeeper/myid
```

使用如上配置方式，依次配置每一台 Zookeeper 机器，然后使用下面的命令启动服务。如果 Zookeeper 和 BookKeeper 混合部署在同一台机器上，两者都会用到 8000 端口，此时就需要修改其中一方的默认端口。修改 Zookeeper 的方式如下。

```
$ bin/pulsar-daemon start zookeeper

# 更换 Zookeeper 默认端口
PULSAR_EXTRA_OPTS="-Dstats_server_port=8001" bin/pulsar-daemon start zookeeper
```

2. 初始化元数据信息

在集群中搭建了 Zookeeper 服务后，在第一次使用 Pulsar 服务之前，用户还需要将 Pulsar 实例中的一些元数据写入 Zookeeper 中。Pulsar 安装包中提供了如下命令以方便用户初始化集群信息 initialize-cluster-metadata。

```
$ bin/pulsar initialize-cluster-metadata \
    --cluster pulsar-cluster-name \ # 代表该集群的名字
    --zookeeper zk1.example.com:2181/test_cluster1 \ # 集群使用的 Zookeeper 地址
    --configuration-store zk1.example.com:2181/global_zk \ # Pulsar 实例所使用的
        Zookeeper 地址
    --web-service-url http://pulsar.example.com:8080 \ # Web 服务端口
```

```
--web-service-url-tls https://pulsar.example.com:8443 \  # HTTPS 协议的 Web 服务
    端口
--broker-service-url pulsar://pulsar.example.com:6650 \  # Broker 服务的地址
--broker-service-url-tls pulsar+ssl://pulsar.example.com:6651 # 支持加密协议的
    Broker 服务地址
```

对上述代码中的关键参数介绍如下。

❑ --zookeeper 参数代表当前集群需要写入的 Zookeeper 地址。

❑ --configuration-store 代表记录整个 Pulsar 实例中各个集群的 Zookeeper 地址。这里所填写的 Zookeeper 地址可以是 Zookeeper 链接信息与根目录组合的形式，例如，--zookeeper zk1.example.com:2181 代表根目录下初始化目录地址，--zookeeper zk1.example.com:2181/test_cluste1 代表 /test_cluster1 目录下初始化目录地址。在只有一个 Zookeeper 集群时，不同的 Zookeeper 地址可以配置为不同的路径。

在运行的 Pulsar 2.10.0 集群的 Zookeeper 集群中有如下关键目录：ledgers、namespace、loadbalance、managed-ledgers、schemas，它们分别代表着各自组件的元数据信息。

❑ ledgers：此目录下存储着 Pulsar 主题中使用的所有与 Ledger 相关的元数据，例如每个 Ledger 的归属信息和可用的 BookKeeper 节点情况等。

❑ namespace：此目录下存储着 Pulsar 中使用的所有命名空间信息、租户信息、命名空间下 Bundle 的分配情况，以及命名空间维度下的配置参数。

❑ loadbalance：此目录下存储着与负载均衡相关的元数据信息，包括 Bundle 内的数据信息、Broker 服务的状态信息，以及 Leader 状态信息。

❑ managed-ledgers：managed-ledgers 是管理每个主题中所有 Ledger 的组件，而此目录下存储着 managed-ledgers 故障恢复时用到的 ManagedLedgerInfo 元数据信息。

❑ schemas：Pulsar 中的 Schema（模式）信息存放在 BookKeeper 存储中，而此目录下存储着与每个主题对应的 Schema 元数据信息。

3. 部署 BookKeeper 集群

BookKeeper 服务在完整的 Pulsar 集群中承担着持久化存储数据的重任，可以在 conf/bookkeeper.conf 中配置相关服务参数。首先，需要调整 zkServers 以配置上一节介绍的用于初始化的 Zookeeper 地址，例如 zkServers=zk1.example.com:2181/test_cluster1。相关代码如下。

```
# 初始化元数据
$ bin/bookkeeper shell metaformat
$ bin/pulsar bookie  # 直接启动 Bookie 服务
$ bin/pulsar-daemon start bookie  # 在后台启动 Bookie 服务
```

要验证 BookKeeper 功能可以使用 bin/bookkeeper 客户端工具，该工具可帮用户在客户端中管理 Bookie 和 Ledger。下面仅列出了几个可以在搭建集群后验证集群状态的命令，更多操作命令可以查看帮助文档。

❑ bin/bookkeeper shell listbookies -a：查看当前所有 Bookie 节点。

❑ bin/bookkeeper shell simpletest：使用测试工具测试写入过程。

❑ bin/bookkeeper shell listledgers：查看所有的 Ledger。

❑ bin/bookkeeper shell bookiesanity：对 Bookie 集群状态的检验进行测试。

❑ bin/bookkeeper shell：查看帮助文档。

通过上述命令验证完集群状态后，可以在终端看到如下输出。

```
$ bin/bookkeeper shell listbookies -a
All Bookies :
BookieID:bookie1:3181, IP:bookie1, Port:3181, Hostname:bookie1

$ bin/bookkeeper shell  simpletest -ensemble 1 -writeQuorum 1 -ackQuorum 1
    -numEntries 1
1 entries written to ledger 0

$ bin/bookkeeper shell listledgers
ledgerID: 0

$ bin/bookkeeper shell bookiesanity
Bookie sanity test succeeded
```

在部署伪分布式模式的 Pulsar 服务时，若只配置一个 Bookie 节点，会在创建 Ledger 时提示"Not enough non-faulty bookies available"。可以按照下一节介绍的内容来修改副本数等信息，或者单独下载部署了多个 Bookie 节点的 BookKeeper 服务。如果要独立于 Pulsar 安装包单独部署 BookKeeper 服务或者单机部署伪分式 BookKeeper 服务可参考其他 BookKeeper 部署资料⊖。

4. 部署 Broker 集群

Broker 配置文件处于 conf/broker.conf 中，修改配置文件以确保 clusterName、zookeeperServers 和 configurationStoreServers 与元数据初始化时配置的地址一致。若是伪分布式部署，则需要修改副本数等信息，将 managedLedgerDefaultEnsembleSize、managedLedgerDefaultWriteQuorum、managedLedgerDefaultAckQuorum 等参数配置为 1，具体如下。

```
clusterName=pulsar-cluster-name  # 填入初始化元数据信息时的地址
zookeeperServers=zk1.example.com:2181/test_cluster1,zk2.example.com:2181/test_
    cluster1,zk3.example.com:2181/test_cluster1 configurationStoreServers=zk1.
    example.com:2181/global_zk,zk2.example.com:2181/global_zk,zk3.example.
    com:2181/global_zk
```

启动 Broker 服务的方式，具体如下。启动服务后 Pulsar 分布式集群就部署完成了，可按照以下方式查看部署的 Java 进程。

⊖ 参见 https://bookkeeper.apache.org/docs/latest/getting-started/installation/。

```
$ bin/pulsar broker   # 直接启动 Broker 服务
$ bin/pulsar-daemon start broker   # 在后台启动 Broker 服务

$ jps -l   # 查看 Java 进程情况
989195 org.apache.bookkeeper.server.Main             # Bookie 进程
989908 org.apache.pulsar.PulsarBrokerStarter         # Broker 进程
863320 org.apache.zookeeper.ZooKeeperMain            # Zookeeper 进程
979793 org.apache.pulsar.zookeeper.ZooKeeperStarter
```

3.3　Docker 部署

Docker 是一个开源的应用容器引擎，基于 Go 语言开发并遵从 Apache 2.0 开源协议。Docker 可以让开发人员打包自己的应用及依赖包到一个轻量级、可移植的容器中，然后发布到任何流行的操作系统上，以便实现虚拟化。Docker 允许开发人员使用他人提供的应用程序或服务的本地容器，并允许其在标准化环境中工作，从而简化开发生命周期。基于 Docker 镜像开发人员可以轻松输出自己的应用实例。本节将讲解如何在 Docker 容器中安装与部署服务。

3.3.1　Docker 单机部署

本节将在 Docker 容器中部署 Pulsar standalone 模式服务。首先在机器上安装 Docker 服务。Docker 服务中会涉及 Docker Desktop，这是一套完整的桌面环境，可以为软件开发提供很多便利，其中包含 Docker Engine、Docker CLI Client、Docker Compose、Docker Machine 和 Kitematic。Docker Desktop 是一种在 Windows、Linux 和 macOS 桌面环境中快速使用容器服务的方式之一。通过官方网站可以下载并安装 Docker Desktop。

Docker 是一个在各操作系统中通用的容器工具，它依赖于正在运行的 Linux 内核环境。Docker 实质上是在运行的 Linux 下构建一个隔离的文件环境，它执行的效率几乎等同于所部署的 Linux 主机。因此，Docker 必须部署在 Linux 系统内核上。如果其他系统想部署 Docker 就必须安装一个虚拟 Linux 环境。在 Windows 环境下 Docker Desktop 为我们创建好了这个虚拟环境（依赖于 Hyper-V），因此推荐初学者在 Windows 下通过 Docker Desktop 安装 Docker 服务。

而在 Centos 7.X 等系统中，可以使用 Yum 服务来安装社区版 Docker。看到“Hello from Docker!”代表 Docker 服务安装成功。

```
$ yum install docker-ce docker-ce-cli docker-compose
$ systemctl start docker
$ docker run hello-world
Hello from Docker!
This message shows that your installation appears to be working correctly.
```

3.3.2 Docker 分布式部署

Docker Compose 是用于定义和运行多容器 Docker 应用程序的工具。Compose 可以使用 YML 文件来配置应用程序需要的所有服务，并使用 docker-compose up 命令从 YML 文件配置中创建并启动所有服务。目前社区的代码仓库中已经提供了配置文件，我们可以下载社区代码来启动服务。下面看一个示例。

```
$ git clone https://github.com/apache/pulsar.git
$ cd pulsar/docker-compose/kitchen-sink/
$ docker-compose up                  # 启动服务
Starting zk1 ... done
Starting zk3 ... done
Starting zk2 ... done
Starting pulsar-init ... done
Starting bk1       ... done
Starting bk2       ... done
Starting bk3       ... done
Starting broker1   ... done
Starting manager   ... done
Starting proxy1    ... done
Starting broker2   ... done
Starting broker3   ... done
Starting sql1      ... done
Starting websocket1 ... done
Starting fnc1      ... done
Attaching to zk1, zk2, zk3, pulsar-init, bk1, bk2, bk3, broker1, broker2,
    proxy1, manager, broker3, websocket1, sql1, fnc1
$ docker-compose down    # 停止服务
```

该配置文件编排了如下的节点：Zookeeper (3)、BookKeeper (3)、Pulsar (3)、Proxy (1)、Websocket (1)、Function (1)、Pulsar Manager (1)、SQL (1)。通过 Compose 服务可以很方便地在本地构建分布式服务。这里所有的实例都通过 apachepulsar/pulsar-all:latest 镜像进行构建。

3.4 Kubernetes 部署

Kubernetes 是一个开源的用于管理云平台中多个主机上的容器的应用。Kubernetes 的目标是让进行了容器化的应用简单并且高效。本节将以 minikube 为例，演示 Pulsar 在 Kubernetes 上的安装与使用。

3.4.1 minikube 环境安装

minikube 是一个可以让你在本地运行 Kubernetes 集群并进行开发和测试的工具。minikube 不允许以 root 用户的身份来启动运行，在安装它之前应创建一个新用户，并确保将该用户添加到 docker 组。在非 root 用户的身份下通过如下命令安装 minikube 到 Linux 系统，并在 minikube 上启动一个 Kubernetes 集群。

```
$ curl -LO https://storage.googleapis.com/minikube/releases/latest/minikube-
    linux-amd64
$ sudo install minikube-linux-amd64 /usr/local/bin/minikube
$ minikube start --driver docker
```

在安装完 Kubernetes 集群之后，还需要安装 kubectl 客户端工具。该工具负责与 Kubernetes 集群进行管理方面的交互。通过如下命令安装完成 kubectl 后，可以通过"kubectl cluster-info"命令查看集群状态。

```
$ curl -LO https://storage.googleapis.com/kubernetes-release/release/$(curl -s
    https://storage.googleapis.com/kubernetes-release/release/stable.txt)/bin/
    linux/amd64/kubectl

$ kubectl cluster-info
Kubernetes control plane is running at https://192.168.49.2:8443
KubeDNS is running at https://192.168.49.2:8443/api/v1/namespaces/kube-system/
    services/kube-dns:dns/proxy
```

3.4.2　Helm Chart 安装

Helm 是基于 Kubernetes 的应用包管理工具，它可以简化在 Kubernetes 中部署应用的复杂程度。Helm Chart 是描述相关 Kubernetes 资源的一个文件集合。使用 Helm Chart 可以快速在 Kubernetes 中进行 Pulsar 服务部署。Helm 可通过如下命令进行快速安装与验证。

```
$ curl -fsSL -o get_helm.sh \ https://raw.githubusercontent.com/helm/helm/
    master/scripts/get-helm-3
$ chmod 700 get_helm.sh
$ ./get_helm.sh

$ helm version
version.BuildInfo{Version:"v3.6.0", GitCommit:"7f2df6467771a75f5646b7f12afb40859
    0ed1755", GitTreeState:"clean", GoVersion:"go1.16.3"}
```

Pulsar 官方已经提供了 Pulsar Chart 的仓库，通过如下命令可进行 Pulsar Helm Chart 的安装，安装完成后可在命名空间"pulsar"下查看到 Bookie、Broker、Zookeeper 等中的 Pods 与 services 状态。这个时候代表 Pulsar 在 Kubernetes 上已初步安装完成。

在安装 Helm Chart 前，可以运行 prepare_helm_release.sh 脚本来创建相应的命名空间和 JWT 密钥。

社区提供了一系列的配置示例，例如下述代码就是一个演示用的 values-minikube.yaml 配置示例。该示例可以在 Kubernetes 中启动一个非持久化的完整 Pulsar 实例。在该实例中会各自创建 Bookie、Broker、Zookeeper 节点。该实例下 BookKeeper 中使用的持久化路径会通过 Kubernetes 的 emptyDir 持久卷进行挂载，emptyDir 类型的卷在 Pod 分配时被创建，在 Pod

被移除时该目录下的数据也会被清理，因此在 Pulsar 视角下数据是并发完成持久化的。

```
# 添加仓库地址
$ helm repo add apache https://pulsar.apache.org/charts
$ helm repo update
# 下载官方仓库
$ git clone https://github.com/apache/pulsar-helm-chart
# 使用安装脚本进行安装
$ cd pulsar-helm-chart
$ ./scripts/pulsar/prepare_helm_release.sh -n pulsar -k pulsar-mini -c
$ helm install --values examples/values-minikube.yaml --set initialize=true
    --namespace pulsar \
pulsar-mini apache/pulsar

# 验证安装
$ kubectl get pods -n pulsar          # 查看 Pulsar 命名空间下的 pods
$ kubectl get services -n pulsar      # 查看 Pulsar 命名空间下的 services
```

Helm Chart 在 values.yaml 中预设了一些集群配置，用户可以根据自己的需求对其进行二次配置。接下来我们将介绍 Helm Chart 中使用的关键配置。

在独立部署 Pulsar 集群时，需要对元数据进行初始化，在 Kubernetes 流程中可以通过 pulsar-init job 来完成此操作。只需要在 values.yaml 中将 initialize 设为 true 即可启动 pulsar_init job。pulsar_init job 会根据集群配置，在等待 Zookeeper 集群就位后，自动执行 initialize-cluster-metadata 命令。

在 Kubernetes 中的 Pulsar 实例中，将 Pulsar 集群功能拆分为以下几个组成部分：Zookeeper、BookKeeper、autorecovery、Broker、Functions、Proxy、pulsar_manager、monitoring。其中 Zookeeper、BookKeeper、Broker、Functions、Proxy 对应着 Pulsar 中几个类型的服务。

autorecovery 是 BookKeeper 提供的自动恢复服务，该服务会自动检测 BookKeeper 集群中的 Bookie 节点何时变得不可用，并重新复制存储在该 Bookie 节点上的所有 Ledger。在分布式部署中，BookKeeper 服务端默认会跟随集群启动该服务，但在 Kubernetes 服务中会尝试在单独的 Pod 中独立启动该服务。

pulsar_manager 是社区提供的集群管理工具，可帮助管理员更好地管理集群。Pulsar 的镜像里集成了该服务，我们会在 9.3.2 节中对其进行系统介绍。

Kubernetes 中的 Pulsar 实例的 monitoring 服务由两部分组成——Prometheus 和 Grafana。Prometheus 是云原生时代的监控组件，Grafana 是一个开源的用于监控数据分析和可视化的套件，两者相结合可以构建出强大的云原生监控方案。所有上述功能都可以在 values 文件中进行开关。

```
# Pulsar 组件开关
components:
    zookeeper: true
```

```
        bookkeeper: true
        autorecovery: true
        broker: true
        functions: true
        proxy: true
        toolset: true
        pulsar_manager: false
# 监控相关配置
monitoring:
        prometheus: true
        grafana: true
        node_exporter: true
        alert_manager: true
```

上述多个 Pulsar 集群的组成部分之间会通过 podAntiAffinity 进行亲和性配置。当前有两种亲和性配置——强性调度配置和软性调度配置。前者表示 Pod 要调度的节点必须满足一定规则，否则不会被调度并一直处于 Pending 状态；后者表示优先调度满足规则的节点，这类节点不能满足规则才会调度其他节点。Pulsar 默认采用软性调度配置。

3.4.3 在 Kubernetes 中使用 Pulsar

toolset 容器中内置了一系列管理工具。通过下面的命令进入该容器后，可以和本地安装的 Pulsar 一样进行集群管理。

```
$ kubectl exec -it -n pulsar pulsar-mini-toolset-0 -- /bin/bash
$ ls -l /pulsar/bin
apply-config-from-env-with-prefix.py  install-pulsar-client-37.sh  pulsar-daemon
apply-config-from-env.py      proto                     pulsar-managed-ledger-admin
Bookkeeper pulsar            pulsar-perf               function-localrunner
    pulsar-admin             pulsar-zookeeper-ruok.sh  gen-yml-from-env.py
    pulsar-admin-common.sh   set_python_version.sh     generate-zookeeper-config.sh
    pulsar-client
watch-znode.py
```

在 Broker 服务启动之后，可以通过 Pulsar Proxy 提供的服务端口对信息进行生产和消费。运行如下命令结果为：Pulsar 的 Web 服务端口和 Proxy 服务端口分别被映射到 32305 和 31816 端口上，可直接通过映射后的域名和端口对信息进行生产与消费。

```
$ minikube service pulsar-mini-proxy -n pulsar
| pulsar   | pulsar-mini-proxy | http/80    | http://172.17.0.4:32305 |
|          |                   | pulsar/6650 | http://172.17.0.4:31816 |

Opening service pulsar/pulsar-mini-proxy in default browser...
http://192.168.49.2:30087
Opening service pulsar/pulsar-mini-proxy in default browser...
http://192.168.49.2:32647
```

3.5 源码的结构与编译

使用开源软件的优势在于：开源项目拥有公开的源代码，任何人都可以进行二次开发。Pulsar 作为一个新兴项目，拥有十分活跃的社区。有时使用者遇到问题后，需要通过阅读源码来定位问题，而对原有功能进行改造以满足业务需求也需要阅读源码。本节将对源码结构及源码编译二进制包进行介绍。

3.5.1 源码结构

Pulsar 的代码托管在 GitHub 中（项目地址为 https://github.com/apache/pulsar），使用 Apache—2.0 License 开源协议，使用者可以在需要的时候修改代码来满足需求，并作为开源或商业产品发布或销售。

Pulsar 的主要功能都是基于 Java 开发的，并使用 Maven 进行项目构建。在 Pulsar 的主项目下包含多个子项目，一些关键的子项目如表 3-2 所示。

表 3-2 关键子项目简介

子项目名	功能简介	是否为核心功能	是否为拓展功能
managed-ledger	Ledger 存储管理	是	否
tiered-storage	分层存储	否	是
pulsar-common	Pulsar 公共接口	是	否
pulsar-broker-common	Broker 公共接口	是	否
pulsar-broker	Broker 核心实现	是	否
pulsar-client-api	客户端 API 接口	是	否
pulsar-client	客户端核心实现	否	否
pulsar-client-admin-api	客户端管理接口 API	否	否
pulsar-client-admin	客户端管理接口实现	否	否
pulsar-proxy	Pulsar 代理实现	否	是
pulsar-discovery-service	Pulsar 服务发现	否	是
pulsar-websocket	Pulsar Web socket 代理服务	否	是
pulsar-sql	基于 Trino 构建的 Pulsar SQL 服务	否	是
pulsar-transaction	与 Pulsar 事务相关的功能	是	否
pulsar-functions	与 Pulsar Function 相关的功能	否	是
pulsar-io	Pulsar I/O 核心功能及相关连接器	否	是

在后文中，会对基于源码和社区文档对上述关键项目进行更加详细的介绍。读者可以按照业务需求选择相应内容进行研读。

3.5.2 源码编译

在编译 Pulsar 源码时，需要使用 JDK8 或者 JDK11，并依赖 Maven 3.6.1 以上的版本。通过如下命令可以分别编译整个项目或某个独立的模块。

```
# 编译并安装（跳过测试）
$ mvn install -DskipTests
# 编译某个子模块，以 pulsar-client 为例
# mvn -pl ${module-name} install -DskipTests
$ mvn -pl pulsar-client install -DskipTests
```

Pulsar 项目针对不同环境和使用场景提供了不同的 profile 配置。如果大家想在社区中贡献代码，需要检查样式和许可要求，可通过如下方式进行检查。

```
# 样式和许可检查
$ mvn verify -Pcontrib-check.
```

若想加快编译速度，可通过如下命令只构建核心功能。

```
$ mvn install -Pcore-modules,-main -DskipTests
```

Pulsar 项目提供了构建 Docker 镜像的方式，在源码中通过 Docker 子模块对 Docker 镜像进行管理。开发人员可以根据自己的需求定制化自己的镜像。需要注意的是，在 Pulsar 2.7 版本中需要使用 Java 8 对 Docker 镜像进行构建，在 2.8 之后的版本中，推荐使用 Java 11 的 JDK。

```
# 构建 Docker 镜像
$ mvn package -Pdocker,-main -am -pl docker/pulsar-all -DskipTests
```

Chapter 4 第 4 章

Pulsar 的基本操作

本章将介绍 Pulsar 的基本使用方法，包括生产者、消费者和 Reader 的 Java API 的使用方法，以及模式的使用方法和工作原理。读者通过学习本章能够掌握 Pulsar 客户端开发的基本能力。

本章的操作演示基于 Java 语言实现，因为 Pulsar 由 Java 开发，所以它对 Java API 的支持是非常完善的。对于其他语言，比如 Python 与 Golang，官方也给出了对应的客户端 API，这些 API 拥有与 Java API 类似的操作方法，读者可以参考本章和官方相应文档进行对比学习。

4.1 生产者开发

本节将从 Pulsar 生产者的使用方法和工作原理讲起，以帮读者掌握使用 Pulsar 生产者的方法。

4.1.1 生产者概览

在正式介绍如何使用 Java API 之前，我们先介绍一个 Pulsar 中的重要概念——消息，并通过一条消息来介绍数据在生产者中流转的过程，以此来帮助大家更好地理解接下来几节介绍的 Producer API 的使用方法。

1. 消息

一条消息除了应包含所要传递的主要信息外，还应包含以下元数据信息，这些元数据信息标记了一条消息的所有属性。

- **键**：键是消息中可选的一个配置参数，每个消息最多可以设置一个键的值。生产者发送数据到服务端时，由分区路由规则决定将该键值发送到哪个分区。主题压缩采集也会根据键值来压缩历史消息。
- **生产者名**：顾名思义，就是生产者的名字。每条消息都会通过生产者名来记录每条消息是被哪个生产者发送的，所以该生产者名必须全局唯一，用户可以为生产者指定名称，也可以不指定，在不指定时系统会自动生成一个唯一的名称。
- **序列号**：序列号由生产者分配，和生产者名一样，可以唯一定义一条消息。
- **发布时间**：标记一条消息在生产者中发布的时间。
- **事件时间**：区别于发布时间，事件时间代表该条消息在其生产设备上生成的时间。该属性可以在基于事件的流处理系统中进行计算处理。
- **属性**：这是一个由用户自定义的属性集合。生产者可以在发送消息的同时附带一系列属性。这些属性可以在消费者中被访问。

通过生产者提供的方法可以很方便地创建出一条消息，其中最简单的是通过生产者的 newMessage 方法直接构建出 TypedMessageBuilder 对象，并用其来发送创建的消息。我们也可以手动创建 TypedMessageBuilder 对象，设置消息属性和消息主题后，消息创建完成，然后将消息发送到服务端。以下是上述两种方式的实现方法。

```
// 方式 1
producer.newMessage() .properties(propertiesMap) .eventTime(timeStampLong).
    value("test !")
    .send();
// 方式 2
TypedMessageBuilder builder = new TypedMessageBuilderImpl((ProducerBase<?>)
    producer, Schema.STRING);
builder.eventTime(timeStampLong);
builder.value("test !");
builder.send();
```

需要注意的是，在"消息"的维度上，数据都是序列化之后的二进制数据。消息构造器 TypedMessageBuilder 会在读取了生产者的模式信息之后，在构造出消息对象前，按照模式的序列化方法将数据序列化为二进制数据。

2. 生产者

Pulsar 生产者的功能是将用户产生的数据发送到服务端，并确保每条消息都能持久化写入服务端。图 4-1 所示是消息流转的流程图，这幅图也反映出一条消息视角下的生产者和服务端的关系。

首先，原始数据结合模式信息、元数据信息变成 Pulsar 中的消息。如果在生产者端配置了拦截器，则消息会被处理，而被处理后的消息也会被生产者端得到。

然后，根据生产者端的配置决定消息的发送形式。发送形式包括单条发送、分批发送（将多条消息打包为一条消息）、分块发送（将一条消息拆分为多条消息发送）。

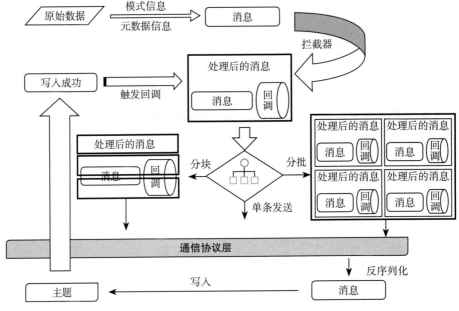

图 4-1 消息流转的流程图

接着，Pulsar 客户端会将写入数据的请求通过通信协议发送到服务端，服务端收到数据写入请求后进行写入操作，并在服务端确认写入持久化存储后，发送确认请求到生产者中，这代表此条消息已经成功写入。

最后，客户端会将该条消息从待处理消息队列中移除，并调用该消息之前配置的回调方法，以完成部分回调操作。至此，一条消息完成了从生产到成功写入的全流程。接下来的几节将详细讨论图 4-1 所示的消息流转的流程。

4.1.2　构建客户端对象

要构建客户端对象，首先应该构建包含必要依赖的开发环境。建议使用 Maven 或者 Gradle 来构建开发环境。下面分别列出了使用 Maven 和 Gradle 需要用到的配置。

Maven 需要用到的配置如下：

```
<!-- Use Pulsar in pom.xml -->
<!-- in your <properties> block -->
<pulsar.version>2.10.0</pulsar.version>

<!-- in your <dependencies> block -->
<dependency>
    <groupId>org.apache.pulsar</groupId>
    <artifactId>pulsar-client</artifactId>
    <version>${pulsar.version}</version>
</dependency>
```

Gradle 需要用到的配置如下：

```
def pulsarVersion = '2.10.0'
dependencies {
    compile group: 'org.apache.pulsar', name: 'pulsar-client', version:
        pulsarVersion
}
```

下一步我们需要构建 Pulsar 客户端对象，再用客户端对象构建发送消息所需的生产者对象。下面的代码可以简单构建出 Pulsar standalone 模式下的客户端对象。

```
PulsarClient client = PulsarClient.builder()
    .serviceUrl("pulsar://localhost:6650")
    .build();
```

PulsarClient 构造器中包含下列核心参数。其中 serviceUrl 为必填参数，其余参数均有默认值，大家可以根据客户端的使用情况自行调整这些参数值。

❑ serviceUrl：必填参数。配置 Pulsar 服务访问的链接

❑ numIoThreads：处理服务端连接的线程个数。默认为 1。

❑ numListenerThreads：主要用于消费者，处理消息监听和拉取的线程个数。默认为 1。

❑ statsIntervalSeconds：通过日志来打印客户端统计信息的时间间隔。默认为 60 秒。

❑ connectionsPerBroker：在客户端处理 Broker 请求时，每个 Broker 对应建立多少个连接。默认为 1。

❑ memoryLimitBytes：客户端中的内存限制参数。默认为 0。

Pulsar 客户端底层的通信基于 Netty 构建，下面的这些参数是网络通信相关的参数。

❑ operationTimeoutMs：网络通信超时时间。默认为 30000 毫秒。

❑ keepAliveIntervalSeconds：每个客户端与服务端连接保持活动的间隔时间。在客户端底层会按照该参数周期性确认连接是否存活。默认为 30 秒。

❑ connectionTimeoutMs：与服务端建立连接时的最大等待时间。默认为 10000 毫秒。

❑ requestTimeoutMs：完成一次请求的最大超时时间。默认为 60000 毫秒。

❑ concurrentLookupRequest：允许在每个 Broker 连接上并行发送的 Lookup 请求的数量，用来防止代理过载。Lookup 请求用于查找管理某个主题的具体 Broker 地址。默认为 5000 个请求。

❑ maxLookupRequest：一个 Broker 上允许的最大并发的 Lookup 请求数量。该参数与 concurrentLookupRequest 共同生效。默认为 50000 个请求。

❑ maxNumberOfRejectedRequestPerConnection：当前连接关闭后，客户端在一定时间范围内（30 秒）拒绝的最大请求数，超过该请求数后客户端会关闭旧的连接并创建新连接来连接不同的 Broker。默认为 50 个连接。

❑ useTcpNoDelay：这是一个网络通信底层参数，用于决定是否在连接上禁用 Nagle 算法。默认为 True。

Pulsar 客户端支持服务端的鉴权校验和通信加密。鉴权与加密相关参数如下。

❑ authPluginClassName：鉴权插件的类名。在服务端配置了鉴权时选择鉴权方式。

❑ authParams：鉴权参数。和 authPluginClassName 一起使用，提供配置类型的鉴权参数。

❑ useTls：是否在连接上使用 TLS 加密方式。

❑ tlsTrustCertsFilePath：TLS 加密的证书地址。

❑ tlsAllowInsecureConnection：用于决定客户端是否接受 Broker 服务端的不可信证书。

❑ tlsHostnameVerificationEnable：用于决定是否开启 TLS 主机名校验。

4.1.3 构建生产者

本节将完整演示生产者对象产生和消息写入的过程，并介绍生产者中需要关注的重要参数。

1. 构建生产者

上一节我们构建了 Pulsar Client 对象，这一节我们将使用该客户端进行生产者的构建演示。通过下面的代码可以构架出第一个生产者并将其写入程序。

```
PulsarClient client = PulsarClient.builder()
    .serviceUrl("pulsar://localhost:6650")
    .ioThreads(1)
    .listenerThreads(1)
    .build();
// 构建生产者
Producer<byte[]> producer = client.newProducer()
    .topic("persist_topic_1")
    .create();
// 同步发送消息
producer.send(" 发送同步消息 ".getBytes());
// 异步发送消息
producer.sendAsync(" 发送异步消息 ".getBytes());
// 关闭生产者与客户端
producer.close();
    // 关闭客户端的同时会关闭所有尚未关闭的 Consumer 和 Producer
client.close();
```

生产者构造器中传入的 topicName 参数为将要写入的主题。不指定命名空间时，默认写入的主题是 persistent://public/default/persist_topic_1，其中 public 是默认租户，default 是租户下的默认持久化命名空间。该主题在写入时如果还未被创建，则会根据服务端配置的如下参数决定是否创建该主题或创建什么样的主题。

❑ allowAutoTopicCreation：决定当生产者或者消费者要连接主题时，是否自动创建该主题。默认为 True。

❑ allowAutoTopicCreationType：自动创建主题时，创建分区主题或者非分区主题。

2. 写入数据

生产者发送消息的方式有两种——同步发送和异步发送。在使用同步方式发送消息时，客户端程序会阻塞线程，并等待写入任务完成或者抛出异常。使用异步方式发送消息时，生产者将消息放入阻塞队列并立即返回，然后客户端将消息经后台发送到 Broker 中。这时如果客户端在发送过程中出现异常，则需要用户编写异步的异常处理逻辑。

```
producer.sendAsync(" 发送同步消息 ".getBytes())
        .thenAccept(msgId -> {
        System.out.println(" 消息发送成功 ");
    })
    .exceptionally(throwable -> {
        System.err.println(" 消息发送失败 ");
        return null;
    });
```

同步发送与异步发送的区别在于对 Future 对象的不同处理上，同步发送是在异步发送逻辑的基础上，使用 future.get() 等待异步执行结果完成。例如，等待队列已满时，生产者会被阻塞或立即失败，具体取决于传递给生产者的参数 maxPendingMessages 和 blockIfQueueFull。本节后面的部分会详细介绍这两个参数。

当上述代码正确执行完毕且无异常退出后，就要验证写入是否成功了。通过浏览器访问如下链接可以查看主题是否成功创建和写入消息的数量。在 internalStats 请求返回的消息中，numberOfEntries 代表成功写入的消息数量。

```
http://localhost:8080/admin/v2/persistent/public/default/
["persistent://public/default/persist_topic_1"]

http://localhost:8080/admin/v2/persistent/public/default/persist_topic_1/
    internalStats
{"entriesAddedCounter":2,"numberOfEntries":2,"totalSize":150,"currentLedgerEntries"
    :2,"currentLedgerSize":150,"lastLedgerCreatedTimestamp":"2021-06-14T16:18
    :15.739+08:00","waitingCursorsCount":0,"pendingAddEntriesCount":0,"lastConfi-
    rmedEntry":"10848:1","state":"LedgerOpened","ledgers":[{"ledgerId":10848,
    "entries":0,"size":0,"offloaded":false,"underReplicated":false}],"cursors":
    {},"schemaLedgers":[],"compactedLedger":{"ledgerId":-1,"entries":-1,"size"
    :-1,"offloaded":false,"underReplicated":false}}
```

Pulsar 发送消息时，可以为每条消息指定键值。此键值在消息路由和主题压缩等场景中会被用到。在发送消息到分区主题时，该键值会作为路由的参考。在压缩主题中，Pulsar 可以为同一键值构建消息视图，从而自动从主题中清洗掉较老的数据，让用户可以更快地找到主题中的近期数据。相关的实现代码如下。

```
Producer<KeyValue<String, String>> producer = client
    .newProducer(Schema.KeyValue(Schema.STRING, Schema.STRING))
    .topic("topicName")
    .create();
```

```
# 指定消息的 Key
producer.newMessage().value(new KeyValue<>("key", "value data")).send();
```

3. 生产者配置参数

在构建生产者客户端时,除了必要的 topicName 参数外还有诸多可调整参数,用户可以灵活选择。下面介绍其中的核心参数。

❑ producerName:为生产者命名,若不指定名称则会自动创建一个唯一的名称。通过 /admin/v2/persistent/public/default/persist_topic_1/stats 接口可以查看当前的生产者列表。

❑ sendTimeoutMs:写入消息的超时时间。如果在该时间范围内未收到服务端的确认回复则会抛出异常。默认为 30000 毫秒。

❑ maxPendingMessages:保存一个生产者待处理消息的队列,该队列中存放的是尚未被服务端确认写入的消息数量。默认为 1000。当该队列存满之后将通过 blockIfQueueFull 参数决定如何处理。

❑ blockIfQueueFull:在发送消息到服务端时会将消息放在内存队列中,该参数控制在内存队列满了之后的处理行为。设为 True 则阻塞客户端的写入,设为 False 则不阻塞队列而是直接抛出异常。默认为 False。

❑ maxPendingMessagesAcrossPartitions:在同一个主题下,不同分区内的多个生产者同用的最大待处理消息的总数量。与 maxPendingMessages 参数共同作用,最后生效的 maxPendingMessages 的值不得大于 maxPendingMessagesAcrossPartitions 除以分区数所得到的值。

❑ messageRoutingMode:针对分区主题的消息路由规则,决定一条消息实际被发送到哪个分区内。

❑ hashingScheme:针对分区主题的消息路由规则,指定一条消息的哈希函数。

❑ cryptoFailureAction:当加密失败时,生产者应该采取的发送行动。该参数的值为 FAIL 表示如果加密失败,则未加密的消息无法发送;该参数的值为 SEND 表示如果加密失败,则发送未加密的消息。默认为 FAIL。

❑ batchingEnabled:是否允许批处理发送。

❑ batchingMaxPublishDelayMicros:发送批处理消息的最大延迟时间。

❑ batchingMaxMessages:发送批处理消息的最大数量。

❑ compressionType:消息压缩方式。

4.1.4 数据发送路由规则

默认情况下,Pulsar 创建的主题是非分区主题(见图 4-2),这种非分区主题只能由单个 Broker 提供服务,该 Broker 将独自处理来自不同生产者的所有消息,这极大地限制了主题的最大吞吐量。

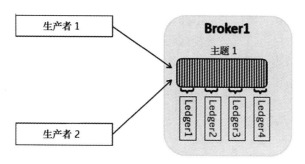

图 4-2 非分区主题写入

为了提高吞吐量，可以手动创建分区主题。分区主题逻辑上虽是一个主题，但实际上相当于多个非分区主题的组合。例如拥有 3 个分区的分区主题 persistent://public/default/partitioned-topic-test，通过接口查看可以发现实际创建出了 3 个主题，具体如下。

```
"persistent://public/default/partitioned-topic-test-partition-0"
"persistent://public/default/partitioned-topic-test-partition-1"
"persistent://public/default/partitioned-topic-test-partition-2"
```

分区主题可以跨越多个 Broker 节点，从而达到更高的吞吐量。与非分区主题类似，分区主题也可以使用 Pulsar 客户端发送到对应的服务端。消息要发布到分区主题时，必须指定路由模式以决定如何发送及具体发送到哪个分区。如果在创建新的生产者时没有指定任何路由模式，则使用循环路由模式（RoundRobinDistribution）。

在 Pulsar 中，每条消息都可以设置一个键值，键值是消息的一项关键属性。生产者在发送数据到服务端时，针对消息有没有键值会采取有不同的处理策略。例如你可以用有明确业务含义的字段作为键，比如用户 ID，这样就可以保证拥有同一个用户 ID 的消息进入同一个分区中。

1. 轮询路由模式

轮询路由模式是一种跨越所有分区发送消息的模式，这是生产者针对分区主题默认采用的路由模式。根据用户是否指定消息的键值，有两种不同的路由策略。

1）如果没有提供消息的键值，生产者会按照轮询策略跨所有分区发布消息，以达到最大吞吐量。轮询不是针对单个消息进行的，轮询的边界应设置为与批处理延迟相同以确保批处理有效。

2）如果在消息上指定了一个键值，则分区的生产者会对该键值进行散列并将消息分配给特定的分区。针对求哈希值的方式，生产者提供了 hashingScheme 配置项来让用户选择不同的函数。Pulsar 提供了以下 3 种求哈希值的方式。

❑ pulsar.JavaStringHash：使用 Java 自带的 java.lang.String#hashCode 方法求哈希值。

❑ pulsar.Murmur3_32Hash：使用 Murmur3 中的哈希函数。MurmurHash 是一种经过广泛测试且速度很快的非加密哈希函数，在 Murmur3 中有该算法的实现。

❑ pulsar.BoostHash：使用 C++ Boost 库中的散列函数。

图 4-3 所示为轮询路由模式，该模式可保证吞吐量优先，但是单个分区的消息会被打散分布在各个服务端节点。通过 roundRobinRouterBatchingPartitionSwitchFrequency 参数可以控制单个生产者切换写入分区的频率。

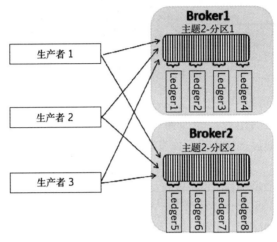

图 4-3　轮询路由模式

2. 单分区模式

单分区模式（UseSinglePartition）会将当前生产者的所有消息发布到单个分区。如果未提供消息的键值，则生产者会随机选择一个分区并将所有消息发布到该分区。如果在消息上指定了一个键值，则分区的生产者会对该键值进行哈希运算并将消息分配给特定的分区，如图 4-4 所示。这里对哈希求值函数的选择和前面介绍的轮询路由模式中的类似，因此不再赘述。

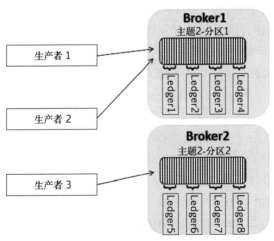

图 4-4　单分区模式

应用此模式后，每个生产者产生的消息在写入 Broker 节点时，会保证逻辑上的顺序一致。

3. 自定义分区模式

自定义分区模式（CustomPartition）可以通过调用自定义的消息路由器来确定消息发往的分区。可以通过使用 Java 客户端来实现 MessageRouter 接口进而创建自定义路由模式。下面给出了一个自定义路由模式的示例，其中字节长度小于 10 的消息会发送到第一分区；长度在 10 到 100 之间的消息会发送到第二分区；大于 100 的消息会发送到第三分区；分区数不等于 3 时，会随机选择分区并发送消息。

```
class MessageLengthRouter implements MessageRouter {
    static Random random = new Random();
    @Override
    public int choosePartition(Message<?> msg, TopicMetadata metadata) {
        int partitionNums = metadata.numPartitions();
        if (partitionNums != 3) {
            return random.nextInt(partitionNums);
        }
        if (msg.getData().length < 10) {
            return 0;
        } else if (msg.getData().length >= 10 && msg.getData().length < 100) {
            return 1;
        } else {
            return 2;
        }
    }
}

Producer<byte[]> producer = client.newProducer()
        .topic("partitioned-topic-test")
        .messageRouter(new MessageLengthRouter())
        .create();
```

4.1.5　分批发送

在大数据技术中批处理通常用于提高吞吐量。在生产者和消费者中支持批量处理，可以显著提升效率。目前，生产者客户端提供了批量发送消息的能力，通过启用 batchingEnabled 参数，就可以实现批量写入。在批量写入时会不可避免地造成比单条消息更高的延迟，用户可以使用 batchingMaxPublishDelayMicros（这批消息的第一条数据最大延迟时间）和 batchingMaxMessages（这批消息的最大数量）参数来控制延迟情况。

```
Producer<byte[]> producer = client.newProducer()
    .topic("topic-test")
    .batchingMaxPublishDelay(10, TimeUnit.MILLISECONDS)
    .sendTimeout(10, TimeUnit.SECONDS)
```

```
    .batchingEnabled(true)
    .create();
```

在 Pulsar 生产者端对消息进行批发送时，服务端会将一整批消息作为一个最小单元进行确认和存储。在消费者要使用消息时，会再将批消息拆分为单独的消息。

4.1.6 分块发送

除了分批发送外，Pulsar 还提供了一种发送模式——分块发送。不同于分批发送，在分块发送模式下，Pulsar 会将多条单独消息组合成一条消息来发送。分块消息是将一条超大的消息分成多个数据块并发送到服务端。当启用分块发送模式时，如果消息大小超过允许发送的最大限值（由 conf/broker.conf 中的 maxMessageSize 参数控制），则生产者会将原始消息拆分为多块，并将它们与分块元数据分别按顺序发布到代理。

在服务端，分块消息的存储和普通消息的存储类似。消费者在使用该分块消息时，由消费者客户端提供统一的视图，这看起来和消费一条普通的未分块消息一样。在客户端的实现上，需要在本地内存中缓冲分块消息，并在所有分块消息都收集完后将它们组合成真实的消息。

分块发送模式的示例如下。

```
Producer<byte[]> producer = client.newProducer(Schema.BYTES)
        .topic(topicName)
    .enableChunking(true)
    .enableBatching(false)
    .create();
```

4.1.7 生产者拦截器

在 Pulsar 生产者中还提供了一个拦截器功能，该功能可以让用户在发送消息前对消息进行定制化处理，例如修改和过滤。该功能还可以在消息被服务端确认写入后提供一个回调函数，这在某些应用场景中可以方便追踪每条消息写入情况。若想实现生产者拦截器，需要用户实现 ProducerInterceptor 接口。下面的代码是一个简单的大写字符转换拦截器实现和使用示例。

```
public class PulsarInterceptUpper implements ProducerInterceptor {
    @Override
    public void close() {
    }
    @Override
    public boolean eligible(Message message) {
        // 该拦截器只适用于 StringSchema
        if (message instanceof MessageImpl) {
            Schema schema = ((MessageImpl) message).getSchema();
            return schema instanceof StringSchema;
```

```
        } else {
            return false;
        }
    }
    @Override
    public Message beforeSend(Producer producer, Message message) {
        MessageImpl messageImpl = ((MessageImpl)message);
        byte[] raw_data = new String(message.getData()).toUpperCase().getBytes();
        MessageImpl upperMessage = MessageImpl.
    create(((MessageImpl<?>) message).getMessageBuilder(),
        ByteBuffer.wrap(raw_data), StringSchema.utf8());
        return upperMessage;
    }
    @Override
    public void onSendAcknowledgement(Producer producer, Message message,
    MessageId messageId, Throwable throwable) {}
    }
```

在拦截器构建完成之后就可以在 ProducerBuilder 中使用该拦截器了。若想在生产者中使用多个拦截器，可以通过构造器实现。生产者内部使用一个列表来记录多个拦截器及其顺序。生产者会在发送消息前调用拦截器并依次进行处理。需要注意的是，使用多个拦截器不可避免地会降低一定的发送性能，所以这需要根据业务场景合理使用拦截器。

通过如下方式可以在生产者中指定所需的拦截器。

```
Producer<String> producer = client.newProducer(Schema.STRING)
        .topic(topicName)
        .intercept(new PulsarInterceptUpper())
        .intercept(new InterceptUpper(){...})
        .create();
```

4.2 消费者开发

在完成生产者向服务端的消息写入后，下一步我们将尝试构建消费者来消费服务端的消息。本节将介绍如何构建消费者，如何消费服务端消息，如何确保消息被准确消费（消息的确认机制），如何定义拦截器和监听者。

4.2.1 构建消费者

在 Pulsar 中，消费者可以订阅主题并处理生产者发布的与这些主题相关的消息。在第 2 章中我们已经介绍过在 Pulsar 消费者使用过程中涉及的两个核心概念——订阅和消费者。本节介绍消息在生产者、服务端与消费者中的流转过程。

1. 构建消费者对象
在构建出 PulsarClient 对象后，我们可以通过 newConsumer() 构建消费者。newConsumer()

会创建 ConsumerBuilder 构造器，其中涉及的主题名（topic）属性和订阅名（subscription-Name）属性为必填项。在完善了构造器参数之后，通过 subscribe() 可以创建消费者（Consumer），对应的订阅方法会自动对主题发起订阅。

创建生产者的相关代码如下。

```
Consumer<String> consumer = client.newConsumer(Schema.STRING)
            .topic(topicName)
            .subscriptionInitialPosition(SubscriptionInitialPosition.Earliest)
        .subscriptionName("subscription_test")
    .subscribe();
```

生产者创建完成后就可以使用 receive() 来接收消息了。这种接收方法是同步的，未收到消息时对应的线程是阻塞的。还可以使用带有超时时间的 receive(timeout, TimeUnit) 来接收消息。对消息进行业务处理后，需要使用 acknowledge() 来确认该消息是否已经被接收。服务端虽然会收到该确认请求，但不会再发送该条消息并标记该消息已处理。与之相对的是，如果在接收到消息之后，对该消息的处理出现问题，可以使用 negativeAcknowledge()来标记这条消息没有被成功确认。这时服务端会根据配置决定是否重发该消息。我们将在下一小节继续讨论确认消息、拒绝确认消息和重发机制。

消费者确认消息的方式如下。

```
// 等待接收消息，未收到消息会阻塞线程
    Message<String> msg = consumer.receive();
    try {
        // 处理消息
        System.out.println("Message received: " + new String(msg.getData()));
        // 确认消息已收到
        consumer.acknowledge(msg);
    } catch (Exception e) {
        // 消息处理失败，否认消息确认
        consumer.negativeAcknowledge(msg);
    }
```

2. 异步接收与分批接收

还可以使用异步方式接收消息。receiveAsync 被调用后会立即返回一个 Completable-Future 对象。你可以按照异步编程的方式处理对应的业务逻辑。相关的代码如下。

```
CompletableFuture<Message<String>> messageFuture = consumer.receiveAsync();
    messageFuture.thenAccept((Message<String> msgAsync) -> {
        System.out.println("Async message received: " + msgAsync.getValue());
        try {
            consumer.acknowledge(msgAsync);
        } catch (PulsarClientException e) {
            consumer.negativeAcknowledge(msg);
        }
    });
```

　　消费者客户端还提供了批量接收数据的方法 batchReceive，通过 batchReceive 可以一次接收一批消息。可以在确认消息时选择逐条确认或者整批确认。注意，这里的 batchReceive 和生产者中的分批发送并无直接关系，生产者中的分批发送是将多条消息打包为一条消息发送到服务端，消费者在消费消息时并无感知。而这里提到的批量接收消息是指消息到达消费者之后的消息接收方式，可以理解为消费者对单条接收的封装。之前是从内存队列中取出一条消息，现在是在内存队列中取出多条消息，目前调整该参数不会显著加快服务端到消费者的传输速度。

　　目前社区已经提到一些优化的建议。当前的 Pulsar 客户端将批消息拆分为单条消息，并将多条消息收集到一条消息中。在理想情况下，Pulsar 客户端应该实现一个批消息（每个批消息是由一条消息或多条消息组成的）的队列。在收到单条消息时，会从批消息队列中轮询一条消息，并从批消息中再取出一条消息。从消费者中批量获取消息的方式如下。

```
Messages<String> msgs = consumer.batchReceive();
for (Message<String> msg : msgs) {
    System.out.println("Message received: " + new String(msg.getData()));
    // 可以选择确认单条消息
    // consumer.acknowledge(msg);
}
// 或者确认整批消息
consumer.acknowledge(msgs);
```

　　批量接收消息会受到 BatchReceivePolicy 参数的控制。BatchReceivePolicy 有 3 个属性——最大消息数量（maxNumMessages）、最大字节数（maxNumBytes）、最大超时时间（timeout）。当批消息满足 3 个条件中任意一个时，都会把当前所有的消息打包为一批消息并返回给用户。

3. 消费者配置参数

在构建生产者客户端时，除了必要的订阅名和主题名外，还需要诸多可调整参数。下面介绍其中一些核心参数。

- ❑ consumerName：消费者的名字，类似生产者命名，是消费者的唯一身份凭证，需要保证全局唯一。若不指定，则系统会自动生成全局唯一的消费者命名。
- ❑ topicNames：topicName 的集合，表示该消费者要消费的一组主题。
- ❑ topicsPattern：主题模式，可以按照正则表达式的规则匹配一组主题。
- ❑ patternAutoDiscoveryPeriod：和 topicsPattern 一起使用，表示每隔多长时间重新按照模式匹配主题。
- ❑ regexSubscriptionMode：正则订阅模式的类型。使用正则表达式订阅主题时，你可以选择订阅哪种类型的主题。PersistentOnly 表示只订阅持久性主题；NonPersistentOnly 表示仅订阅非持久性主题；AllTopics 表示订阅持久性和非持久性两种主题。

❑ subscriptionType：定义订阅模式，订阅模式分为独占、故障转移、共享、键共享 4 种，具体参见 2.1.4 节。

❑ subscriptionInitialPosition：提交了订阅请求，但是在当前时刻订阅未被创建，服务端会创建该订阅，该参数用于设定新创建的订阅中消费位置的初始值。

❑ priorityLevel：订阅优先级。在共享订阅模式下分发消息时，服务端会优先给高优先级的消费者发送消息。在拥有最高优先级的消费者可以接收消息的情况下，所有消息都会被发送到该消费者。当拥有最高优先级的消费者不能接收消息时，服务端才会考虑下一个优先级消费者。

❑ receiverQueueSize：用于设置消费者接收队列的大小，在应用程序调用 Receive 方法之前，消费者会在内存中缓存部分消息。该参数用于控制队列中最多缓存的消息数。配置高于默认值的值虽然会提高使用者的吞吐量，但会占用更多的内存。

❑ maxTotalReceiverQueueSizeAcrossPartitions：用于设置多个分区内最大内存队列的长度，与 receiverQueueSize 一同生效。当达到任意一个队列长度限制时，所有接收队列都不能再继续接收数据了。

下面是与消息确认相关的参数。

❑ acknowledgementsGroupTimeMicros：用于设置消费者分批确认的最大允许时间。默认情况下，消费者每 100 毫秒就会向服务端发送确认请求。将该时间设置为 0 会立即发送确认请求。

❑ ackTimeoutMillis：未确认消息的超时时间。

❑ negativeAckRedeliveryDelayMicros：用于设置重新传递消息的延迟时间。客户端在请求重新发送未能处理的消息时，不会立刻发送，而是会有一段时间的延迟。当应用程序使用 negativeAcknowledge 方法时，失败的消息会在该时间后重新发送。

❑ tickDurationMillis：ack-timeout 重新发送请求的时间粒度。

其他高级特性的配置与使用。

❑ readCompacted：在支持压缩的主题中，如果启用 readCompacted，消费者会从压缩的主题中读取消息，而不是读取主题的完整消息积压。消费者只能看到压缩主题中每个键的最新值。我们会在 6.5 节对此进行详细介绍。

❑ DeadLetterPolicy：用于启动消费者的死信主题。默认情况下，某些消息可能会多次重新发送，甚至可能永远都在重试中。通过使用死信机制，消息具有最大重新发送计数。当超过最大重新发送次数时，消息被发送到死信主题并自动确认。

❑ replicateSubscriptionState：如果启用了该参数，则订阅状态将异地复制到集群。

4.2.2　数据确认

在 Pulsar 中，消息一旦被生产者成功写入服务端，该消息会被永久存储，只有在所有订阅都确认后该消息才会被允许删除。因此，当消费者成功消费一条消息时，消费者需要向服务端发送确认请求告知服务端该消息已经被成功消费。

1. 独立确认和累计确认

在未开启生产者的批发送功能时，每条消息都会被独立发送到服务端，然后又会被独立发送到消费端。接下来我们将讨论这种单条消息的确认方式。

消息可以被一条一条地独立确认，也可以累积后被确认。采用独立确认时，消费者需要确认每条消息并向服务端发送确认请求。采用累积确认时，消费者只需要确认它收到的最后一条消息就可确认该条消息及之前的消息。累计确认可以应用在非共享订阅模式中，包括独占模式与灾备模式。因为共享模式中涉及多个消费者访问同一订阅，确认一条消息并不能代表该条消息之前的消息已经被成功消费了。在共享模式中，消息都采用独立确认模式。

累计确认的使用方式如下。

```
Consumer<String> consumer = client.newConsumer(Schema.STRING)
.topic(topicName)
.subscriptionInitialPosition(SubscriptionInitialPosition.Earliest)
.subscriptionName("subscription_test")
.acknowledgmentGroupTime(100, TimeUnit.MICROSECONDS)
.subscribe();
```

累计确认受到 acknowledgmentGroupTime 参数的控制，该参数作用于累计确认的累计窗口。在每个累计窗口结束后，消费者都会将目前累计的最后一个确认位置发给服务端。若将 acknowledgmentGroupTime 参数的值设为 0 后，则在任何订阅模式下都会采用独立确认的模式。

在客户端实现中，消费者通过 acknowledgmentsGroupingTracker 对象对累计确认进行追踪。在独立确认模式下会在方法调用后立即发起服务端请求，而在累积确认模式下将更新最后一次确认的消息 ID 的值，这样在周期性发送任务时才会真正触发一次确认请求。

2. 消息否认确认

若消费者已经成功消费一条消息，但在处理该消息时出现了问题，例如下游服务不可用，想要再次消费该消息，此时消费者可以向服务端发送否认确认（negative acknowledgement），这时服务端会重新发送消息。

消息的否认确认模式也分为逐条否认确认和累积否认确认，具体采用哪种模式取决于消费订阅模式。在独占和故障转移订阅模式下，消费者只否认收到的最后一条消息。在共享和键共享订阅模式下，用户可以单独否认确认消息。注意，对有序订阅类型（例如独占、故障转移和键共享）的否定确认，可能会导致失败的消息脱离原始顺序到达消费者，从而破坏原有消息的有序性。

在用户否认确认一条消息后，下一步就是如何来重新发送此消息了。

3. 确认超时与重试

Pulsar 对于未能成功消费的消息提供了重试机制，本节将来介绍该机制的触发场景和原理。

　　首先针对所有成功被客户端消费的消息，在客户端可以配置一个超时参数 ackTimeout，在该参数内没被确认的消息会被重新发送。当该参数为 0 时，将不会对确认超时的消息进行重新发送。如下代码演示了消息重试方法，其中配置了 ackTimeout 参数，超时时间为 5秒。我们为其中的主题写入一条消息，运行下面的程序后，会发现每 5 秒都将重新消费一遍生产者写入的消息。

```
Consumer<String> consumer = client.newConsumer(Schema.STRING)
        .topic(topicName)
        .subscriptionInitialPosition(SubscriptionInitialPosition.Earliest)
        .subscriptionName("subscription_test")
        .ackTimeout(5, TimeUnit.SECONDS)
        .enableRetry(true)
        .subscribe();
    // 等待消费
    for (int i = 0; i < 100; i++) {
        System.out.println("Message received: " + consumer.receive().getValue());
        // 取消消息确认逻辑
        // consumer.acknowledge(msg);
}
```

　　使用否认确认可以达到消息重试的效果，比起确认状态超时机制，否认确认可以更精确地控制单个消息的重新发送。使用否认确认可以避免在超时机制中，因数据处理较慢超过超时阈值而引起重新发送无效的情况。被否认确认的消息会在固定超时时间后重新发送，重新发送的周期由 negativeAckRedeliveryDelay 参数控制，默认为 1min。

　　在对一条消息进行否认确认后，在延迟周期内，会对该消息进行一次确认操作，此时服务端不会再重新发送该消息。与之类似，对该消息进行过一次确认操作后，再进行一次否认确认也不会重新发送该消息。在这种场景下还有另一种解决方式可以重新发送该消息，就是利用 Pulsar 的死信机制中的重试主题功能。

　　对于很多在线业务系统来说，若是在业务逻辑处理中出现异常，并且需要一个精准的延迟发送时间，那么消息需要被重新消费。这时可以使用消费者的自动重试机制⊖。当消费者开启自动重试时，如果调用 reconsumeLater 方法请求重新消费该消息，则会在重试主题中存储一条消息，因此消费者会在指定的延迟时间后自动从重试主题中消费该条消息。默认情况下，自动重试处于禁用状态，可以将 enableRetry 参数设置为 true 以启用自动重试。

　　下列代码演示了自动重试机制。在配置消费者时需要开启 enableRetry 功能，在未指定死信配置（DeadLetterPolicy）时，客户端会自动以当前的主题名和订阅名生成默认重试主题，规则为 ${topic_name}-${subscription_name}-RETRY。在调用 reconsumeLater 方法请求重新写入一条消息时，系统会自动发送确认请求到服务端，然后在配置的重试主题下，重新写入一条消息。在超过指定延迟时间后，客户端会重新消费该消息。消息的延迟接收

　　⊖ 更多实现细节可以参考 https://github.com/apache/pulsar/pull/6449。

依赖于 Pulsar 消息延迟传递机制，我们将在第 6 章中深入探讨该机制。使用延迟接收时，应确保开启了 enableRetry 功能，否则消息会立刻发送至消费端。

```java
Consumer<String> consumer = client.newConsumer(Schema.STRING)
        .topic(topicName)
        .subscriptionInitialPosition(SubscriptionInitialPosition.Earliest)
        .subscriptionName("subscription_test")
        .enableRetry(true)
        .subscribe();

// 等待消息
for (int i = 0; i < 100; i++) {
    Message<String> msg = consumer.receive();
    System.out.println("Message received: " + msg.getValue());
    consumer.reconsumeLater(msg, 10, TimeUnit.SECONDS);
    System.out.println("send retry " + msg.getValue());
}
```

4. 分批消息确认

在开启生产者的批发送后，多条消息会被打包为一条批消息，该消息会作为多条消息的集合被独立存储，在被消费时又作为一个整体被发送到消费端。这时的消息确认会比非分批情况下复杂得多。在 Pulsar 2.6.0 之前的版本中对批消息中的任意一条消息进行否认确认时，都会导致该批次的所有消息被重新发送[⊖]。因此，为了避免将确认的消息批量重新发送给消费者，Pulsar 从 2.6.0 版本开始引入了批量索引确认机制[⊖]。

对于批消息，如果启用了批量索引确认机制，则服务端会维护批量索引确认状态并跟踪每个批量索引的确认状态，以避免将已确认的消息分发给消费者。当批消息的所有索引都得到确认时，批消息将被删除。默认情况下，服务端和客户端都默认禁用了批量索引确认机制（截至 2.10.0 版本）。若想开启该功能，需要在代理端设置相关参数，具体见如下代码，然后重启 Broker 服务。注意，要在服务端使用批量索引功能也要开启该机制，但因为要维护更多的批量索引信息，所以启用批量索引确认后会导致更多的内存开销。

```
# 修改服务端配置 conf/broker.conf
# 是否开启批消息的确认
acknowledgmentAtBatchIndexLevelEnabled=false

# 修改客户端配置
Consumer<String> consumer = client.newConsumer()
    .topic(topicName)
    .subscriptionName("subscription_test")
    .enableBatchIndexAcknowledgment(true)
    .subscribe();
```

⊖　社区相关讨论见 https://github.com/apache/pulsar/issues/5969。

⊖　改进意见参见 https://github.com/apache/pulsar/wiki/PIP-54:-Support-acknowledgment-at-batch-index-level。

4.2.3 消费者拦截器

在 Pulsar 消费者中还提供了一个消费者拦截器功能，该功能可以让用户在消费者中对消息生命周期中的各个节点进行功能增强。例如，对接收后的消息进行转化过滤处理，在消息被确认时调用业务逻辑，在消息确认超时时进行信息统计。

要想实现消费者拦截器，需要先实现 ConsumerInterceptor 接口。该接口中有以下几个方法。

❑ beforeConsume：在消息到达 receive 方法前进行拦截。

❑ onAcknowledge：在消费者向服务端发送调用请求前被调用。

❑ onAcknowledgeCumulative：在消费者向服务端发送累计确认请求前被调用。

❑ onAckTimeoutSend：当消息确认超时后，向服务端发送"重新发送请求"前被调用。

❑ onNegativeAcksSend：在消费者向服务端周期性发送否认确认请求前被调用。

下面的代码为一个根据消息长度来过滤信息的消费者拦截器示例。该示例展示了消费者拦截器的使用方法。

```
// GetLengthIntercept 类 , beforeConsume 方法
@Override
    public Message<String> beforeConsume(Consumer consumer, Message message) {
        MessageImpl<String> messageImpl = ((MessageImpl)message);
        if (messageImpl.getValue().length() > 20) {
            try {
                consumer.acknowledge(message);
                tooLongMsgCount.incrementAndGet();
            } catch (PulsarClientException e) {
                System.out.println("beforeConsume ack failed");
            }
            return null;
        }
        return message;
    }

// 在定义消费者时使用该拦截器
    Consumer<String> consumer = client.newConsumer(Schema.STRING)
            .topic(topicName)
            .subscriptionName("subscription_test")
            .intercept(new GetLengthIntercept())
            .subscribe();
```

4.2.4 消费者监听器

Pulsar 的消费者客户端提供了两种类型的监听器——ConsumerEventListener 和 MessageListener。

ConsumerEventListener 是用来监听消费者状态变动的监听器，可在故障转移模式下发

生分区分配策略变化时监听状态的变动。becameActive 在当前消费者获取到一个分区的消费权利时被调用，becameInactive 在当前消费者没有分区消费权利时被调用。下面的代码演示了如何使用消费者事件监听器。

```
public class StatusConsumerEventListener implements ConsumerEventListener {
    @Override
    public void becameActive(Consumer<?> consumer, int partitionId) {
    System.out.println(consumer.getConsumerName() + " MyMessageListener
        receive
        msg:" + msg.getValue());
    }
    @Override
    public void becameInactive(Consumer<?> consumer, int partitionId) {
    }
}
```

MessageListener 是一种区别于 receive 方法的监听器。在使用消息监听器时，receive 方法不再提供服务，若此时调用 receive 方法会收到客户端异常"Cannot use receive() when a listener has been set"（设置监听器后不能再使用 receive()），此时每条发向当前消费者的消息都会调用 MessageListener.received 方法，具体演示代码如下。

```
public class MyMessageListener implements MessageListener<String> {
    @Override
    public void received(Consumer consumer, Message msg) {
        System.out.println(consumer.getConsumerName() + " MyMessageListener
            receive msg:" + msg.getValue());
    }

    @Override
    public void reachedEndOfTopic(Consumer<String> consumer) {
        MessageListener.super.reachedEndOfTopic(consumer);
        System.out.println("reachedEndOfTopic");
    }
}
```

4.3　Reader 开发

在 Pulsar 中最常见的访问数据的方式是使用前面介绍的消费者接口。在创建订阅后，消费者可用按照订阅中消息的顺序对消息依次进行访问，如图 4-5 所示。

Pulsar 提供了 Reader 方式来访问消息。Pulsar 的 Reader 接口可以使我们通过应用程序手动管理访问游标。当使用 Reader 接口访问主题时，需要指定 Reader 在连接到主题时开始读取的消息的位置，例如最早和最后可以访问到的有效消息位置，你也可以通过构建 MessageId 来指定任意有效位置进行消息访问。

在 Pulsar 作为流处理系统对外提供"精确一次"处理语义等用例时，Reader 接口非常

有用。对于此类用例，流处理系统必须能够将主题"倒带"到特定消息所在位置并在那里
开始阅读。Reader 接口为 Pulsar 客户端提供了在主题中"手动定位"自己所需消息的功能，
如图 4-6 所示。

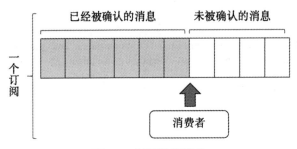

图 4-5　订阅消费模式

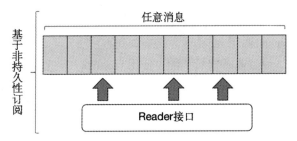

图 4-6　Reader 定位消息示意

在内部实现中，读取器也是通过消费者功能封装的，内部使用一个随机命名的订阅名
称来对主题进行独占、非持久性订阅，以到达手动定位消息的目的。

```
Reader<String> reader = client.newReader(Schema.STRING)
        .topic(topicName)
    .startMessageId(MessageId.earliest)
    .create();
    while (true) {
        Message<String> message = reader.readNext();
        System.out.println(message.getValue());
    }
```

4.4　模式管理

在消息总线及大数据系统中，数据类型安全是极为重要的。在 Pulsar 把消息写入服务
端后，在 BookKeeper 中存储的消息都是字节类型的。在应用程序中可以由用户提供序列化
与类型管理工具。在客户端中可维护的序列化与反序列化方法如下所示。

```
# 构建生产者，用户提供序列化方法
Producer<byte[]> producer = client.newProducer().topic(topicName).create();
```

```
    DemoData sendDemoData = new DemoData(new Random().nextInt(), "test");
producer.send(sendDemoData.serialize());
```

```
# 构建消费者，用户提供反序列化方法
Consumer<byte[]> consumer = client.newConsumer().topic(topicName)
    .subscriptionName(subscriptionName).subscribe();
Message<byte[]> message = consumer.receive();
    DemoData receivedDemoData = DemoData.deserialize(message.getData());
    consumer.acknowledge(message);
```

生产者和消费者可以发送和接收由原始字节数组组成的消息，并在此基础上将所有类型安全类处理工作留给用户的应用程序。我们只需要提供如下的序列化与反序列化方法就能构建出一个类型安全的数据类。

```
public class DemoData implements Serializable {
    private static final long serialVersionUID = 1L;
    private int intField;
    private String StringField;
    public byte[] serialize() throws IOException {
        ByteArrayOutputStream byteArray = new ByteArrayOutputStream();
        ObjectOutputStream objectOutputStream = new ObjectOutputStream
            (byteArray);
        objectOutputStream.writeObject(this);
        return byteArray.toByteArray();
    }
    public static DemoData deserialize(byte[] bytes) throws Exception {
        ByteArrayInputStream byteArrayInputStream = new ByteArrayInputStream
            (bytes);
        ObjectInputStream inputStream = new ObjectInputStream(byteArrayInputStre
            am);
        return (DemoData) inputStream.readObject();
    }
}
```

在服务端和客户端共同作用下，Pulsar可提供给用户一套通用的类型安全方法——模式（Schema）。模式是一种数据类型的定义方法，提供了统一的类型管理和序列化（或反序列化）方式，可以减轻用户维护类型安全的工作量。通过使用模式，Pulsar客户端会强制执行类型安全检查，并确保生产者和消费者保持同步。下面我们就来介绍与模式相关的知识。

4.4.1　模式类型

模式主要分为原始类型模式、复杂类型模式两类。

1. 原始类型模式

原始类型模式是 Pulsar 支持的单一数据类型模式，也是构成复杂类型模式的基础。由于 Pulsar 基于 Java 开发，所以 Pulsar 的数据类型和 Java 基本数据类型对应，目前有以下几类。

- 字节数组（BYTES）：默认的模式格式。对应 Java 中的 byte[]、ByteBuffer 类型。
- 布尔类型（BOOLEAN）：对应 Java Boolean 类型。
- 整数类型（INT8、INT16、INT32、INT64）：按照数据所占字节不同又可分为 8 位、16 位、32 位和 64 位，对应 Java 的 byte、short、int、long 类型。
- 浮点类型（FLOAT、DOUBLE）：分为 32 位的单浮点数和 64 位的双浮点数，对应 Java 的 float 和 double。
- 字符串（STRING）：Unicode 字符串，对应着 Java 中的 String 类型。
- 时间戳（TIMESTAMP、DATE、TIME、INSTANT、LOCAL_DATE、LOCAL_TIME、LOCAL_DATE_TIME）：时间字段类型，对应 Java 中的 java.sql.Timestamp、java.sql.Time、java.util.Date、java.time.Instant、java.time.LocalDate、java.time.LocalDateTime、java.time.LocalTime 类型。其中 INSTANT 代表时间线上的单个瞬时点，精度为纳秒。

Pulsar 中对基本数据类型模式的使用方式是，在创建生产者和消费者时传入原始类型模式，Java 客户端中可以使用泛型保证类型安全。

```java
Producer<String> producer = client.newProducer(Schema.STRING)
        .topic(topicName1)
        .create();
producer.newMessage().value("String test");
Consumer<Float> consumer = client.newConsumer(Schema.FLOAT)
    .topic(topicName2)
    .subscriptionName(subscription_name)
    .subscribe();
Message<Float> msg = consumer.receive();
```

2. 复杂类型模式

简单类型模式只能支持单一的数据应用，复杂类型模式是 Pulsar 提供的更加丰富的结构。复杂类型模式分为两类：键值对类型模式和结构体类型模式。

键的功能我们已经在前文简单介绍过了，键值对类型模式的键值会被用作消息路由的一个条件变量。键值有两种编码形式——内联编码和分离编码。内联编码会将键和值在消息主体中一起编码；分离编码会将键编码在消息密钥中，将值编码在消息主体中。示例代码如下。

```java
Schema<KeyValue<Integer, String>> kvSchema1 = Schema.KeyValue(
    Schema.INT32,
    Schema.STRING,
    KeyValueEncodingType.INLINE
);
Schema<KeyValue<Integer, String>> kvSchema2 = Schema.KeyValue(
    Schema.INT32,
    Schema.STRING,
```

```
        KeyValueEncodingType.SEPARATED
);
Producer<KeyValue<Integer, String>> producer = client.newProducer(kvSchema1)
```

结构体类型模式可以让用户很方便地传输 Java 对象。目前 Pulsar 支持 AvroBaseStruct-Schema 和 ProtobufNativeSchema 两种结构体类型模式。AvroBaseStructSchema 支持 Avro-Schema、JsonSchema 和 ProtobufSchema。利用 Pulsar 支持的几种模式可以预先定义结构体架构，它既可以是 Java 中的简单的 Java 对象（POJO）、Go 中的结构体，又可以是 Avro 或 Protobuf 工具生成的类。ProtobufNativeSchema 使用原生 Protobuf 协议的格式来进行序列化。相关示例代码如下。

```
Producer<DemoData> producer = client.newProducer(JSONSchema.of(DemoData.class))
    .topic(topicName).create();
Producer<DemoData> producer2 = client.newProducer(AvroSchema.of(DemoData.class))
    .topic(topicName).create();

// ProtobufSchema 使用的对象 ProtocolData 需要继承自 GeneratedMessageV3
Producer<ProtocolData> producer3 = client.newProducer(ProtobufSchema.
    of(ProtocolData.class))
    .topic(topicName) .create();
Producer<ProtocolData> producer4=client.newProducer(ProtobufNativeSchema.
    of(ProtocolData.class))
    .topic(topicName).create();
```

3. 自定义 GenericSchema

Pulsar 使用的结构体类型模式拥有提前定义好的结构（由预先定义的结构体或者类转化而来）。若没有预定义的结构，那么就要使用 GenericSchemaBuilder 定义数据结构了。使用 GenericRecordBuilder 生成通用结构，生产和消费会将数据绑定到 GenericRecord 中。GenericSchema 有 GenericJsonSchema 和 GenericAvroSchema 两种选择，具体使用哪种可以在 RecordSchemaBuilder.build 方法中指定。示例代码如下。

```
// 构建 RecordSchema
RecordSchemaBuilder recordSchemaBuilder = SchemaBuilder.record("schemaName");
recordSchemaBuilder.field("intField").type(SchemaType.INT32);
recordSchemaBuilder.field("StringField").type(SchemaType.STRING);
SchemaInfo schemaInfo = recordSchemaBuilder.build(SchemaType.JSON);
Producer<GenericRecord> producer = client.newProducer(GenericJsonSchema.
    of(schemaInfo))
.topic(topicName).create();
// 构建 GenericRecord
GenericRecord record = GenericJsonSchema.of(schemaInfo).newRecordBuilder()
.set("intField", 10).set("StringField", "string test").build();
producer.newMessage().value(record).send();
```

4.4.2 自动模式

如果你在使用生产者和消费者时，事先不知道 Pulsar 主题的模式类型，则可以使用 AUTO 模式。生产和消费中的 AUTO 模式分别对应着 AUTO_PRODUCE 和 AUTO_CONSUME，下面就来介绍它们的用法。

1. 生产者侧的自动模式

生产者侧的自动模式（Auto Schema）为 AUTO_PRODUCE 模式。在使用该模式时，Pulsar 会帮我们验证发送的字节是否与此主题的模式兼容。下面的示例演示了如何使用 AUTO_PRODUCE 模式。原有主题的格式为 Schema.JSON(DemoData.class)，使用 AUTO_PRODUCE 模式后，可以直接将 JSON 字符串转化后的字节发送到服务端。目前仅支持 AVRO 和 JSON 类型模式。

```
Producer<byte[]> producer2 = client.newProducer(Schema.AUTO_PRODUCE_BYTES())
    .topic(topicName).create();
String jsonTest1 = "{\"intField\": 2, \"stringField\": \"ttt\"}";
String jsonTest2 = "{\"intField\": 3, \"FloatField\": 3.14}";
String jsonTest3 = "{\"intField\": 4, \"StringField\": 3.14}";
producer2.newMessage().value(jsonTest1.getBytes()).send();
producer2.newMessage().value(jsonTest2.getBytes()).send();
producer2.newMessage().value(jsonTest3.getBytes()).send();
    // 在使用消费者后，可以消费以下消息
    DemoData(intField=2, StringField=ttt)
    DemoData(intField=3, StringField=null)
    DemoData(intField=4, StringField=null)
```

2. 消费者侧自动模式

消费者侧的自动模式（Auto Schema）为 AUTO_CONSUME 模式。它可以验证发送到消费者端的字节是否与消费者兼容。AUTO_CONSUME 仅支持 AVRO、JSON、ProtobufNative-Schema 这类复杂模式类型。它会将消息统一反序列化为 GenericRecord。示例代码如下。

```
Consumer<GenericRecord> consumer=client.newConsumer(Schema.AUTO_CONSUME())
    .topic(topicName)
    .subscriptionName(subscriptionName)
    .subscribe();
while (true) {
    Message<GenericRecord> message = consumer.receive();
    GenericRecord record = message.getValue();
    System.out.println(record.getField("intField"));
    System.out.println(record.getField("stringField"));
    System.out.println(record.getField("FloatField"));
    consumer.acknowledge(message);
}
```

4.4.3　模式管理

本节介绍模式的原理和管理方式。通过对本节的学习，读者可以熟悉模式相关的核心原理。

1. 模式定义

模式接口定义涉及几个功能：如何验证消息格式，如何序列化，如何反序列化。在接口定义的基础上，通过实现不同的序列化和反序列化方式，可构建出原始类型模式、键值对类型模式及结构体类型模式。在结构体类型模式等复杂类型模式中，定义了 SchemaWriter 和 SchemaReader 接口，这两个接口分别负责序列化与反序列化方法的具体实现。

SchemaDefinition 是对一个模式进行定义的对象，它包含了定义一个模式最核心的几个属性：模式的数据类是哪个，模式是否支持不同版本，模式是否允许为空，如何读取反序列化数据（使用哪个 SchemaReader），如何序列化数据（使用哪个 SchemaWriter）等。基于 SchemaDefinition 我们可以对默认的 SchemaReader 和 SchemaWriter 接口进行覆盖和定制化开发。下面通过一个 UpperSchema 示例来演示在序列化阶段如何修改默认的序列化和反序列化接口。首先我们继承 JacksonJsonReader 类，修改默认读取二进制消息时的具体实现，代码如下。

```
public class JacksonJsonUpperReader<T> extends JacksonJsonReader<T> {
    // ......
    // read方法
    @Override
    public T read(byte[] bytes, int offset, int length) {
        return afterRead(super.read(bytes, offset, length));
    }
    private T afterRead(T obj) {
        if (obj instanceof DemoData) {
            DemoData demoData = (DemoData) obj;
            demoData.setStringField(demoData.getStringField().toUpperCase());
        }
        return obj;
    }
}
```

然后我们定义 SchemaDefinition 对象传入 Pojo 参数和 JacksonJsonWriter 实现类，在创建消费者时使用 SchemaDefinition 定义模式。当我们使用该消费者消费消息时，默认的序列化行为被替换为将消息中的 StringField 属性值转为大写。全部的代码可以从本书示例代码的 pulsar.demo.schema.PulsarJsonSchema 类中找到，部分核心代码如下。

```
SchemaDefinition<DemoData> upperSchema = new SchemaDefinitionBuilderImpl<>()
    .withSchemaReader(new JacksonJsonUpperReader<>(DemoData.class))
    .withSchemaWriter(new JacksonJsonWriter(JacksonJsonUpperReader.JSON_MAPPER.
        get()))
    .withPojo(DemoData.class)
```

```
    .build();
Consumer<DemoData> consumer = client.newConsumer(JSONSchema.of(schemaDefinition))
    .topic(topicName)
    .subscriptionName(subscriptionName)
    .subscribe();
```

Pulsar 中一个主题的具体模式使用 SchemaInfo 类来定义。SchemaInfo 是在服务端中进行持久化存储的类。在服务端通过 SchemaRegistryService 服务对模式进行统一管理，默认使用 BookKeeper 服务来进行持久化存储。

每个和主题一起存储的 SchemaInfo 都有一个内置的模式版本信息——Schema Version。使用给定 SchemaInfo 生成的消息会带有模式版本信息，因此当 Pulsar 客户端使用消息时，可以使用模式版本信息检索相应的 SchemaInfo，然后使用 SchemaInfo 反序列化数据。

2. 客户端模式原理

应用程序需要使用模式实例来构建生产者与消费者实例，且无论是构建生产者还是构建消息者，默认情况下采用的都是字节模式。以 AvroSchema 为例，Pulsar 从 Pojo 类中提取模式定义和字段属性，并且在构造生产者连接时将代表模式的 SchemaInfo 对象传递给服务端，用以获取能够编码数据的模式。与构建生产者类似，在构建消费者时，也会将代表模式的 SchemaInfo 对象传递给服务端，用以获取能够解码数据的模式。

客户端对象使用从传入模式实例中提取的 SchemaInfo 连接到服务端。服务端在模式管理服务 SchemaRegistryService 中查找模式，以验证被找到的模式是否已经被注册。在 SchemaRegistryService 中，默认使用基于 BookKeeper 存储的 BookkeeperSchemaStorage 对象进行模式持久化增、删、改、查等操作。如果当前模式已经被注册过，服务端会跳过对该模式的验证流程，并将模式版本信息返给生产者。如果当前模式未被注册过，则服务端会验证是否可以在此命名空间中自动创建模式。

参数 isAllowAutoUpdateSchema 控制着该主题是否可以自动更新模式，如果将 isAllow-AutoUpdateSchema 设置为 true，则表示可以创建新版本模式，服务端会根据模式兼容性检查策略来验证新版本模式的兼容性。如果将 isAllowAutoUpdateSchema 设置为 false，则无法创建新版本模式，并且生产者或者消费者会被拒绝连接到该服务端。

上述整个流程如图 4-7 所示。

3. 模式演化

在业务场景中，数据的结构总会随着业务发展而发生新的变化。Pulsar 中提供了模式演化能力，即给业务系统改动数据结构的能力。在客户端使用模式时，每次上传到服务端的模式对象 SchemaInfo 都会根据注册服务中已存在的模式，赋予当前模式一个版本号。使用 SchemaInfo 生成的 Pulsar 消息都被赋予了当前模式的版本信息。因此当在 Pulsar 消费者端使用消息时，客户端可以检索相应的 SchemaInfo，并使用正确的模式结构对数据进行反序列化操作。这种根据模式结构的不同，不断增加版本号来更新模式的能力，就是模式演化。

使用模式演化的消息队列的业务系统可以轻松变更表结构。

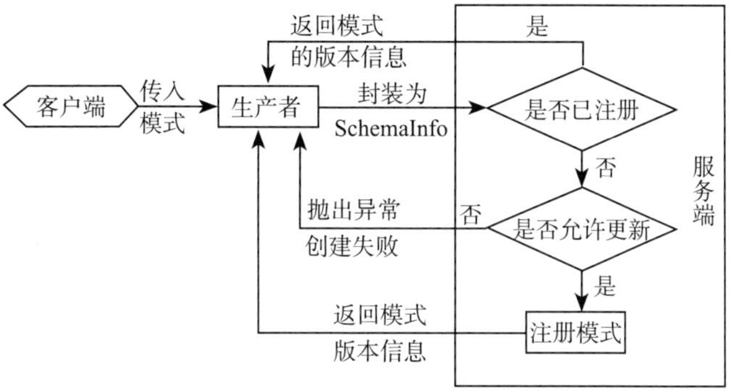

图 4-7　生产者端模式创建与使用流程图

当生产者或消费者连接到服务端时，会将代表客户端模式的 SchemaInfo 对象传入服务端，服务端将使用兼容性检查器来强制执行模式兼容性检查。兼容性检查策略在 Pulsar 中共分为 8 个级别：总是兼容、总是不兼容、全兼容、传递全兼容、向前传递兼容、向前兼容、向后传递兼容、向后兼容。

总是兼容模式中会禁用模式兼容性检查，所有的改变都会被允许。例如在事件系统中，我们可能定义多个事件类，而且各个事件类之间的结构并不相同。在使用总是兼容模式后，多种结构可以并存。

总是不兼容模式会禁用模式演化，即不允许有任何模式的变化。

向前兼容即考虑现在的设计在未来能不能使用。向后兼容考虑过去的设计能不能继续使用。我们习惯上将"向前"对应为"之前的软件版本"，"向后"对应为"之后的软件版本"。而英文语境下的向前（forward）是指面向未来，前进的版本。向后（backward）则是指过去的版本。模式演化中也有向前与向后的兼容性设计，在这里读者应能够区分软件兼容性上的向前与向后。

在模式兼容性中，向后兼容和向后传递兼容类似，两者都可以使用最新的模式版本来处理之前版本的数据。向后兼容模式是指可以用最新模式序列化处理之前任意一个版本的数据。向后传递兼容模式是指可以使用当前版本来处理上一版本的数据。例如在新版的数据结构中删除某个字段的数据，向后兼容序列化器可以正常处理数据，并把删除的字段的值置为空。

向前兼容和向前传递兼容也是类似的。向前兼容可以使用上一个版本模式来处理当前版本数据，而向前传递兼容是可以使用之前任意一版本的模式来处理当前版本数据。例如在新版的数据结构中增加某个字段的数据，向前兼容序列化器可以正常处理数据，并把新增的字段忽略。

全兼容模式是指模式既向后兼容又向前兼容，这意味着：使用次新的模式（最新模式之前发布的一个模式）的消费者可以使用新模式处理生产者写入的数据。使用新模式的消费者

可以处理生产者使用次新的模式写入的数据。传递全兼容模式是指新模式向后和向前兼容
所有以前注册过的模式。

表 4-1 所示给出了 8 种兼容模式中所有允许的变更操作、需要进行兼容性检查的模式
版本和模式演化升级顺序。根据兼容性检查策略的不同，当需要对模式进行演化时，升级
客户端的顺序也有所不同。在向后兼容模式中不能保证使用旧模式的消费者可以读取使用
新模式生成的数据，因此需要首先升级所有消费者，再开始生成新数据。而在向前兼容模
式中，不能保证使用新模式的消费者可以成功读取使用旧模式生成的数据，因此需要首先
升级所有生产者，并在开始使用新模式后再升级消费者。

表 4-1 模式版本和模式演化升级顺序表

兼容策略	允许的变更	需要检查的版本	升级顺序
总是兼容	全都允许	不需要检查	任意顺序
总是不兼容	全不允许	先前所有的版本	无
向前兼容；向前传递兼容	增加字段；删除可选字段	次新版本；先前所有的版本	生产者
向后兼容；向后传递兼容	删除字段；增加可选字段	次新版本；先前所有的版本	消费者
全兼容；传递全兼容	改变可选参数	次新版本、先前所有的版本	任意顺序

目前，Avro 和 JSON 格式的复杂模式有自己的兼容性检查器，而所有其他模式类
型共享默认的兼容性检查器，并将禁用模式演化。兼容性检查策略是在名称空间级别下
配置的，并可应用于该名称空间中的所有主题。在配置命名空间属性时，可以通过指定
schema_compatibility_strategy 的取值来决定使用哪种模式检查策略，该参数有下列取值：
UNDEFINED、ALWAYS_INCOMPATIBLE、ALWAYS_COMPATIBLE、BACKWARD、
FORWARD、FULL、BACKWARD_TRANSITIVE、FORWARD_TRANSITIVE、FULL_
TRANSITIVE。

Pulsar 模式中还有一个与演进相关的参数——schema_auto_update_compatibility_
strategy，该参数用于生产者自动模式。在生产者提交新的模式后，会根据该参数配置的策
略来对模式进行检查和校验。该参数同样配置在命名空间级别。

原　理　篇

Pulsar 核心组件原理

本章将深入探索 Pulsar 各个核心组件的原理, 主要包括 Broker、BookKeeper、ManagedLedger 以及与主题管理相关的核心组件的原理。学完本章后, 读者不仅会掌握 Pulsar 的运行原理, 还将具备自己阅读相关源码的能力, 从而为更深入地学习 Pulsar 奠定基础。

5.1 Broker 原理

Broker 是 Pulsar 服务端中对外提供服务的重要组件。Broker 定义了 Pulsar 自己的数据协议, 该协议支持 Broker 所有的数据交换功能, 具有高效和跨平台等优势。Broker 提供了主题查找服务, 可以方便客户端查找负责每个主题服务的节点。作为一个原生支持多租户的消息平台, Broker 还实现了租户与命名空间管理的功能。此外, 在多租户的基础上, Broker 还基于命名空间实现了负载管理功能。

本节从二进制通信协议、主题查找服务、租户管理、命名空间管理及负载管理等角度出发, 探索 Pulsar 服务端的主要原理。Pulsar 主题管理也是 Broker 节点的重要职能, 我们会在 5.4 节单独讨论。

5.1.1 通信协议层

Pulsar 使用自定义二进制协议进行生产者、消费者和服务端之间的通信。该协议旨在支持鉴权连接、确认和流量控制等功能, 同时确保最大的传输和实施效率。生产者的消息发送和消费者的消息接收也是通过二进制协议进行通信的[⊖]。使用这样的二进制协议可以从根本上统一不同客户端的实现细节。因为 Pulsar 由 Java 开发，所以原生的 Java 客户端具有最完善的功能，而不同版本的客户端只需要分别实现各自实现语言的二进制协议就可以获得和 Java 客户端同样的功能。

本节将介绍 Pulsar 二进制协议中的基本单位——Pulsar 命令，以及通过组合多个 Pulsar 命令实现的服务交互。

1. Pulsar 命令

Pulsar 通过 ProtoBuf 协议枚举出一系列的命令，这些命令对应着各种独立的功能。

Pulsar 命令可以分为两类——简单命令（Simple Command）与有效负载命令（Payload Command）。

❑ 简单命令代表 Pulsar 中的通信指令，例如用于完成创建连接、创建订阅、查找主题所在的服务器等操作的命令。

❑ 有效负载命令作用于 Pulsar 服务端与客户端，直接进行数据传输。所有的有效负载命令都包含 ProtoBuf 元数据与 ProtoBuf 字节数据。在 Pulsar 生产者发送数据时，可以选择批发送模式，在这种模式下多条消息会封装至一条 Pulsar 命令中。

简单命令和有效负载命令的字段格式如表 5-1 所示。

表 5-1 Pulsar 中两种命令的字段格式

字　　　段	简单命令	有效负载命令
字节总数（totalSize）	包含	包含
命令长度（commandSize）	包含	包含
消息内容（message）	包含	包含
格式魔数（magicNumber）	包含	包含
校验和（checksum）	不包含	包含
元数据大小（metadataSize）	不包含	包含
元数据信息（metadata）	不包含	包含
有效负载（payload）	不包含	包含

所有与 Pulsar 协议相关的命令都定义在 BaseCommand 类中，每条命令都有一个唯一的类型，例如建立连接（CONNECT）、创建订阅（SUBSCRIBE）、关闭生产者（CLOSE_PRODUCER）等。当 Pulsar 服务端与客户端要执行一些操作时，需要发送对应类型的命令，并携带该命令所需的数据信息。

在命令实现类之外，Pulsar 还提供了 Commands 工具类，用于封装具体命令类型的初始化构造方法。这是一个十分重要的工具类。例如我们在查看客户端如何发送订阅请求给服务端时，不仅可以从客户端调用订阅方法（Subscribe）开始研究客户端的调用链路，还可以通过客户端发送二进制请求的终点（Commands.newSubscribe）开始探索其发送原理。通

⊖ 二进制协议相关内容可以参考 http://pulsar.apache.org/docs/en/develop-binary-protocol/。

过这种方式可以更方便地梳理源码中的通信流程。

2. 通信协议

Pulsar 服务端利用 Netty 构建了自定义的通信协议，借助 Netty 可降低 TCP 和 UDP、客户端和服务器端等网络编程的开发难度。利用第三方工具，不仅可以轻松获取成熟网络框架的诸多优势，比如高并发、高性能、良好易用的封装和良好的稳定性，还可以合理使用 API，从而获取零拷贝类优化特性。

在通信时，还要使用 ProtoBuf 协议来实现数据的序列化。这是一种语言无关、平台无关且具有高扩展性和可序列化结构数据的方法。通过 ProtoBuf 协议定义好数据的结构后，开发者就可以借助 ProtoBuf 工具类，轻松地使用各种语言写入和读取结构化数据了。Pulsar 中定义的数据结构处于 PulsarApi.proto 与 PulsarMarkers.proto 中[⊖]。

Pulsar 还定义了几个关键的类，以实现 Pulsar 底层的通信细节，例如 PulsarChannel-Initializer、PulsarDecoder、ServerCnx、ClientCnx、ServerConnection 和 ProxyConnection。

❑ PulsarChannelInitializer 类继承自 Netty 的 ChannelInitializer 类，该类用于在某个管道（Channel）注册到事件处理器（EventLoop）后，对这个管道执行一些初始化操作，例如鉴权、解码、注册处理器等。

❑ PulsarDecoder 类继承自 ChannelInboundHandlerAdapter，用于对 Pulsar 入站后的数据进行通信协议层的解码。在这里会将 Pulsar 中的二进制数据进一步解析成 Pulsar 命令。针对不同的 Pulsar 命令，PulsarDecoder 定义了不同的类方法，且默认实现了在不支持该方法时抛出异常。继承该类的事件处理类只需要分别实现自己关心的方法即可构建独立的通信终端。

❑ ServerCnx 类是 Broker 节点中负责服务端通信的核心类，客户端的订阅处理请求、生产者创建请求、消费者的 Ack 请求等核心方法，都能在该类中找到实现入口。非常好用的一种梳理服务端各种原理的方法就是从此类中的对应方法入手，逐层查看请求的调用链路。

❑ ClientCnx 类是客户端中负责接收服务端请求与响应的关键类，其中包括处理服务端的订阅响应、处理服务端返回的创建生产者响应、处理服务端返回的消费者 Ack 响应等核心方法。

❑ ServerConnection 类用于处理从客户端传入的主题发现请求，并将适当的响应发送回客户端。该类会用于 Pulsar 的发现服务。

❑ ProxyConnection 类负责处理 Pulsar 代理（Proxy）中的请求。ProxyConnection 不仅会处理来自客户端的部分请求，还会将需要转发到 Broker 节点的请求发送到 Broker 节点上。

ServerConnection、ProxyConnection、ServerCnx 与 ClientCnx 均为 PulsarDecoder 的实

⊖ 二进制文件位于 https://github.com/apache/pulsar/blob/master/pulsar-common/src/main/proto/ 处。

现类，它们分别用于实现客户端与服务发现、代理与客户端、服务端与客户端、客户端与服务端之间的数据通信。

3. 服务交互

Pulsar 命令定义了诸多原子操作，例如发送消息、发送成功响应等，这些原子操作是构建 Pulsar 服务的基石。完整的 Pulsar 服务是由一系列命令组成的。在 Pulsar 中各种核心功能都是通过客户端与 Broker 节点之间多次交互实现的。

下面将以主题查找服务为例，介绍在 Pulsar 中进行服务交互的过程。在 Pulsar 中每个非分区主题都由一个 Broker 节点负责提供服务，客户端可以发送主题查找请求来定位具体由哪一个 Broker 节点负责该主题的请求。本节只介绍主题查找服务的二进制通信服务交互过程，查找服务的背景与原理将在 5.1.2 节详细介绍。

在主题查找服务中，交互的发起端为客户端。在 Commands 类中，我们可以找到 newLookup 方法，该方法可以构建用于主题查找服务的 Pulsar 命令。逐步查看 newLookup 方法的引用记录会发现，Pulsar 客户端中使用 BinaryProtoLookupService 服务进行主题发现。在生产者与消费者的构造期间，都会使用 BinaryProtoLookupService 服务来查找当前主题所归属的 Broker 节点。客户端发出的主题查找请求的内容如下。

```
message CommandLookupTopic {
    required string topic                   = 1;
    required uint64 request_id              = 2;
    optional bool authoritative             = 3 [default = false];
    optional string original_principal      = 4;
    optional string original_auth_data      = 5;
    optional string original_auth_method    = 6;
    optional string advertised_listener_name = 7;
}
```

确定了请求的发起端后，下一步是确定服务端中的处理逻辑。在不确定服务端原理的时候，可以查看 PulsarDecoder 类中的 handleLookup 方法，该方法用于处理客户端的主题查找请求。可以发现，在多个服务端实现类中都有该方法的实现，它们有不同的用途。

在服务发现功能中通过 ServerConnection 中实现的 handleLookup 方法，服务端将返回任意一个 Broker 服务端的地址。客户端在收到请求后，会根据响应内容中的重定向信息，再次向服务端 Broker 节点发送主题查找请求。

在服务发现功能中，Pulsar 中的各个组件分别围绕最核心的二进制通信协议实现了各自的协议处理逻辑，进而实现了整个服务发现的功能交互。客户端、服务发现与 Broker 节点之间的服务交互示意如图 5-1 所示。

Pulsar 代理的 ProxyConnection 在收到客户端请求后，会自己重新通过 ClientCnx 构造一个主题查找请求，并直接向其中一台 Broker 发送主题查找请求。Broker 在获取到响应后会将请求结果返回给最初的客户端。客户端、Pulsar 代理服务与 Broker 节点中的服务交互示意如图 5-2 所示。

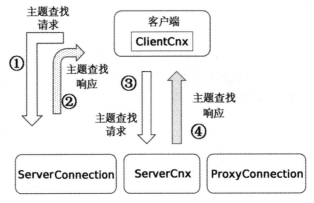

图 5-1 服务发现的服务交互示意图

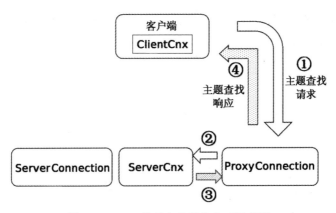

图 5-2 Pulsar 代理中的服务交互示意图

由上可知，主题查找请求是由 Broker 节点中的 ServerCnx 真正进行处理的。在 ServerCnx 的 handleLookup 方法实现中，服务端会首先验证该请求的合法性。在验证通过后，会通过命名空间服务（NamespaceService）返回具体的 Broker 节点地址，返回的响应内容如下。

```
// 响应内容的格式
message CommandLookupTopicResponse {
    enum LookupType {
        Redirect = 0;
        Connect  = 1;
        Failed   = 2;
    }
    optional string brokerServiceUrl       = 1; // 出错时可选
    optional string brokerServiceUrlTls    = 2;
    optional LookupType response           = 3;
    required uint64 request_id             = 4;
    optional bool authoritative            = 5 [default = false];
```

```
    optional ServerError error            = 6;
    optional string message               = 7;
    optional bool proxy_through_service_url = 8 [default = false];
}
```

在 Pulsar 中，任意一个服务端节点都可以处理主题查找请求，根据请求类型的不同可能会由 ServerCnx、ServerConnection、ProxyConnection 这三类主题查找服务进行响应。这三种主题查找服务本质上都是通过命名空间管理服务获取主题所在 Broker 节点的信息的。直接请求 Broker 节点进行主题查找服务的流程如图 5-3 所示。

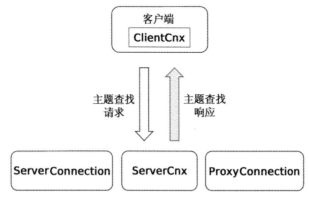

图 5-3　主题查找服务的流程

本章介绍的 Pulsar 原理大多都可以从节点之间服务交互的角度来理解。通过这种分析方式，无论多复杂的服务交互逻辑，我们都可以根据通信协议和源码快速建立起梳理服务原理的能力。

5.1.2　主题查找服务

在上一节中，我们站在二进制协议和服务交互的角度介绍了主题查找的通信细节，本节将回到服务本身，介绍主题查找服务相关的内容。

在 Pulsar 中每个非分区主题都由一个 Broker 节点负责提供服务，因此每次客户端需要创建或重新连接生产者或消费者时，都需要执行主题查找服务来定位具体提供服务的 Broker 节点。Pulsar 客户端定义了 LookupService 接口来负责主题查找服务，该接口主要负责以下 3 项职能：查找主题的 Broker 节点，获取分区主题的元数据信息和 Schema 信息，获取指定命名空间下的所有主题。

在客户端中可以通过 HTTP 服务来进行主题查找，通过二进制协议进行通信。在构建客户端时，如果传入的 serviceUrl 是 HTTP 服务地址，比如 http://_host_:_port_，客户端会使用 HTTP 类型的 HttpLookupService 服务来获取主题信息。HttpLookupService 服务实现了 LookupService 接口的功能，通过 HTTP 实现了其中所有方法。在使用 HttpLookupService

发出请求后，服务端会使用相应的 TopicLookup RESTful 服务响应该请求。

在构建客户端时，传入 Pulsar 服务地址（形如 pulsar://_host_:6650）后，客户端会用上一节讲到的二进制协议进行响应。BinaryProtoLookupService 服务利用二进制协议实现了 LookupService 接口的所有功能。在服务端中，最终会由 ServerCnx 类处理主题查找请求。

在客户端中，创建生产者与消费者时，都会执行主题查找服务来获取服务地址，随后会与服务端建立通信连接并完成剩下的操作。

5.1.3 租户与命名空间管理

Pulsar 作为一个多租户系统，能够在系统层面实现资源隔离，使每个租户都有自己的身份验证和授权方案。在租户层面可以进行权限管理和集群级别的隔离。命名空间是租户内的独立管理单元。

1. 多租户与命名空间

租户和命名空间都存于 Broker 节点中，通过 REST API 或 pulsar-admin CLI 进行管理。租户相关的元数据信息存储在 Zookeeper 上的 /admin/policies 节点中，每个命名空间内的属性存储在 /admin/policies/{tenant} 中。在租户级别下 Broker 节点主要维护该租户的管理员角色（adminRoles）与受该租户限制的集群列表（allowedClusters）。在 Broker 中，TenantsBase 类维护了租户相关的所有管理接口，包括租户相关的增删改查等操作接口。

在租户内，下一级的管理单元是命名空间。在命名空间上设置的配置策略适用于在该命名空间中创建的所有主题。租户相关的元数据信息会存储在租户节点下，每个命名空间内的属性都存储在 /admin/policies/{tenant}/{namespace} 中。命名空间是 Pulsar 中进行资源管理、配置的主要级别。命名空间内维护着本命名空间的策略规则（Policies），基于该策略规划可以对 Pulsar 进行最广泛的策略管理。

租户可以使用 REST API 和 pulsar-admin CLI 工具创建多个命名空间。用户可以通过设置不同级别的策略来管理租户和命名空间。

2. 访问权限管理

在命名空间内可以进行进一步的权限管理。租户级别的权限管理只提供了租户的超级管理权限，不涉及具体的主题访问权限。命名空间提供了更细粒度的权限控制。可以在 AuthPolicies 中为命名空间（NamespaceAuthentication）、订阅（SubscriptionAuthentication）、订阅权限模式（SubscriptionAuthMode）、主题（TopicAuthentication）分别配置权限参数。

通过 Broker 对主题的权限进行管理，会先读取命名空间级别的权限配置，再读取主题级别的权限配置。在创建消费者与订阅时，也会根据配置信息校验当前角色是否有相关权限。订阅支持两种权限模式——无校验模式与前缀校验模式。在无校验模式下，任何类型的订阅名都可以成功创建；在前缀校验模式下，订阅名必须以有权限的角色名为前缀，否则会抛出异常。

3. 资源限制与隔离

命名空间包含大量关于主题的管理策略。通过命名空间中的管理策略，可以对Pulsar集群的整体使用进行良好控制。在创建命名空间时，可以指定主题管理策略，也可以通过更新接口来替换部分策略。

- 主题管理类策略：是否允许生产者、消费者自动创建主题（auto-topic-creation），是否允许删除（deleted）主题。
- 主题存储管理策略：可设置主题积压的配置大小（backlog-quotas），包括主题保留与过期策略、BookKeeper持久化策略。
- 集群级别资源限制策略：用于实现集群发送限速（clusterDispatchRate）和集群订阅限速（clusterSubscribeRate）。
- Pulsar主题的物理资源限制策略：包含各个主题的限流策略（topicDispatchRate）和各个订阅级别的限流策略（subscriptionDispatchRate），主要用于对数据发送速度进行限制（publishMaxMessageRate）。Pulsar在主题中维护着DispatchRateLimiter、PublishLimiter等限速器，并按照该类策略来限制服务端的资源使用。

除了资源的限制选项外，Pulsar命名空间还提供了资源隔离策略。在资源隔离策略作用下，允许用户为命名空间分配资源，包括计算节点Broker和存储节点Bookie。pulsar-admin管理工具提供了ns-isolation-policy子命令，可以为命名空间分配Broker节点并提供命名空间隔离策略，用于限制可被分配的Broker。pulsar-admin的namespaces子命令中的set-bookie-affinity-group指令提供了Bookie节点的分配策略，该策略可以保证所有属于该命名空间的数据都存储在所需的Bookie节点中。

4. 跨区域复制管理

在命名空间内可以进行跨区域复制管理。跨区域复制又称异地复制（Geo-replication），这是一种在Pulsar实例中跨多个集群对持久化存储的消息进行复制的机制。跨区域复制的配置在命名空间级别进行，通过replication_clusters参数，可以配置开启或关闭该功能。在配置了跨区域复制功能后，在Pulsar主题上产生的消息首先在本地集群中持久化，然后异步转发到远程集群。要使用跨区域复制功能，首先需要创建允许访问两个集群的租户，然后启用跨区域复制命名空间，并配置该命名空间以在两个或两个以上已配置的集群之间进行复制。在该命名空间中任何主题上发布的任何消息都将被复制到指定集合中的所有集群。

在Pulsar中由复制器负责跨集群的数据复制，复制器会被注册到Pulsar主题管理中。在生产者的数据写入主题后，复制器会开始向远程集群同步数据。为了保证复制功能不影响本地集群功能，复制器还包含了限速功能，该功能由命名空间中的replicatorDispatchRate参数控制。

5.1.4 负载管理

Pulsar 是一个可以水平扩展的消息系统，所以要求集群中各个节点上的流量负载尽可能保持均衡。负载均衡是所有分布式系统的核心要求。

Pulsar 的负载均衡策略由负载分配与负载均衡两部分组成。在 Broker 中，进行负载均衡的基本单位是命名空间包，具体来说是命名空间内的 Bundle。

Pulsar 提供了命名空间维度下负载均衡的方案。每个命名空间由若干个虚拟的命名空间包组成，命名空间包是若干个主题的集合，命名空间下的主题会被哈希分布到对应的命名空间包中，并以命名空间包为基本单位分配到各个服务端 Broker 节点上。命名空间包是 32位的哈希值，取值范围为 0x00000000~0xffffffff。在创建命名空间时，可以通过初始化指定命名空间包数量。命名空间包、主题与 Broker 节点的关系如图 5-4 所示。

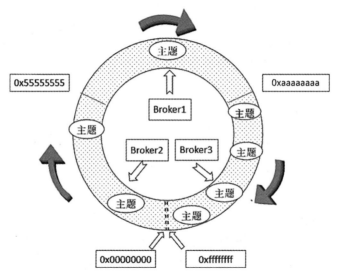

图 5-4 命名空间包、主题与 Broker 节点的关系

如果单个命名空间包在某个 Broker 节点上负载过多，管理员需要对该命名空间包进行拆分，从而将负载分散到其他服务端节点上。

pulsar-admin namespaces 命令提供了 unload 和 split-bundle 子命令，这两个子命令可以分别完成命名空间包的卸载和切分操作，实现命名空间的细分化管理。命名空间、命名空间包与 Broker 阶段的分配数据会持久化存储在 Zookeeper 节点上。除了对命名空间包进行手动操作外，Pulsar 还有自动的命名空间包管理与负载均衡策略。

1. Broker 主节点与负载管理器

Broker 节点是无状态的服务节点，在多个 Broker 节点中存在一个主节点（Leader Broker）。主节点主要有两个职责：周期性地获取各个 Broker 节点的负载情况，根据负载情况周期性地执行任务负载均衡任务。

主节点选举服务（LeaderElectionService）负责从多个 Broker 节点中选出主节点。Pulsar 利用 ZooKeeper 选出主节点，方法是抢占式地在 Zookeeper 的 /loadbalance/leader 路径中写入当前节点的信息，如果写入成功，则当前节点成为主节点。所有 Broker 节点都会监听主节点，并在 Zookeeper 的主节点失去相关信息后，自动尝试成为主节点。

主节点负责全局范围内的负载管理，这种职责都是通过负载管理器（LoadManager）来完成的。负载管理器有以下功能：生成负载报告并写入 Zookeeper 节点，分配与卸载服务单元，对负载高的节点进行服务禁用，对命名空间进行命名空间包切分。

Pulsar 提供 3 种负载管理器——无效负载管理器（NoopLoadManager）、简单负载管理器（SimpleLoadManagerImpl）和模块化负载管理器（ModularLoadManager）。在服务端可以通过 loadManagerClassName 参数决定使用哪种负载管理器。

- 无效负载管理器是一种没有任务负载管理功能的管理器，适用于类似 standalone 这样的非分布式部署场景。
- 简单负载管理器是较早提出的负载管理器，它在分配资源时遵循最优分配原则，即优先将负载分配给一个低负载运行的 Broker 节点，直到该节点的负载达到阈值。简单负载管理器也会周期性地均衡 Broker 节点上的负载，即首先基于负载报告获取负载较高的 Broker 节点的信息，然后尝试自动将其中某些命名空间包从当前节点中卸载。简单负载管理器在进行冷重启时或在某些节点负载很高时，性能会比较低。
- 模块化负载管理器解决了简单负载管理器在某些情况下效率低的问题。在新版本的 Pulsar 中它是默认的负载管理器。模块化负载管理器简化了原有负载管理器的逻辑，同时提供了拓展抽象，以便实现复杂的负载管理策略，例如实现不同的负载均衡减载策略或配置不同的负载均衡资源权重。

2. 命名空间负载分配

在 Pulsar 中按照命名空间包来分配负载，而负载管理器需要在命名空间中分配包时给出 Broker 节点选择建议。LoadManager 提供了 getLeastLoaded 方法来返回由某些特定实现的算法或标准决定的最少负载的 Broker 节点。

默认情况下，选择 Broker 节点的策略如下：首先选择负载最低的 Broker 节点，但是要求当前节点不处于空闲状态（当前机器中没有任何已分配的命名空间包）；其次选择空闲的 Broker 节点，将命名空间包分配到尚未分配负载的机器上；如果所有的 Broker 节点都过载了，则选择可用容量最大的 Broker 节点。考虑到 Broker 节点可能有不同的硬件配置，所以在通常情况下会选择硬件资源更多的 Broker 节点。

3. 命名空间负载均衡

除了可以手动进行负载均衡外，Broker 节点还提供了多种自动进行负载均衡的方式，例如 Broker 节点减载与命名空间包切分。自动负载均衡策略通过 Broker 节点中的 loadBalancerEnable 参数来控制，该参数进行负载均衡的依据为 Broker 节点中的负载情况、当前命名空间包内的主题数据等。

Pulsar 提供了负载管理组件，当服务端 Broker 节点上 CPU、网络或内存资源过载时，会引发自动均衡机制，即将一部分命名空间包重新分配到其他 Broker 节点上。Broker 主节点提供了周期性的减载任务（LoadSheddingTask），该任务会定期检查是否应该将某些流量从某个过载的 Broker 节点上卸载，并分配到其他负载不足的 Broker 节点。

loadBalancerLoadSheddingStrategy 参数决定了减载策略。默认实现下，Overload-Shedder 策略将尝试在过载的 Broker 节点中上卸载一个命名空间包，使其负载处于过载阈值之下。用户可以通过实现自定义 LoadSheddingStrategy 接口实现该策略。自动化的命名空间包卸载机制可能会使 Pulsar 的服务状态发生局部波动，用户可以通过配置 loadBalancer-SheddingEnabled 参数来决定是否在服务端使用减载策略。

在命名空间的负载策略中，当某个命名空间包中的主题数量（BundleMaxTopics）、会话数量（BundleMaxSessions）、消息最大传输数量（BundleMaxMsgRate）以及消息最大传输带宽（BundleMaxBandwidthMbytes）达到阈值后，也会引起命名空间包拆分动作，并自动尝试将新的命名空间包重新分配给其他 Broker 节点。这由自动拆分策略实现。服务端通过 BundleSplitterTask 对命名空间包中的主题数量进行检查，并进行自动拆分。通过配置 load-BalancerAutoUnloadSplitBundlesEnabled 参数可以在服务端决定是否启用自动拆分策略。

5.2 BookKeeper 原理

本节将对 BookKeeper 的概念、原理和使用进行深入介绍。BookKeeper 在用于数据存储时拥有诸多优点，例如：

- □ 低延迟写入。按顺序预写日志机制让 BookKeeper 拥有极快的写入速度，并且在预写日志完成后，仅需要将消息写入内存中即可确认写入成功。
- □ 读写 I/O 分离能力。通过适当的配置，BookKeeper 可以将读、写压力分离，将读、写压力分散在两块独立的磁盘中。
- □ 高水平可扩展性。仅通过添加更多 Bookie 节点即可增加集群容量与提升集群吞吐能力，不需要任何其他复杂的运维操作。
- □ 可靠的持久化能力。

通过对本节的学习，大家会对 BookKeeper 有更深了解，会明白 BookKeeper 为何具有以上关键优点，为何能在 Pulsar 中构建高效、可靠的数据存储服务。

5.2.1 BookKeeper 简介

在 BookKeeper 集群中，所涉架构内角色包括 Bookie、元数据存储、客户端 API。BookKeeper 中单个服务器节点被称为 Bookie。BookKeeper 集群具有高可靠性和高弹性，且具有一定的故障自动应对能力。每个 Bookie 可能会崩溃，它上面的数据可能损坏或丢弃，但只要有足够多的 Bookie 在集群中正常运行，整个集群就能够可靠地提供服务。

BookKeeper 需要提供元数据管理相关的组件以存储与 Ledger 相关的元数据。目前 Pulsar 支持 ZooKeeper、etcd 等组件。除此之外，元数据存储还需要承担服务发现的职责，Bookie 会将自己的服务状态同步到元数据存储区，BookKeeper 集群可以基于此实现服务发现功能。

分布式日志（DistributedLog，DL）在 Ledger API 层级之上又提供了一层写入者（Writer）和读取者（Reader）的抽象，从而使 BookKeeper 的日志更加易用。客户端除了需要连接 Bookie，还需要通过元数据管理区来获取元数据信息。BookKeeper 集群架构如图 5-5 所示。

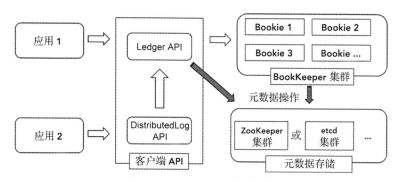

图 5-5 BookKeeper 集群架构

1. Ledger 宏观视角

Ledger 是 BookKeeper 中持久化存储的单元。Ledger 由下面几个部分组成：Journal、记录日志（Entry Log）、索引日志及内存表（Memtable）。Journal 是 BookKeeper 中的预写入日志，用来保障服务的可靠性。记录日志会记录从 BookKeeper 客户端收到的数据。BookKeeper 为每个 Ledger 分别创建了一个索引日志，这些索引日志记录了存储在记录日志中的数据的偏移量。

BookKeeper 在内存中维护了内存表的结构，从 Journal 中写入 Bookie 的数据首先被存储在这块内存空间中，然后再将 Entry（记录）数据持久化存储到磁盘上，存储数据的地方是 LedgerDisk。

所有同时进入 Ledger 的数据都写入相同的记录日志文件中。为了加速数据读取，会基于 Entry 数据的位置进行索引，这个位置索引会缓存在内存（即索引缓存）中，并会被刷新写入索引磁盘的文件中。每个 Ledger 中的 Entry 数据都会按顺序写入磁盘中，从而保证单个 Ledger 有足够高的吞吐量。在 BookKeeper 的生产环境中，通过将多个磁盘设备应用在 BookKeeper 系统中，例如一个用于存储 Journal 日志，另一个用于存储 Entry 数据，可以让 BookKeeper 将读取操作的影响与正在进行写入操作的 I/O 隔离开，而且可以并发读取和写入数千个 Ledger。BookKeeper 集群物理结构如图 5-6 所示。这种结构让 BookKeeper 拥有了许多优点，例如高吞吐量、低延迟、高可靠性、高拓展性。

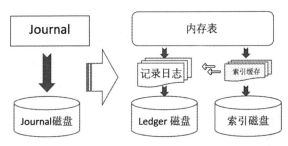

图 5-6　BookKeeper 集群物理结构

2. 一致性保证与多副本机制

在单个节点上，BookKeeper 依赖 Journal 来保证数据写入的可靠性，只有当 Journal 日志文件持久化存储到磁盘后才会应答客户端，此时可视为单节点写入完成。此时即使数据未存储到记录日志文件中，也可以根据流水日志文件恢复数据。

更重要的是，BookKeeper 集群依赖多个数据副本保证数据的可靠性。根据 CAP 定理，在一个分布式系统中，一致性、可用性、分区容错性三者不能同时满足，因此在进行分布式架构设计时必须做出取舍。BookKeeper 也不例外，为了保证集群的最终一致性和基本可用性，BookKeeper 进行了很多工程设计，这其实就是 BASE（Basically Available, Soft state, Eventual consistency）原则。

BookKeeper 的数据可靠性依赖多副本机制实现。为描述多副本机制的实现逻辑，下面将一份数据所拥有的副本数量记作 S。为了灵活地控制存储时的一致性，BookKeeper 在提供存储服务时提供了 3 个关键的参数：数据存储所需要的 Bookie 数量——数据存储副本数量（Ensemble Size，以下简称 E）、需要写入的 Bookie 数量——写入副本数量（Write Quorum Size，以下简称 Q_w）、需要确认写入的副本数量（Ack Quorum Size，以下简称 Q_a）。

当一个 Ledger 的数据存储需要 S 个数据副本时，需要满足 $E \geqslant S$，$Q_w \geqslant Q_a$，因此 Q_w 还可以被称为最大写入数量，Q_a 也可以被称为最小确认写入数量。即在 BookKeeper 副本中需要满足：$E \geqslant S \geqslant Q_w \geqslant Q_a$。

当存储 Bookie 节点数量超过最大写入数据副本数量时，客户端可以通过轮询的方式将数据均匀分布在多个 Bookie 节点中，并保证每份数据都满足最大副本要求，如图 5-7 所示。

即使当前副本数量小于 S，仅大于或等于最小副本数 Q_a，客户端也会认为数据已经成功写入服务端。若是 BookKeeper 集群的节点分布在多台机器上，那么就需要将每条数据记录存储在多个节点中，这样的写入流程无疑十分耗时。一些分布式系统在将数据写入服务端中一个节点后，可以让该节点在副本之间复制数据从而达到多副本要求。HDFS、Kafka、BookKeeper 等采用的都是这种机制：在实现多副本写入时，由客户端控制数据的写入，客户端会同时将数据写入多个存储节点。在这种机制下节点之间的数据不会进行复制，而是以去中心化的设计来确保可预测的低延迟。

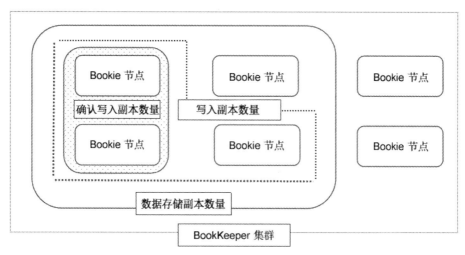

图 5-7　BookKeeper 存储关系

上述机制会带来新问题：在客户端同时将数据写入多个节点后，如何保证多个节点中的数据一致性？这种可重复读取的一致性由 BookKeeper 中的最后添加协议（LastAddConfirmed，LAC）实现。在写入过程中，客户端会按照一定的编号逐条将业务数据写入一组 Bookie 节点，每个节点都会收到一组单调递增的数据（当存储节点数大于最大副本数时，每个节点上的编号并不一定连续）。客户端在将数据写入多个节点时，会根据最小副本数对已写入的数据进行确认，并将其编号更新为 LAC 的值。多副本写入流程如图 5-8 所示。

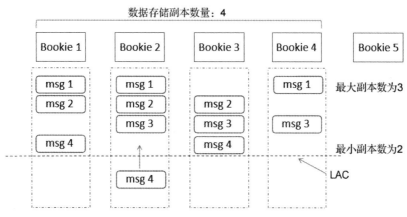

图 5-8　Bookie 多副本写入示意图

当客户端要从 BookKeeper 服务端读取业务数据时，会比较业务数据的编号和 LAC 的值。编号大于 LAC 值的业务数据会被看作尚未确认的脏数据，仅允许读取小于或等于 LAC 值的数据。LAC 的值是由客户端决定的，而客户端通过两个途径将该值发送给各个服务端。

首先，每条写入服务端的数据都可以带上当前最新的 LAC 值；其次，客户端会定时将 LAC 值提交到每个 Bookie 节点。

BookKeeper 借助最后添加协议、去中心化复制机制、数据存储副本数量（Ensemble Size）、写入副本数量（Write Quorum Size）、确认写入副本数量（Ack Quorum Size）共同保证了一定的集群可用性及数据一致性，并且可以根据参数的不同调整一致性等级。将最大副本数 Q_w 设为 1 时，满足完全的一致性和可用性，但是失去了分区容错性；调大需要写入的 Bookie 数量 Q_w 的值，可以最大化单个 Ledger 的流量带宽与磁盘存储空间；将最大副本数 Q_w 和最小副本数 Q_a 调大时，集群会获得更高的分区容错性，但是写入更多的副本需要更长的时间，在已写入副本数小于 Q_a 时，集群将失去一定的可用性（小于 LAC 的值不可读）。

3. 数据写入

BookKeeper 集群的高可靠性从数据写入时就可以保证。Ledger 是 BookKeeper 中的一个逻辑概念，其物理本质是由多个节点上的多个副本组成的物理存储的集合。因此，在使用 BookKeeper 客户端写入数据时，客户端会尝试向一组 Bookie 节点写入数据，并由客户端根据多个节点写入后的响应，确认数据是否写入成功。若是写入成功则调整 LAC 的值。Pulsar 客户端与 Kafka 客户端采用的轻量级的客户端策略，而 BookKeeper 采用的是一种"重客户端"的设计，即将大量的核心逻辑放在客户端中完成。这种设计带来了高吞吐量和低延迟的效果。

数据写入单个 Bookie 节点后，可以在单机范围内最大限度保证数据的可靠性。首先，数据会写入 Journal，Journal 作为 Bookie 节点中的事务日志，会实时写入磁盘以保证数据不会在重启后丢失。然后，Bookie 节点会将数据写入内存表。之所以这样做，一方面是因为内存表是一个读写缓存，另一方面是因为 Pulsar 会在内存中整理每个 Ledger 中的数据，避免磁盘的随机写入，从而提高服务端的总体性能。数据写入内存表之后，既可以由客户端确认消息写入成功，也可以由 Bookie 节点对写入请求进行响应。

内存表中的数据会批量写入磁盘。若内存表中的数据在持久化之前就发生了异常，那么对应的 Bookie 节点在重启后也可以从 Journal 事务表中读取数据。为了保证写入的吞吐量，以及在 Ledger 数量变多后不会将顺序 I/O 写入降级为随机 I/O 写入，Bookie 节点中每个 Ledger 的数据并不是独占存储文件的，而是采用混合存储的方式，也就是将同时期多个 Ledger 的数据写到同一个存储路径下。Bookie 节点中的数据写入示意如图 5-9 所示。

综上所述，为了加快数据寻址和读取速度，Bookie 节点会为所有的数据建立索引，以便于找出每条数据记录存储在哪个存储文件中。位置索引会缓存在内存（索引缓存）中，并周期性被刷新写入索引磁盘文件。

4. 数据读取

在读取 BookKeeper 中的数据时，会有两种读取场景——追尾读（Tailing Read）与追赶读（Catch-up Read）。读取数据的示意如图 5-10 所示。

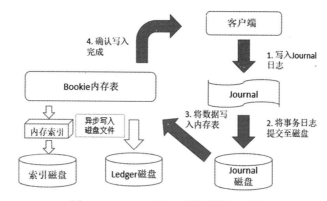

图 5-9　Bookie 节点中的数据写入示意

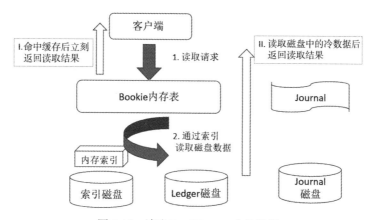

图 5-10　读取 BookKeeper 中的数据

在进行追尾读时，需要读取速度大于或者接近写入速度，Bookie 中的数据在写入内存表后，就会收到客户端的读取请求。客户端可以直接从内存表中读取"热数据"。此时会获取可被最快读取的数据，而非磁盘中的数据。

内存表中的数据会周期性地写入 Bookie 节点的磁盘。在此之后，Bookie 在收到读取请求时，会从磁盘中读取数据，这种模式被称为追赶读。追赶读会利用 Ledger 索引从 Ledger 磁盘中读取数据。在 Ledger 磁盘文件中，每个 Ledger 中的数据都是局部有序的，因而可以尽可能避免进行追赶读时出现随机读取的情况。

在进行追赶读时，服务端需要从 Ledger 磁盘中读取数据，此时 Journal 磁盘不会受读取请求的影响。因此在 BookKeeper 的生产环境中，将多个磁盘设备挂载在一个 Bookie 系统，通过合理的配置即可获取读写 I/O 分离的特性。图 5-10 所示的 3 个磁盘，一个用于存储索引信息，一个用于存储 Journal，还有一个用于存储 Entry 数据。

5.2.2　BookKeeper 的使用

BookKeeper 提供了两种类型的客户端 API。

❑ Ledger API：这是一个低级 API。它使用户可以直接与 Ledger 进行交互，让用户拥有很高的自由度。

❑ DistributedLog API：这是一个高级 API。它可以让用户无须直接与 Ledger 交互即可使用 BookKeeper。

使用 Ledger API 时，首先需要使用 Zookeeper 或者其他元数据存储系统来创建 BookKeeper 客户端。在需要写入数据时，使用者需要通过 BookKeeper 客户端手动创建 Ledger，然后向 Ledger 中写入数据。创建 Ledger 时可以指定几个关键参数——数据存储副本数量、写入副本数量、确认写入数量与摘要类型。在集群中 Bookie 总个数小于数据存储副本数量时，会抛出"没有足够多无故障节点可用"的异常。在需要读取数据时，可以通过 readEntries 等相关接口从 Ledger 中读取数据。

每个 Ledger 在创建后是可读可写的状态，此时可以通过 addEntry 或者 asyncAddEntry 方法向对应的 Ledger 写入数据。当被关闭后，Ledger 会处于只读状态，此时若向它写入数据会抛出异常。因此在使用 Ledger API 构建应用时，要在应用侧考虑 Ledger 的元数据管理问题，避免应用重启后读取不到历史数据。使用 Ledger API 拥有极高的自由度，可以考虑在多个 Ledger 之间使用滚动切分以保证足够高的磁盘利用率。

下列代码演示了如何向 Ledger 写入数据。

```
String connectionString = "localhost:2181";
BookKeeper bkClient = new BookKeeper(connectionString);
byte[] password = "test".getBytes();
LedgerHandle handle = bkClient.createLedger(1, 1, 1, BookKeeper.DigestType.
    CRC32, password);
System.out.println(handle.getLedgerMetadata().getLedgerId());
long entryId = handle.addEntry("1".getBytes());
System.out.println("current read: " + new String(handle.readLastEntry().
    getEntry()));
```

分布式日志在 Ledger API 层级之上又提供了一层写入者（Writer）和读取者（Reader）的抽象，使得 BookKeeper 的日志更加易用。客户端除了需要连接 Bookie 节点外，还需要通过连接元数据管理区来获取相关元数据信息。

Pulsar 在使用 BookKeeper 进行消息队列的持久化存储时，会基于 Ledger API 构建可靠的存储服务，但是在存储 Pulsar Function Jar 包信息等场景中，会基于 DistributedLog API 构建存储服务。用户可以根据 Ledger 存储控制粒度的不同，选择合适的 API 构建服务。

5.3　ManagedLedger 组件

在 Pulsar 中使用 BookKeeper 进行数据存储，Pulsar 主题的每个分区都会对应一系列的独立 Ledger，这些 Ledger 在逻辑上组成了连续的数据流，且在同一时刻只会有一个 Ledger 可以提供数据写入服务。Pulsar 为了管理每个分区对应的 Ledger，提供了 ManagedLedger 组件对存储数据的 Ledger 进行托管。

基于 ManagedLedger，Pulsar 实现了数据的读取、写入、缓存与清理等功能。本节将对 ManagedLedger 的原理进行介绍。

5.3.1 ManagedLedger 简介

在 Pulsar 中，ManagedLedger 是 Ledger 概念的超集，在逻辑上代表着 Pulsar 一个分区上的连续数据流，在物理上对应着 BookKeeper 中的一组 Ledger。Pulsar 使用 ManagedLedger 组件管理所有 Ledger 的生命周期。理论上每个 BookKeeper Ledger 都可以写入大量数据，并通过配置待写入的节点大小（ensembleSize），将数据存储在多个节点上。Pulsar 使用了另一种更加灵活的方式来充分利用每个可用的 Bookie 节点：将逻辑上连续的数据流在存储系统中拆分为多个小的 Ledger 实体，默认每个 Ledger 最多存储 50000 条数据，具体的存储粒度可通过服务端参数 metadataMaxEntriesPerLedger 进行控制。

默认情况下每个 Ledger 都会将数据存储在 3 个节点上，其中 2 份为数据副本（最小副本数和最大副本数都为 2）。采用 Ledger 分段存储数据策略时，每个主题都会周期性创建新的 Ledger，并快速利用 BookKeeper 集群中新增的 Bookie 节点。Pulsar 中的数据存储结构如图 5-11 所示。

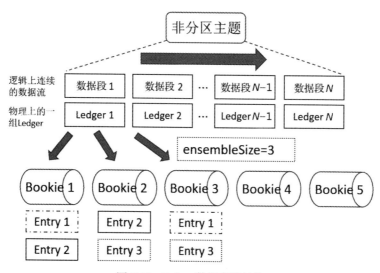

图 5-11 Pulsar 数据存储结构

在 Pulsar 中，ManagedLedger 还有另一个职责，即管理 Pulsar 订阅中代表消费位置的游标。ManagedLedger 负责管理每个游标的生命周期，并提供持久化存储服务。在 Pulsar 订阅中，在服务端或消费者出现异常后，需要提供一种机制恢复原有的消费进度，ManagedLedger 提供了 ManagedCursor 来进行订阅读取位置的管理，并在 Bookie 中提供了读取游标的持久化存储服务。持久化存储的游标信息对应着一个 Ledger 实体，ManagedCursor 会将被标记为删除的信息追加写入该 Ledger 中。需要注意的是，服务端的 ManagedCursor 对象在发生异常或者与负责主题管理的 Broker 节点进行切换时，存储游标信息的 Ledger 会被关闭。BookKeeper 中的 Ledger 一旦关闭会变成只读状态，不再允许重新写入。因此，ManagedCursor 在进行故障恢复时，总是会先读取上一个使用过的 Ledger，并重新创建一个 Ledger 实体，然后将位置信息写入新的 Ledger 中。

Pulsar 中被订阅的主题，只有数据被消费后才允许被删除，而 ManagedCursor 中存储的读取游标是数据过期删除时的依据。我们将会在 5.3.3 节介绍数据过期清理的原理。Pulsar 主题中的数据在未被消费的情况下不会因过期被清理，这在某些情况下会造成服务端过量积压数据，影响整个集群的性能。因此，ManagedLedger 提供了数据积压功能，该功能可以计算出当前订阅中未被处理的积压数据的指标，在 5.3.2 节中我们将结合积压配额管理功能探究配额管理机制。

5.3.2　消息积压的配额管理

ManagedCursor 负责管理订阅中的消费情况。为了对消费者消费进度滞后情况进行统计与管理，ManagedCursor 提供了消费积压的计算方法，并对外提供清空积压的方法。Pulsar 主题中的数据在未被消费的情况下将不会实施过期清理策略，为了防止数据无限膨胀，服务端提供了配置管理器（BacklogQuotaManager）来管理积压配额。

未确认的消息由积压配额（Backlog Quota）控制。用户可以为命名空间中的所有主题设置积压配额或时间阈值。当积压超过积压配额时，会根据积压保留策略来决定服务端如何处理超出配额的那部分数据。除此之外，社区在 2.6.0 版本后逐步支持和完善主题级别的配置策略，现在可以对单个主题配置合适的积压配置[⊖]。

Pulsar 提供了两种对配额进行管理的方式：一种是通过积压配额检查接口主动触发服务端检查（backlog-quota-check），另一种是通过配置服务端的自动配额检查机制实现。通过配置参数 BacklogQuotaCheckEnabled，可以在服务端自动开启配额周期性检查服务，默认情况下 60s 进行一次积压配额检查，此功能默认情况下不开启[⊖]。

积压在超过配额时，可以通过 RetentionPolicy 参数来配置相应的处理方法，该参数的取值有下列几个。

❑ **生产者请求持有**（producer_request_hold）：服务端会持有生产者投递的消息，但并不会对投递的消息进行持久化存储，通俗来讲就是服务端会丢弃超出配额的数据。

❑ **生产者异常**（producer_exception）：服务端会在积压超出配额时与客户端断开连接并抛出异常。

⊖ 参见 https://github.com/apache/pulsar/wiki/PIP-39%3A-Namespace-Change-Events。

⊖ 社区对于负载默认配置的讨论参见 https://github.com/apache/pulsar/pull/4320。

❑ **积压丢弃**（consumer_backlog_eviction）：服务端不会丢弃积压的消息，生产者也不会出现异常，只是客户端消费数据时才会根据配额来丢弃部分数据。

需要注意的是，数据的配额管理是从数据存储的角度，根据数据量和数据时间来控制Pulsar所存储的未消费数据的大小。可以通过生产者异常或者最慢的消费者跳过部分数据进行服务降级保护。比如，通过配置消费者积压收回的方式，从最慢的消费者中强制跳过部分数据。

Pulsar还提供了消息生存时间（Time To Live，TTL）机制，以此来对未被消费的数据进行调控。消息生存时间是站在消费者的角度提出的，用于避免未被消费的大量数据堆积在磁盘中，因此通过监控持久化订阅，可自动对消息进行确认，进而触发数据的清理机制。消息积压配额机制与消息生存时间机制所产生的效果相同，但是两者的出发点不同。消息生存时间的原理会在5.4节进行阐述。

5.3.3 消息的保留与清理

默认情况下，对于每个主题，服务端至少会保留在积压配额范围中所有的消息。但是，即便是不再存储的消息也不一定会被立即删除，实际上在下一个Ledger存储满之前，用户仍然可以访问之前不再存储的消息。

消息保留策略能够控制存储多少已被消费者确认的消息，以及Pulsar中存储的消息总量。消息保留策略涉及保留时间与保留容量两个维度。保留时间可以通过参数retention-TimeInMinutes进行控制，单位为min。保留容量可以通过retentionSizeInMB参数进行控制，单位为MB。默认情况下Pulsar不会执行消息保留策略，会在Ledger数据消费完成后马上清理已消费完成的Ledger。消息保留策略的配置方式如表5-2所示。

表 5-2 消息保留策略配置

保留时间 /min	保留容量 /MB	消息保留策略
−1	−1	无限保留数据
−1	>0	基于大小限制
>0	−1	基于时间限制
0	0	禁用消息保留
0	>0	无效配置
>0	0	无效配置
>0	>0	时间与数据大小策略同时生效

在消息被处理后通过消息保留策略可以自动删除部分过期数据，清理出存储空间，又可以为消息队列系统提供一批具有固定数量的数据缓冲。需注意，消息保留策略不会影响订阅主题上的未确认消息。

ManagedLedger会负责清理过期数据，并且只会以Ledger的维度进行数据清理。在ManagedLedger中通过游标管理器（ManagedCursorContainer）管理每个ManagedLedger中所有游标。在清理Ledger时，先通过游标管理器获取当前消费最慢的游标，并获取此游标读取的 Ledger 详情。系统会对当前 Ledger 和此前所有的 Ledger 都进行删除判断，超出保留策略与积压配额的 Ledger 都会被删除。

5.3.4 消息的写入

ManagedLedger 提供了消息写入的方法，此方法提供了向多个 Ledger 中追加消息的统一入口。Pulsar 提供了 OpAddEntry 对象来管理每次消息写入的生命周期，其中包含将要写入的消息、将要写入的 Ledger 信息、写入成功后的回调方法。

Pulsar 中的 Ledger 不会无限增长，Pulsar 会按照固定大小关闭 Ledger，并重新创建新的 Ledger 来写入消息。ManagedLedger 拥有多种状态，例如 Ledger 可供写入（LedgerOpened）、Ledger 正在关闭（ClosingLedger）、Ledger 已关闭（ClosedLedger）、新 Ledger 正在创建（CreatingLedger）、ManagedLedger 已关闭（Closed）、

回避（Fenced）等状态。只有 ManagedLedger 处于 LedgerOpened 状态消息才能被成功写入，在其他状态下尝试写入消息会抛出异常，或者尝试将 ManagedLedger 转化为可供写入状态。

当一切准备工作完成后，OpAddEntry 会使用当前 Ledger 的客户端尝试异步写入数据。写入成功后，OpAddEntry 首先会将当前数据插入缓存中，并且每次都会先尝试从缓存中读取数据，之后会将当前可用的消息发送给所有等待读取的游标。

ManagedLedger 提供了向 BookKeeper 写入消息的核心方法 asyncAddEntry，Pulsar 的主题在向 BookKeeper 写消息时，会通过该方法将消息写入 Ledger 中，并将消息写入缓存中以备读取。完整的消息写入流程如图 5-12 所示。

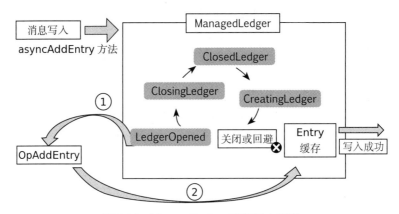

图 5-12　ManagedLedger 消息写入流程

5.3.5 消息的缓存与读取

Pulsar 通过订阅来管理消息的读取进度，而每个订阅都用游标对象来保存，因此从 BookKeeper 读取消息的方法由游标 ManagedCursor 维护。本节将介绍 Pulsar 如何读取消

息，并通过 Broker 加速读取操作。

1. Pulsar 读取缓存

Pulsar 首先会尝试从缓存中读取消息，缓存未命中时才会通过 BookKeeper 客户端读取消息。每个 ManagedLedger 实例都提供了一个 EntryCache 对象来管理所有缓存的消息，这就实现了基于内存的最近最少使用缓存（LruCache）。缓存是加速读取消息的主要途径，但这会带来大量的内存开销，而缓存实例会使用 JVM 的直接内存，因此缓存不能无限使用。Broker 中配置的记录读取缓存只适用于追尾读场景，即消费者消费速率可以跟得上生产者的生产速率，进入缓存中的消息短时间内大概率会被消费掉。

缓存管理器（EntryCacheManager）实现了全局范围内的缓存管理，所有的缓存实例都要向该管理器注册。每个 Broker 实例中最大可用缓存由参数 managedLedgerCacheSizeMB 控制，默认情况下会使用 20% 的直接内存。缓存具有时效性，因此合理的缓存淘汰策略可以提高缓存的命中率。ManagedLedger 提供了以下几种配置来控制缓存淘汰行为：缓存驱逐频率（CacheEvictionFrequency）、缓存保留阈值（CacheEvictionWatermark）、缓存消息存活时间（CacheEvictionTime）、积压判定阈值（CursorBackloggedThreshold）。

首先，Pulsar 会根据积压判定阈值决定当前订阅是否处于追尾读场景，默认的判断依据为是否有超过 1000 条数据的积压，只有处于追尾读场景的订阅才会启动缓存。其次，Broker 会周期性执行缓存淘汰策略，默认 100 秒执行一次。每个周期内都会对每个 ManagedLedger 对象执行缓存驱逐检查，将已经消费过的消息从缓存中淘汰，并将缓存失效的消息全部清理。最后，在消息每次插入缓存时，都会检查全局缓存占用容量，在容量不足时，执行一次缓存驱逐策略。通过以上方式 Pulsar 可以高效地读取 Broker 服务端缓存。

2. 消息读取流程

ManagedLedger 提供了 OpReadEntry 对象来管理读取消息的生命周期，并提供异步读取 Ledger 消息的方式，还为每个读取对象指定消息读取的范围。之前说过，读取消息时，总是会先尝试从 Ledger 缓存中读取，当在缓存中无法命中消息时才会使用 BookKeeper 客户端读取持久化存储的消息。每个 OpReadEntry 可以读取一个固定范围内的消息，但这些消息并不一定存在于同一个 Ledger 中。因此对某一个 Ledger 读取完毕后，OpReadEntry 会检查当前读取的消息是否已满足需求，并会在未完成读取时自动读取下一个 Ledger 中的消息。

OpReadEntry 读取操作完成后，会异步触发 OpReadEntry 实现的 ReadEntriesCallback 回调方法，将读取到消息的信息同步给游标，然后调用创建 OpReadEntry 对象时传入的回调方法，此回调方法中包含了读取 Ledger 中的消息后将对消息进行哪种处理的逻辑。

5.4　主题管理

本节将从生产者和消费者两个角度探索 Pulsar 对主题的管理方式，从客户端与服务端两个角度梳理 Pulsar 主题的工作原理。在生产者中,Pulsar 不仅提供了数据写入功能,还在服务端提供了幂等写入方式。Pulsar 通过订阅、消息分发器与持久化游标等组件在服务端中实现了消费者的基本功能,并通过消息的确认与重试机制保证消息的可靠性。

5.4.1 Pulsar 主题管理架构

Pulsar 的主题管理功能由服务端 Broker 节点负责,每个主题在 Broker 节点中都有一个对应的主题对象。主题对象中定义了每个主题的核心行为:生产者的添加与删除、订阅的创建与取消、主题模式的增删改查操作等。Pulsar 在 pulsar-broker 模块中提供了 Topic 接口,该接口定义了以上核心行为。

Pulsar 主题通过生产者与消费者进行使用,而生产者与消费者都通过客户端创建,所以本节还会介绍 Pulsar 客户端的创建方式,以及客户端与服务端的通信协议。

1. 服务端主题管理

根据持久化类型不同,Pulsar 主题可以分为两种——持久化主题与非持久化主题。它们分别通过主题的两个实现类 PersistentTopic 与 NonPersistentTopic 实现。非持久化主题不依赖于 BookKeeper 的持久化存储,服务端收到消息后会直接转发给当前的所有消费者。如果在收到生产者消息后,尚未完成对所有消费者的消息推送,服务端进程会出现异常,此时未发送的消息将会丢失。相较于非持久化主题,持久化主题实现更为复杂,本节将以持久化主题为主,介绍 Pulsar 主题的管理机制。

在生产者写入消息的过程中,每个生产者都会注册到主题中,并持有与客户端的连接。客户端生产者发送至服务端的消息,由服务端生产者写入持久化存储中。在生产者消息写入持久化存储前,Pulsar 服务端可以使用消息去重器(MessageDeduplication)对每条消息进行去重校验,以实现有效一次(Effectively Once)语义。最后通过 ManagedLedger 组件,将消息有序地写入 BookKeeper 集群中。

在消费者订阅的过程中,同样会将每个消费者的订阅注册到服务端主题中,以订阅为单位向消费者发送消息。由 Pulsar 定义的分发器(Dispatcher)负责向每个订阅内的一个或多个消费者发送消息,发送行为由不同的订阅模式决定。

在持久化主题中,生产者的写入与消费者的读取都离不开 ManagedLedger 组件,其通过对 BookKeeper 客户端的封装实现了统一的消息写入与读取接口。在 Pulsar 中对主题进行管理的示意如图 5-13 所示。

2. 客户端通信

客户端与服务端的通信基于 Pulsar 自定义的通信协议实现,这套通信协议与语言无关,Java 作为 Pulsar 原生语言实现了 Pulsar 通信协议中的所有功能。我们继续以 Java 客户端为例探索客户端通信原理。客户端通过 ClientCnx 发送客户端的请求至服务端 ServerCnx,并在 ClientCnx 中实现服务端响应的方法。

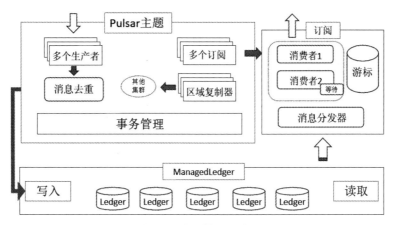

图 5-13 主题管理示意图

Pulsar 客户端使用 PulsarClient 对象管理客户端的生命周期，每个客户端对象都可以针对不同主题创建多个生产者与消费者。Pulsar 会在客户端对象中管理与多个服务端对象相关的连接池、线程池等资源。在创建具体的生产者与消费者前，客户端对象会先尝试检查 Pulsar 模式与 Pulsar 主题的元数据信息。客户端对象会根据服务端连接类型决定是使用二进制主题查找服务还是使用 HTTP 主题查找服务。

客户端对象提供了生产者与消费者的构建方法，提供了连接处理器（ConnectionHandler，负责生产者、消费者分别如何与服务端构建连接）。客户端对象会根据主题查找请求的返回，并尝试与服务端节点建立连接。在连接建立后，生产者和消费者分别通过 Connection 接口中的 connectionOpened 方法进行各自的初始化逻辑。客户端初始化逻辑如图 5-14 所示。

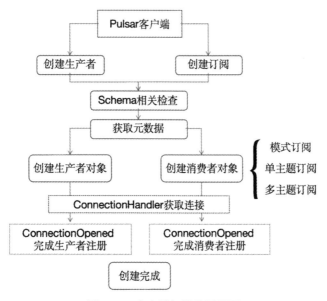

图 5-14 客户端初始化逻辑图

5.4.2 生产者原理

在客户端中使用的每一个生产者都需要在服务端中进行注册，本节将介绍生产者在客户端以及服务端的工作原理。

1. 生产者生命周期

宏观上来看，生产者负责将 Pulsar 信息写入组件，用户可以通过生产者客户端向持久化存储写入消息。微观上来看，生产者由客户端中的生产者与服务端中的生产者两部分组成，两者有以下不同。

❑ **客户端生产者**：在 pulsar-client 模块中，实现了 org.apache.pulsar.client.api.Producer 接口，客户端生产者需要与主题所在服务端建立连接，负责同步与异步的消息发送。

❑ **服务端生产者**：在 pulsar-broker 模块中，Pulsar 服务端的主题对象会持有所有的生产者对象，服务端生产者与客户端生产者会一一对应。服务端生产者服务主要实现类位于 org.apache.pulsar.broker.service.Producer 中，负责将消息写入主题的持久化或非持久化存储（内存队列）中，并在消息成功写入后，将成功写入响应发送给客户端生产者。

两类生产者共同协作以实现完整的消息写入功能。客户端生产者需要将消息发送至服务端生产者。两类生产者在生命周期内进行交互通信的示意如图 5-15 所示。

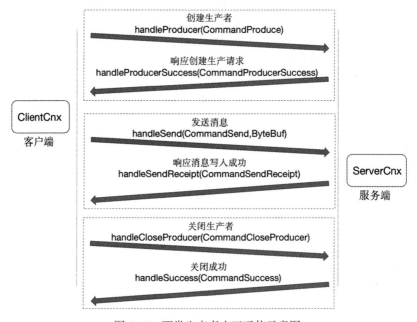

图 5-15　两类生产者交互通信示意图

每个生产者客户端都有 2 个 ID，具体如下。

❑ **producerId**：由每个客户端对象自动生成，结合客户端 ID 可唯一确定每个生产者。

❑ producerName：由用户在创建时指定，若不指定会自动生成。

生产者有 3 种接入模式，每个生产者在尝试加入服务端时，会根据 3 种模式进行不同的处理逻辑。

❑ **共享模式（Shared）**：该模式支持生产者同时写入主题。这是默认的生产者模式。在创建新生产者时会检查当前主题中是否有处于独占模式的生产者或等待独占模式的生产者，如存在处于独占模式的生产者则创建新生产者失败。

❑ **占模式（Exclusive）**：该模式只支持一个生产者写入主题，其他生产者在尝试创建时会失败。

❑ **等待独占模式（WaitForExclusive）**：该模式也只支持一个生产者写入主题，其他生产者在尝试创建时会被加入等待队列中，当前处于独占模式的生产者断开连接时会从等待队列中选择一个生产者成为独占生产者。

2. 消息写入流程

实现消息写入的第一步是确定消息写入的格式。在 Pulsar 通信协议中消息传输采用二进制格式，为此 Pulsar 提供了模式（Schame）来对消息的结构、序列化和反序列化能力进行统一管理。在创建生产者时，会将当前使用的模式类型提交至服务端，服务端会将此模式注册到模式管理服务（SchemaRegistryService）中。生产者在写入消息时，会按照传入的模式对消息进行序列化，然后将消息封装至 Pulsar 消息命令中。

为了提高消息写入过程的吞吐量，生产者客户端提供了批量发送消息的能力，生产者会将多条数据打包为一个数据发送命令，并为其中的每一条数据提供单独的元数据信息。为了实现消息的批发送，客户端提供了批消息容器（BatchMessageContainer）来缓存用户写入的消息。在批量写入时相对于单条消息写入，不可避免地会产生更高的延迟，用户可以使用消息的最大延迟时间（batchingMaxPublishDelayMicros）和最大批消息数量（batchingMaxMessages）来控制延迟情况。生产者客户端会在满足任意一个阈值时向服务端发送消息写入请求。

在服务端中，使用 ServerCnx.handleSend 方法处理客户端请求。ServerCnx.handleSend 方法会从 CommandSend 命令中解析消息的元数据信息，并使用与元数据信息对应的生产者服务处理消息发送逻辑。在生产者服务中，会通过主题对象的 publishMessage 方法将消息写入对应主题。在向持久化主题写入消息时，会通过持久化主题对象调用 ManagedLedger 方法以异步的形式将消息写入 BookKeeper。当写入完成时会回调异步写入方法，并在回调方法中完成以下功能：在消息去重器中记录当前写入的消息，并向客户端发送写入成功的消息，通知所有游标有新消息可用。

最后，客户端通过 handleSendReceipt 方法处理服务端的写入成功响应，完成此次写入操作。在出现异常时，会通过 handleSendError 方法处理服务端写入失败的响应。默认情况下，对于大部分异常，客户端都会直接关闭连接，然后重新连接服务端并重试写入请求。在消息校验失败或网络出现异常时，客户端也会自动重试该消息的写入请求。

3. 消息去重与生产者幂等

生产者带有数据重试机制，该机制可以保证客户端在服务端节点不可用、网络异常等情况下消息不丢失，直至重试成功。但是这种重试机制也引入了新的问题——消息重复。图 5-16 所示是可能发生消息重复的几种故障场景。

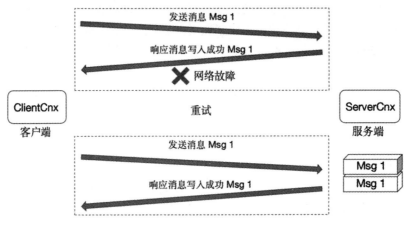

图 5-16　可能发生消息重复的场景

针对消息重复问题，服务端提供了系统级的去重机制，通过服务端消息去重器实现生产者消息自动去重。客户端发送至服务端的每条消息都可以通过生产者 ID 与序列号 ID 唯一确认。首先，消息去重器中会记录每个生产者发送至服务端的最高序列 ID（lastSequenceIdPushed），每次消息写入后都会更新该 ID。其次，消息去重器会记录当前生产者消息持久化的消息序列（lastSequenceIdPersisted），在消息完成持久化后同步更新该序列号。

在一条消息写入服务端后，需要通过消息去重器判断该消息是否已存在。首先，将当前消息的序列号与消息去重器中的 lastSequenceIdPushed 进行对比，若序列号低于保存的最高序列号，则说明可能发生了数据重复。其次，需要检查已经持久化的序列。如果当前消息的序列号小于或等于 lastSequenceIdPersisted，则说明当前消息是一条重复消息；如果当前消息的序列号介于 lastSequenceIdPushed 和 lastSequenceIdPersisted 之间，那么在当前时刻不能确定消息是否是重复的。对于后一种情况，服务端会向生产者返回一个错误，以便它可以在未来重试。

通过消息去重器，Pulsar 实现了生产者的写入幂等性，即相同消息的多次写入只会在服务端持久化存储一条。

5.4.3　订阅与消费者原理

本节将介绍与 Pulsar 消费者相关的原理。Pulsar 的消费者通过订阅进行管理，通过不同的订阅类型，可以实现不同的消费模型。在服务端中，不同的订阅模型对应着不同的消息分发策略，Pulsar 提供了消息分发器来实现服务端的数据分发策略。为了实现消费的高可靠性，在服务端订阅中通过持久化游标来存储消费的位置，并要求客户端显式对每条消息进行确认。在消息出现异常时，Pulsar 提供了主动拒绝确认与确认超时两种重试机制。下面将详细探索上面提到的 Pulsar 消费的原理。

1. 订阅、游标与消费者管理

Pulsar 消费者负责从服务端消费消息，但是每个消费者并不单独存在，消费者依附于"订阅"存在于服务端。

默认情况下 Pulsar 提供的是持久化订阅，每个订阅都在服务端中存储消费的位置，并在重启后基于上次的消费位置继续消费消息。在 Pulsar 服务端中，通过 Subscription 接口定义了订阅的基本功能：订阅生命周期管理、消费者管理、游标管理、消费者消息分发器管理、消费确认管理与数据重发。

订阅根据持久化行为的不同分为持久化订阅和非持久化订阅。持久化订阅使用 ManagedCursor 进行订阅状态的持久化存储，无论客户端与服务端节点是否发生异常，都可以从持久存储中恢复之前的订阅游标信息。而非持久化订阅是一种只用于非持久化主题的订阅，也是一种不依赖持久化存储的订阅方法，只在非持久主题中进行订阅管理，不对消费的位置进行任何形式的存储（包括持久化与非持久化）。需要注意的是，在使用持久化主题时，可以使用 subscriptionMode 参数创建一种没有关联持久化游标的轻量级订阅模式。持久化主题中的非持久化订阅，并不通过上述非持久化订阅来实现，而是在持久化订阅中使用非持久化游标来存储消费的位置信息。两种订阅的区别如图 5-17 所示。

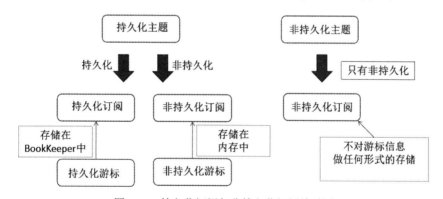

图 5-17　持久化订阅与非持久化订阅关系图

Pulsar 支持多种订阅模式，对应消息在多个消费者情况下的发送行为，例如：是否由一个消费者独占整个订阅，是否每个消费者分别独占一个分区，是否由多个消费者共享一个订阅的消息。因此在每个订阅中提供了消息分发器来管理多个消费者，并提供消费者的注册、消息分发及消费者活跃判断等服务。消息分发器的多种类型对应着不同的订阅模式，由服务端订阅统一管理消息分发行为。订阅、消费者、消息分发器与游标的关系如图 5-18 所示。

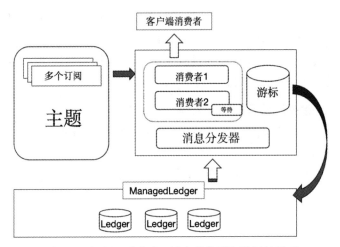

图 5-18　订阅、消费者、消息分发器与游标的关系

2. 消费者消息读取与分发

Pulsar 消费者在接收消息时以推送（Push，被动接收）为主，以拉取（Pull，主动拉取）为辅，推拉两种模式相结合。两种模式各有优势，拉模式下客户端有更强的流量控制能力，推送模式下客户端更容易实现高吞吐量，但是对消息流缺乏足够的控制。在 Pulsar客户端中消费者通过 ClientCnx.handleMessage 方法接收服务端推送的消息。从服务端接收的消息有两种类型——单条消息与批消息，两种消息类型对应着生产者的独立发送模式与批发送模式。消费者在接收消息后，会将批消息重新拆分为多条单独消息。所有的消息都会暂存在客户端接收队列中（incomingMessages），该队列的长度通过客户端参数receiverQueueSize 控制，默认长度为 1000。

在客户端接受队列小于 0 时，客户端使用的是拉取模式，即在每次调用客户端消费消息时，向服务端发送一次消息请求。这种模式下消息的吞吐量较小。

为了实现大吞吐量且可受控制的推送模式，Pulsar 提供了流量配额控制功能。在客户端接收队列大于 0 时，客户端会向服务端发送流量配额请求，服务端会主动向客户端推送配额内的消息。首先，在消费者连接建立后，客户端会立刻向服务端发送一次流量配额请求，配额的值即为接收队列大小。服务端在收到配额请求后，会开启消息推送功能，直至配额耗光。与此同时，消费者每次消费一条消息都会增加客户端流量配额计数，在配额计数达到队列大小的一半时，客户端会再次发送流量配额请求，请求服务端推送消息。两种消息接收模式示意如图 5-19 所示。

服务端的消息发送由分发器控制。分发器的主要职责有：管理订阅内的消费者、管理当前订阅的流量配额、对未确认消息进行重试等。根据订阅的持久化类型的不同，分发器可以分为持久化分发器与非持久化分发器。非持久化分发器在非持久化订阅中使用。根据订阅类型的不同，分发器又可分为单消费者分发器与多消费者分发器。在独占订阅模式与故障转移模式中，每个订阅内只会有一个活跃消费者，因此使用单消费者分发器。在共享订阅模式与键共享订阅模式中，每个订阅内的消息会发送至多个消费者中，因此使用多消费者分发器。

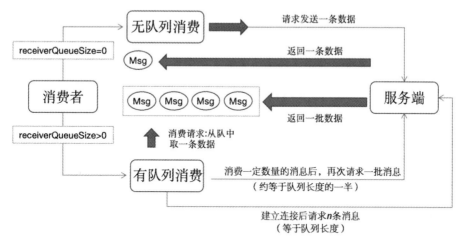

图 5-19　消息接收模式示意

Pulsar 2.8.0 实现了一种新的分发器——流数据分发器。在该版本之前，分发器会尝试从 ManagedLedger 以微批的形式读取消息，默认每次读取 100 条。流数据分发器不仅可以通过流数据形式读取 BookKeeper 消息，还可以进行预读，从而降低读取延迟。此功能当前（本书完稿时）尚处于预览状态，有望在下一正式版本中成为默认配置[⊖]。

3. 消息确认与重试

从服务端中消费的消息需要在客户端中进行确认，并告知服务端该条消息已被消费完成。未被客户端确认的消息会被服务端重新发送，这称为消息重试。消费者的可靠性主要依赖于消息的确认与重试功能。

消息的确认方式有两类——单独确认与累计确认。消息确认时，由客户端发送确认请求（CommandAck）到服务端。客户端通过 AcknowledgmentsGroupingTracker 进行消息的确认。Pulsar 还提供了批量确认消息的功能。默认情况下，消费者每 100ms 都会向服务端发送确认请求。将该时间设置为 0 时会立即发送每条消息的确认请求。

消息在正常消费后应该被正确确认，如果不及时确认，客户端可以根据配置的确认超时参数自动进行超时重试。在客户端中通过 UnAckedMessageTracker 组件追踪未被确认的消息，若是超过参数 ackTimeoutMillis 配置的时间消息仍未被确认，则该消息的确认请求会被认为超时了，此时会抛出超出的时间，并请求服务端重新发送该消息。

若当前消息未被正常处理，希望稍后重新处理，也可以对消息进行否认确认操作。客

⊖　参见 https://github.com/apache/pulsar/issues/3804。

户端通过 NegativeAcksTracker 追踪否认确认的消息状态，该组件会定时重发请求。服务端在收到消息重发请求后，会通过消息分发器重新发送该消息。

5.4.4 消息生存时间与持久化控制

前面我们介绍过，在 Pulsar 中可以通过 3 种配置方式来管理主题内消息的持久化行为——积压配额、消息保留与消息过期。

在 Pulsar 服务端中，主题管理负责对消息的存活方式进行具体处理。上述 3 种配置方式分别通过积压配额检查器（BacklogQuotaChecker）、消息过期监控器（MessageExpiry-Monitor）、Ledger 清理监控器（ConsumedLedgersMonitor）这 3 个周期性任务实现。

在积压配额检查器中未确认的消息容量由积压配额控制。积压配额检查器会在持久化存储的角度下检查每个主题的积压情况。当积压超过配额时，积压配额检查器会根据积压保留策略来决定服务端如何处理超出配额的消息。

在消息过期监控器中，会对每个主题中每一个订阅的消费情况进行检查，会根据过期策略的消息生存时间周期性对被消费的消息进行过期操作。

Ledger 清理监控器会周期性对每个 ManagedLedger 进行检查，当消息已经被消费并且超出消息保留配置的限额时，Ledger 清理监控器会进行真正的消息清理。消息保留策略就是基于此控制并存储已被消费者确认的消息的数量的。

第 6 章 Chapter 6

Pulsar 高级特性

Pulsar 除了提供了基本的生产与消费功能外，还提供了丰富的拓展功能。前文介绍了 Pulsar 的多租户特性与跨区域复制特性，本章将介绍 Pulsar 的其他高级特性。

在基于原生的客户端进行消息的消费和生产时，只能实现有限的可靠性，因此 Pulsar 专门提供了事务来保证严格一次语义。本章将介绍与事务相关的知识。

Broker 支持可插拔的协议处理机制，可以在运行时动态加载额外的协议处理程序。本章还会介绍 Broker 支持的众多协议中最重要的一个——基于协议处理器的 KoP（Kafka on Pulsar）协议的用途。

Pulsar 基于 BookKeeper 不仅实现了存储与计算分离的功能，还实现了分层存储功能，拓展了存储层能力。Pulsar 的分层存储功能允许将较旧的积压数据从 BookKeeper 卸载到其他持久化存储介质中，这不仅降低了存储成本（BookKeeper 集群可能会采用 SSD 硬盘），还能实现通过客户端 API 无差别地访问 BookKeeper 存储的消息与被卸载的消息。

Pulsar 通过延迟消息传递功能可实现消息延迟传递特性，从而使用户能够在稍后的某个固定时间点或者特定时间延迟后使用消息，而不是立即使用消息。Pulsar 还实现了压缩主题功能，以支持将主题中的数据[⊖]按照键压缩，构建更加精简的数据视图。

6.1 Pulsar 事务

使用生产者时，Pulsar 可以提供的最高级别的消息传递可靠性保证是严格一次语义

（Exactly once）。Pulsar 可以通过幂等性生产者在单个分区上写入消息，并保证所写消息可靠性。通过客户端的自增序列 ID、重试机制与服务端的去重机制，幂等性生产者可以保证发送到单个分区的每条消息只会被持久化存储一次且不会丢失。

但当生产者为多个分区生产消息时，Pulsar 生产者无法保证所有分区写入消息的可靠性。在分区主题中，每个分区都是一个非分区主题，多个非分区主题之间相互独立。当某个分区的服务端崩溃时可能会发生消息写入失败的情况，如果生产者在重试后仍未恢复，则消息可能不会写入 Pulsar 中或造成数据重复。此时其他分区的服务端可能工作正常，进而导致多个分区间无法保证写入操作的原子性。

在消费者方面，服务端与客户端通过"确认机制"来保证消息的可靠性。消费者可通过否认确认与确认超时来确保消息的可靠性，但同时采用的超时重试机制可能会导致消息重复传递，此时消费者将收到重复的消息。消费者本身不具有去重功能的情况下，Pulsar 只能保证至少一次语义（At least once）。

为了解决上述问题，Pulsar 提供了事务的概念。通过事务，Pulsar 可保证严格一次语义。下面我们就来具体学习事务。

6.1.1 消息队列事务隔离级别

数据库事务是大家较为熟悉的事务，本节将以数据库事务为例介绍消息队列中的事务。数据库事务会涉及几类典型问题，例如脏读、不可重复读、幻读。

- ❑ 脏读是指在一个事务处理过程中读取了另一个未提交的事务中的数据。
- ❑ 不可重复读是指在一个事务范围内对数据库中的某条数据多次进行查询，但返回了不同的数据值。导致这个问题的原因是在不同查询之间该数据被另一个事务修改并提交了。
- ❑ 幻读是事务非独立执行时发生的一种现象。事务 A 根据条件查询得到了 N 条数据，但此时事务 B 删除或者增加 M 条符合事务 A 查询条件的数据，这样当事务 A 再次进行查询的时候，真实的数据集已经发生了变化，但是事务 A 却无法感知这种变化，因此产生了幻读。幻读和不可重复读都是读取了另一条已经提交的事务。

消息队列中的事务问题与数据库领域的事务问题类似，也存在脏读问题，因为消费者可以读取事务未提交的消息。但因为消息队列采用了不可变更的尾部追加存储方式，所以不存在不可重复读和幻读的问题，但是其特有的消息顺序性可能会导致多个事务按顺序提交时产生顺序问题。例如，事务 A 向消息队列中写入了 3、5、7 三条消息。事务 B 向消息队列中写入了 1、2、4、6 四条消息。消息队列收到的消息的顺序为 1、2、3、4、5、6、7。当事务 A 提交而事务 B 没提交时，可以在消息队列中读到 3、5、7 三条消息。当事务 A 提交后事务 B 也提交了的情况下，我们期望可以根据事务的提交顺序在消息队列中看到的消息的顺序为：3、5、7、1、2、4、6，而不是消息真正的写入顺序，即 1、2、3、4、5、6、7。

针对数据库 3 种事务问题，数据库领域提出来 4 种隔离级别，分别解决了不同层次的事务问题。

❑ **读未提交**：没有事务隔离保障，可能会产生上述 3 种事务问题。

❑ **读已提交**：保证只能读到事务提交后的数据，避免脏读发生。

❑ **可重复读**：可同时避免出现脏读和不可重复读的情况。

❑ **串行化**：保证事务按顺序执行，可避免脏读、不可重复读、幻读的发生。

针对消息队列中的 2 种事务问题，有 3 种事务隔离级别。

❑ **读未提交**：没有事务隔离保障，消费者可以读取未提交的消息。

❑ **读已提交**：所有消费者只能读取已提交的消息，避免了脏读问题。

❑ **串行化**：保证事务按顺序执行，消费者能够在这些事务涉及的分区中看到顺序完全相同的已提交消息。

隔离级别越高，系统获取的一致性保障性越高，但因此损失的并发性能也越高。默认情况下，Pulsar 提供的是读已提交级别的事务保障。

6.1.2　Pulsar 事务简介

Pulsar 事务中的所有生产或消费操作都作为一个单元提交，一个事务中的所有操作要么全部成功，要么全部失败。Pulsar 可保证每条消息只写入或处理一次，即使发生故障也不会造成消息丢失或重复。如果事务中止，则该事务中的所有写入和确认操作都将自动回滚。

事务中的一组消息可以从多个分区被接收、生成和确认。消费者只能读取已提交的消息，并只会收到已提价的确认请求。跨多个分区的消息写入是原子性的，跨多个订阅的消息确认也是原子性的。每个订阅下的消费者在处理带有事务 ID 的消息时，只会成功消费到一次消息。

Pulsar 事务可以实现这样的事务处理模式：创建一个事务，在这个事务内从多个主题中读取消息并提交确认请求；将消息处理完成后，以事务的形式将消息写入结果主题中。上述操作完成后，提交整个事务。通过消费—处理—生产的处理模式，可以构建精确一次语义保证的应用，如图 6-1 所示。

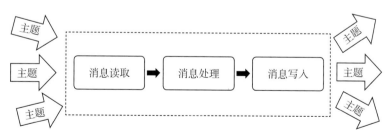

图 6-1　消费—处理—生产处理模式

Pulsar 事务不仅使 Pulsar 编写应用程序更容易，而且提高了其可靠性，扩展了其适用范围。无论是 Pulsar 独立应用还是 Pulsar Function 应用都可以从事务语义支持中获益。

6.1.3 Pulsar 事务的使用方法

事务功能在 Pulsar 2.8.0 或更高版本中可用。用户可以通过事务 API 使用事务功能。要使用事务功能，首先需要在服务端开启事务功能，即在 broker.conf 中将 transaction-CoordinatorEnabled 参数设为 true。然后需要初始化事务协调器的元数据信息。事务协调器通过分区主题来实现分布式运行，并通过分区主题特性对其进行扩容。服务端开启事务的方法如下。

```
# 调整 broker.conf 配置
transactionCoordinatorEnabled=true
$ bin/pulsar initialize-transaction-coordinator-metadata -cs Zookeeper:2181 -c
    standalone
Transaction coordinator metadata setup success
```

默认情况下，事务功能在服务端是被禁用的。目前，事务 API 仅适用于 Java 客户端，未来的 Pulsar 版本中将添加对其他语言客户端的支持。在 Java 客户端使用事务的方式如下。

```
# 构建客户端
PulsarClient client = PulsarClient.builder()
.serviceUrl("pulsar://127.0.0.1:6650")
.enableTransaction(true)
.build();
Transaction txn = client.newTransaction()
.withTransactionTimeout(1, TimeUnit.MINUTES)
.build().get();
# 只有禁用了 sendTimeout 的生产者才被允许产生事务性消息
Producer<String> producer = client.newProducer(Schema.STRING)
    .topic(transactionTopic)
    .sendTimeout(0, TimeUnit.MILLISECONDS)
    .create();
# 生产者发送消息
producer.newMessage(txn).value("Transaction msg1").send();
txn.commit();
# 消费者确认消息
try {
    Message<String> msg = consumer.receive(5, TimeUnit.SECONDS);
    consumer.acknowledgeAsync(msg.getMessageId(), txn);
    txn.commit();
} catch (PulsarClientException e) {
    txn.abort();
}
```

使用生产者事务时，首先需要在客户端开启事务功能，之后，客户端会通过事务协调器客户端与服务端建立连接。用于发送事务性消息的生产者需要禁用发送超时功能。在发送消息之前，需要向服务端注册当前主题的分区，注册发送等操作；在最后提交时，需要将所有的操作提交到服务端。当消息写入出现异常或提交出现异常时，都会触发中止操作，从而避免该消息被提交。生产者未提交的消息对消费者不可见，消费者无法消费。

使用消费者事务时，可以在确认消息时传入事务实例，事务确认操作在事务提交之前对消费者与服务端都不可见。在确认消息时，需要注册确认事务请求，并将确认事务请求发送至服务端。发送到服务端的请求带有相关的事务 ID（TxnID）。服务端处理带有事务 ID 的确认事务请求时，不会像处理普通消息那样直接进行确认操作，而是在等待提交事务时再真正提交该事务。

在使用事务时，生产者不会自动对发送请求进行超时处理。我们可以主动为事务设置超时时间，若在超时时间内未提交事务，则该事务会自动失败。与之类似，消费者客户端也不会将确认的消息加入未确认消息追踪器中，不会因为确认超时而触发消息重试请求。使用者在使用事务时，可以更加灵活地在事务维度进行业务级别的重试并执行超时逻辑。

6.1.4　Pulsar 事务实现原理及关键流程

Pulsar 事务的实现需要依赖于服务端中的事务协调器、事务日志存储与事务缓存功能。除此之外，还需要在 Pulsar 客户端中支持相应的事务协议。本节将介绍事务的实现原理及其关键流程。

1. 事务实现原理

事务协调器是运行在 Broker 中处理事务的关键逻辑模块，主要功能有：处理来自 Pulsar 客户端的请求和跟踪当前事务状态。在 Pulsar 集群中有多个事务协调器，每个事务协调器都有一个唯一的 ID 标识（Transaction Coordinator ID，TCID）。每个事务协调器都会独立维护并存储自己的事务元数据。

在使用事务 API 时，每个生成的事务都会由其中一个事务协调器负责管理，每个事务都有自己的事务 ID（Transaction ID，TxnID），其中事务协调器 ID 会作为事务 ID 的一部分，结合每个事务协调器中自增的 ID 组成全局唯一事务 ID。当前事务协调器会负责管理该事务的生命周期，以及从故障中恢复事务状态。事务消息因为具有自增唯一的 ID，因此可以复用数据去重器实现事务数据的幂等性写入。

在 Broker 中通过事务元数据存储服务对事务协调器进行管理。Broker 中的事务协调器通过分区主题进行分配，在初始化事务元数据时，会创建一个 16 分区的分区主题 transaction_coordinator_assign。每个事务元数据存储服务在启动时都会根据分配到的分区情况，启动相应的事务协调器。依靠分区主题的分区分配功能，Pulsar 实现了分布式的事务元数据服务，并可以通过扩建该分区实现对元数据服务的扩容。

事务协调器本质上是一个事务元数据存储器，目前 Pulsar 提供了两类存储器——内存事务元数据存储器与持久化元数据存储器。内存事务元数据存储器没有持久化存储能力，将元数据信息存储在其中，在重启服务后这些数据将丢失。

持久化存储元数据后可以在 Broker 节点发生故障后恢复完整的事务信息。持久化存储元数据是将元数据写入事务日志中，再通过 Pulsar 的 ManagedLedger 将事务的元数据持久化存储。对于发生事务的每个主题分区，事务协调器会自动创建一个额外分区并将其用于存储事务日志。这个额外的分区的名称是在主题分区名称的基础上增加一个固定后缀"__transaction_log_"。该分区所中存储数据的区域称为该事务的事务缓存区（Transaction Buffer）。

事务日志中的消息并未直接写入数据分区中，而是存储在事务缓存区中，因此在事务提交之前事务内的消息对消费者是不可见的。提交事务时，客户端将提交的消息写入数据分区中，包括其要提交的消息列表信息，然后将该事务的元数据写入事务日志。在中止事务时，Pulsar 会向事务日志写入中止（ABORT）消息，将事务标记为中止。后台进程会清除中止事务的消息。消息与元数据写入示意如图 6-2 所示。

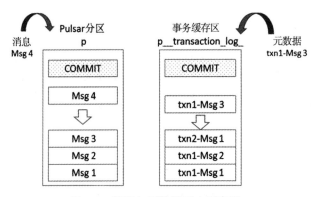

图 6-2　消息与元数据写入示意图

在客户端提交事务后，消息会被物化（Materialization）处理，即将原有消息（存储在事务缓存区中对消费者不可见的消息）具体化为正常消息，并对消费者开放。在事务超时或显式进行中止时，事务缓冲区内的数据将会被丢弃。

在持久化订阅中，非事务消息通过游标进行确认，并将该消息标记为可被删除。Pulsar可以执行消息的事务性确认，事务性确认操作会通过服务端未处理确认处理器（Pending-AckHandle）完成。事务确认流程如图 6-3 所示。

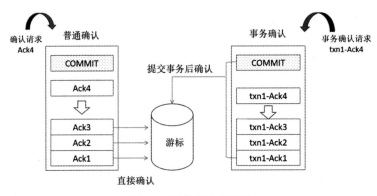

图 6-3　事务确认示意图

在每个持久化订阅中会根据是否支持事务功能提供不同的未处理确认处理器。事务确认会将单个消息置于未确定状态（pending_ack），并且只有在事务提交后才会将游标代表的数据标记为可被删除。如果事务被中止，所有被它确认的消息将被放回并置于挂起状态。未处理确认处理器与事务缓冲区类似，也提供了内存存储与持久化存储两种方式。未确认消息的持久化存储通过 ManagedLedger 实现，确认请求会存储至由"主题名 – 订阅 – 特定后缀"所组成的主题中。

2. 事务工作流程

要构建事务，首先需要向 Pulsar 服务端申请事务。客户端会通过事务客户端向服务端事务协调器申请事务 ID，再使用持久化元数据存储对该事务信息进行持久化存储。客户端需要将当前主题的分区信息注册到事务协调器中，服务端依据此信息创建每个分区的事务缓存区。事务构建流程如图 6-4 所示。

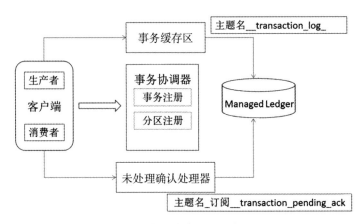

图 6-4 事务构建流程示意图

在事务内使用生产者时，不属于事务的消息会照常写入 ManagedLedger 中，属于事务的消息会写入事务缓存区中。事务缓存区中的消息会直接被持久化并以幂等性被写入。在事务被提交后，事务缓存中的生产者消息会被物化为消费者可读的消息。在进行消息的读取时，会根据 Pulsar 数据分区内记录的消息位置直接从事务缓冲区中读取消息。消息读取流程如图 6-5 所示。

在事务内使用消费者时，客户端的订阅请求也可以作为事务的一部分，客户端可以向服务端发送事务内的订阅请求（CommandAddSubscriptionToTxn）。此步骤可确保事务协调器知道事务所涉及的所有订阅，事务协调器可以在事务结束前对每个订阅进行处理。在确认消息时，事务性消息确认与正常的确认流程相同。但是事务性消息确认请求会携带一个事务 ID，接收该确认请求的事务协调器会基于事务 ID 检查对应的确认请求。服务端会在持久化存储系统中将该消息标记为 PENDING_ACK 状态。在提交事务后，未处理确认处理器会将所有未处理的确认进行确认。

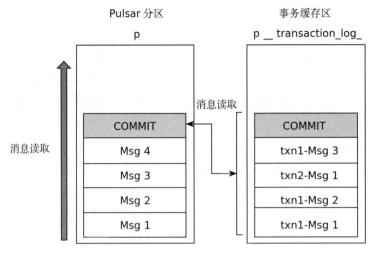

图 6-5　生产者消息读取示意图

在事务结束时客户端可以发送结束事务请求，服务端会根据不同确认类型，决定跳过某些操作或提交所有操作。接下来会正式开始处理消息写入请求或消息确认请求。此时，生产者可以将消息真正写入主题中，并使其对消费者可见，而消费者的消息也可以被确认。

6.2　消息队列协议层

在 Pulsar Broker 中支持可插拔的协议处理机制，Pulsar Broker 可以在运行时动态加载额外的协议处理程序并支持其他消息协议。基于消息队列协议层，目前 Pulsar 已经支持了Kafka、RocketMQ、AMQP 和 MQTT 等协议，并可以将自身云原生、分层存储、自动负载管理等诸多特性推广至更多的消息队列系统。

本节我们将介绍 Pulsar 的消息队列协议层的设计以及经典协议 Kafka On Pulsar（KoP）的作用。

6.2.1　协议处理器

Pulsar 通过协议处理器（ProtocolHandler）接口来定义运行在 Pulsar 上的消息队列协议。通过该接口可对一个可插拔协议进行初始化、启动、中止等全生命周期管理。通过协议处理器接口，Pulsar 服务端还可原生支持 Kafka、RocketMQ 等通信协议。图 6-6 为 Pulsar 支持的第三方协议示意图。

在 Broker 中所有协议都会通过 PulsarProtocolHandlers 进行管理。在 Broker 的配置中，可以指定多个需要启动的协议处理器。在 Broker 初始化时会在相应文件夹中扫描所有可用的协议处理器，并对指定的协议处理器进行加载和初始化操作。在启动 Broker 服务时会启动所有协议处理器服务。

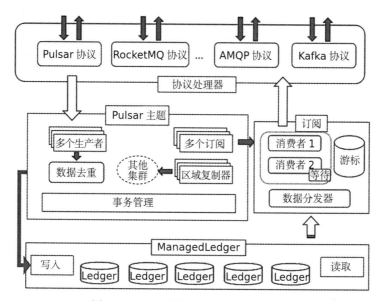

图 6-6　Pulsar 支持的第三方协议示意图

协议处理器通过以下设计获得了可灵活扩展第三方协议的能力。

❑ 在初始化协议处理器时，将 Pulsar 服务配置（ServiceConfiguration）传入初始化方法中，以方便对第三方插件进行初始化。

❑ 协议处理器在启动服务时，会将 Pulsar 核心服务 BrokerService 作为参数传入。因此第三方协议插件可以根据自身的需求复用 ManagedLedger 存储、主题查找、负载均衡等服务，进而构建出基于 Pulsar 的其他协议的消息队列。

❑ 在协议处理器中可以根据第三方协议的需求自定义 Netty 通道初始化器，以在 Pulsar 服务中实现额外的端口监听与通信服务。在许多消息传递协议中，服务端还需要将其侦听端口作为客户端服务发现端口。协议处理器提供了相关接口来处理服务发现功能。

要自定义一个基于 HTTP 协议的简易消息队列协议，首先要定义一个协议层实现类 HTTPProtocolHandler，并通过实现 protocolName 和 accept 方法，使得该消息队列协议支持名为 http 的消息队列协议。然后实现初始化方法以获取自定义配置。在协议启动方法中调用 BrokerService 中的相关方法创建一个 ManagedLedger 并用其来存储数据。最后，通过 newChannelInitializers 方法将该自定义协议的域名、端口与 HTTP 端口绑定。

HttpProtocolHandler 可以不使用 Pulsar 客户端直接将 HTTP 请求中收到的数据写入 ManagedLedger。Http 协议实现的示例如下。

```
public class HttpProtocolHandler implements ProtocolHandler {
    private final static String HTTP = "http";
    private HttpServiceConfiguration httpConfig;
    private ManagedLedger managedLedger;
```

```
        public String protocolName() {  return HTTP;  }

        public boolean accept(String protocol) {  return HTTP.equals(protocol);  }

        public void initialize(ServiceConfiguration conf) throws Exception {
            httpConfig = ConfigurationUtils.create(conf.getProperties(),
                HttpServiceConfiguration.class);
        }

        public String getProtocolDataToAdvertise() { return httpConfig.
            getAdvertisedAddress();}

        public void start(BrokerService service) {
            this.managedLedger = service.getManagedLedgerFactory().open("http");
        }

        public Map<InetSocketAddress, ChannelInitializer<SocketChannel>>
            newChannelInitializers() {
            InetSocketAddress socketAddress = new InetSocketAddress(httpConfig.
                getHttpHost(), httpConfig.getHttpPort());
            return ImmutableMap.of(socketAddress, new HttpChannelInitializer(this));
        }

        public void close() { managedLedger.delete(); }
        public void put(String value) {
            managedLedger.addEntry(value.getBytes());
        }
    }
```

上述自定义消息队列协议的端口监听与响应通过 HttpChannelInitializer 类实现。该类基于 Netty 实现了一个最简易的 HTTP 服务端，相关代码如下。

```
    public class HttpChannelInitializer extends ChannelInitializer<SocketChannel> {
        private HttpProtocolHandler httpProtocolHandler;

        public HttpChannelInitializer(HttpProtocolHandler httpProtocolHandler) {
            this.httpProtocolHandler = httpProtocolHandler;
        }

        protected void initChannel(SocketChannel ch) throws Exception {
            ch.pipeline().addLast(new HttpServerCodec());// http 编解码
            ch.pipeline().addLast(new HttpObjectAggregator(512*1024));
            ch.pipeline().addLast(new HttpServerExpectContinueHandler());
            ch.pipeline().addLast(new HttpRequestHandler());// 请求处理器
        }
    }
```

在 HttpRequestHandler 中对 get 请求进行了简单处理。当输入指定路径的请求时，可以将字符数据直接写入 ManagedLedger 中，相关代码如下。

```
class HttpRequestHandler extends SimpleChannelInboundHandler<FullHttpRequest> {

    protected void channelRead0(ChannelHandlerContext ctx, FullHttpRequest
        request) {
        FullHttpResponse response = SUCCESS_RESPONSE;
        QueryStringDecoder decoder = new QueryStringDecoder(request.uri());
        Map<String, List<String>> paramMap = decoder.parameters();
        switch (decoder.path()) {
            case "/put":
                paramMap.get("value").forEach(httpProtocolHandler::put);
                break;
            default:
                response = FAILED_RESPONSE;
        }
        response.headers().set(HttpHeaderNames.CONTENT_TYPE, "text/plain");
        response.headers().set(CONTENT_LENGTH, response.content().
            readableBytes());
        ctx.writeAndFlush(response);
    }
}
```

6.2.2　Pulsar 上的 Kafka 简介

Kafka 是一个成熟的大数据消息队列，它具有的高吞吐量、低成本的特点使其在推行之初就受到广泛关注。Kafka 使用只追加日志存储架构解决了其他消息队列在面向对大数据场景时必须面对的吞吐量、成本、可靠性、延迟及横向拓展等方面的问题。但随着大数据技术的发展，用户不再满足于 Kafka 提供的基本大数据功能，更希望拥有企业级消息队列的功能。

比如，人们发现 Kafka 在大规模应用时存在一些痛点问题。

❑ 单机分区上限问题。虽然 Kafka 内的数据是顺序写入的，但是当 Broker 上有成百上千个分区时，从磁盘读写的角度看，其原本设计的顺序写入逐渐变成随机写入。此时磁盘读写性能会随着主题数量的增加而降低，因此 Kafka Broker 在单机存储方面的分区数量是有限制的。这大大限制了 Kafka 在多主题情况下的使用。

❑ 随着集群规模变大运维成本呈线性增长。例如在使用 Kafka 集群遇到负载不均衡时，可能会出现某台机器磁盘写满而其他机器磁盘空闲很多的情况，此时需要人工使用工具迁移分区或进行均衡负载。随着 Kafka 集群规模的增大，要投入人力的工作会越来越多。

❑ 缺乏足够的企业级特性。如 Kafka 原生支持的异地复制与多租户，缺乏自动负载均衡功能，缺乏自均衡的横向扩容功能。

早期为了方便用户将 Kafka 应用切换到 Pulsar，Pulsar 社区开发了兼容 Kafka 客户端接口的适配器。该适配器可以让用户通过 Kafka 客户端对 Pulsar 的数据进行生产与消费。

当前社区为使用 Kafka Java 客户端编写的应用程序切换到 Pulsar 集群提供了一个更为简单的方式。在现有 Kafka 应用程序中，首先更改常规 Kafk 客户端依赖项并将其替换为 Pulsar Kafka 包装器，然后将 kafka-clients 依赖替换为 pulsar-client-kafka。使用新的依赖项，现有代码无须任何更改即可运行。在调整配置后，生产者和消费者将指向 Pulsar 服务，即原有应用切换至 Pulsar。相关代码实现如下。

```
<dependency>
    <groupId>org.apache.pulsar</groupId>
    <artifactId>pulsar-client-kafka</artifactId>
    <version>2.10.0</version>
</dependency>
```

通过 Kafka 适配器，原有的 Kafka 逻辑功能可以通过较小的代价获得部分 Pulsar 特性，如横向扩容、分层存储与存储计算分离。

为了更好地在 Pulsar 中使用 Kafka 协议，社区又构建了 KoP（Kafka on Pulsar）项目。KoP 是一个基于 Pulsar 构建的可插拔 Kafka 协议。通过将 KoP 协议部署在现有的 Pulsar 集群中，用户可以在 Pulsar 集群中继续使用原生的 Kafka 协议。Kafka 也能利用 Pulsar 的强大功能，完善存量 Kafka 应用的使用体验。在使用原生 Kafka 客户端的情况下，通过 Pulsar 构建 Kafka 服务端功能，可以低成本解决 Kafka 在多租户支持、负载均衡、海量主题支持等方面的痛点。

通过 KoP 协议可以快速将原有 Kafka 系统切换至 Pulsar，并充分利用两个生态系统的优势。

6.2.3 Pulsar 上的 Kafka 使用

本小节将介绍如何使用 KoP 协议，以及在 KoP 协议使用过程中如何进行性能调优。

1. 安装与使用

要在 Pulsar 中使用 KoP 协议必须先在服务端对其进行安装，安装包可以通过在 KoP 仓库中下载编译后的 nar 包获得，也可以直接通过源码编译获得。首先，需要在 Broker 配置文件（bin/broker.conf 或 bin/standalone.conf）中对如下参数进行设置。

- ❑ **messagingProtocols 参数**：表示要加载的消息传递协议列表，Broker 启动时会尝试加载所有配置的插件协议。
- ❑ **protocolHandlerDirectory 参数**：用于在服务端定位消息传递协议处理程序的目录。
- ❑ **kafkaAdvertisedListeners 参数**：Kafka 服务端使用的端口，用于将 Kafka 服务端的信息发布到 Zookeeper 中供客户端使用。

上述参数的配置示例如下。

```
# release 地址 https://github.com/streamnative/kop/releases
messagingProtocols=kafka                          # 用逗号分割的多个插件协议
```

```
protocolHandlerDirectory=./protocols                        # 二进制协议存储路径
kafkaAdvertisedListeners=PLAINTEXT://127.0.0.1:9092          # 配置 Kafka Broker 端口
```

除了上述参数之外，还有几个与优化相关的参数需要在配置文件中配置。在 2.8.0 版本后，KoP 协议开始依赖每条消息元数据（Broker Entry Metadata）中的索引信息。因此在 2.8.0 版本后，需要对元数据管理拦截器进行如下配置。除此之外，目前 Pulsar 会删除已分区主题的非活动主题分区，而不会删除已分区主题的元数据，在这种情况下，KoP 协议无法创建丢失的分区。因此在使用 KoP 协议的场景中，建议禁用删除非活动主题分区功能。

```
brokerEntryMetadataInterceptors=org.apache.pulsar.common.intercept.
    AppendIndexMetadataInterceptor
brokerDeleteInactiveTopicsEnabled=false
```

调整完服务端配置后，将编译好的 .nar 文件复制到 Pulsar /protocols 目录。随后重启 Pulsar Broker 服务端，此时可通过以下命令查看 Kafka 端口是否正确实现监听，以判断 KoP 协议是否正常启动了。此时可以使用 Kafka 客户端进行生产与消费验证。使用 KoP 协议时，不仅可以使用 Kafka 主题进行消息的生产与消费，还可以在 Kafka 中使用多租户。当使用不带有命名空间的 Kafka 主题时，会默认使用 public/default 下的主题，用户也可以指定命名空间以此来指定主题，例如 public/kafka/topic。

```
lsof -i:9092 # 查看端口占用情况

# 默认命名空间
$ bin/kafka-console-producer.sh --broker-list [pulsar-broker-address]:9092
    --topic test_topic
# 指定命名空间 public/kafka
$ bin/kafka-console-producer.sh --broker-list [pulsar-broker-address]:9092
    --topic  public/kafka/test_topic
```

KoP 协议中 Kafka 多租户特性可以通过服务端参数进行自定义配置。通过服务端参数，在配置 Kafka 默认租户（kafkaTenant）与 Kafka 默认命名空间（kafkaNamespace）时，可自定义使用 KoP 时默认的租户与命名空间。需要注意的是，KoP 协议中使用的 Pulsar 租户与命名空间需要通过 kopAllowedNamespaces 参数进行配置，例如使用 public/kafka/topic 主题时，需要将该参数设置为 public/default,public/kafka。

2. 性能调优

当 Kafka 请求处理程序收到来自 Kafka 客户端生产的消息时，需要将 Kafka 消息转换为 Pulsar 消息，并使用 ManagedLedger 组件将转换后的消息发送给 BookKeeper 进行存储。因此在使用 KoP 协议时，不同的数据存储结构对服务端性能有着较大影响。在 KoP 协议中消息记录格式有三种：原生 Kafka、混合 Kafka 与原生 Pulsar。默认情况下记录的格式与原生 Pulsar 记录格式类似，可以通过 Kafka 或 Pulsar 客户端进行消费。在使用 Kafka 客户端消费消息时，服务端需要有额外的编码、解码转换过程。原生 Kafka 与混合 Kafka 记录格式使用原生的 Kafka 存储结构，此时无法再使用 Pulsar 客户端对消息进行消费。混合 Kafka 记录格式针对 Kafka 消息提供了完善的校验流程，例如压缩主题的消息必须有键等。但是相较于无校验的原生 Kafka 记录格式，会损失 50% ～ 70% 的性能。用户可根据业务场景，选择合适的记录格式。

在 Kafka 中消费者使用拉取模式获取服务端数据，而在 Pulsar 中使用拉取与推送 Push 相结合的模式。为了提高使用 KoP 协议时的读取效率，可以通过服务端参数 maxReadEntriesNum 来配置每次服务端一次性读取 BookKeeper 消息的数量。默认情况下会读取 5 条消息。

与 Kafka Broker 类似，KoP 协议在原有命名空间配置之外提供了 Kafka 服务的限制参数。

- ❏ **maxQueuedRequests**：类似 Kafka 的 queued.max.requests 参数。用于在服务端限制请求 I/O 等待队列最大数量，若是等待 I/O 的请求数量超过这个数值，那么会停止接收外部消息。默认值为 500。
- ❏ **requestTimeoutMs**：限制请求的超时时间，类似 Kafka 客户端中的 request.timeout. ms。如果在超时时间内没有处理请求，KoP 协议将向客户端返回错误响应。默认值为 30000 毫秒。
- ❏ **connectionMaxIdleMs**：以毫秒为单位的空闲连接超时，类似 Kafka 服务端中的 connections.max.idle.ms。如果服务端中的连接达到空闲连接超时条件，服务器处理程序将关闭此连接。

6.2.4 Pulsar 上的 Kafka 工作原理

KoP 协议实现了 Pulsar 协议处理器接口，在 Pulsar Broker 启动时根据配置文件，Kafka 协议处理器（KafkaProtocolHandler）会被动态加载。Kafka 协议处理器会根据 Pulsar 架构实现 Kafka 协议细节，例如主题数据存储、Kafka 主题查找服务、生产者管理、消费者管理、Kafka Offset 管理等。

1. Kafka 订阅

在 KoP 协议中，如果 Pulsar 消费者和 Kafka 消费者都使用相同的订阅（或消费组）名称订阅同一主题，则这两个消费者会独立消费消息。尽管 Pulsar 客户端的订阅名称与 Kafka 客户端的订阅名称相同，但它们不会共享相同的订阅。KoP 协议使用 Kafka 协议时，会单独维护消费组偏移量（Offset）。当 KoP 协议收到来自 Kafka 客户端的消费者请求时，会打开一个非持久游标来读取从请求偏移量开始的记录。Kafka 请求处理程序会将 Pulsar 消息转换回 Kafka 消息，从而使现有的 Kafka 应用程序可以使用 Pulsar 客户端生成的消息。

在 Kafka 中消费组协调器（GroupCoordinator）负责消费者之间负载均衡与偏移量管理。Pulsar 也提供了类似的管理角色，Kafka 协议处理器负责在 KoP 协议中管理消费者中的成员以及消费组偏移量。在 Kafka 中，一旦消息成功生成到主题分区，每条消息都会被分配一个偏移量。而在 Pulsar 中，每条消息都会被分配一个 MessageID（消息 ID），该 ID 由 3 个参数组成——ledger-id、entry-id 和 batch-index。KoP 协议在 Kafka 协议中可以对消息的 MessageID 与偏移量进行自由转换。

在 Pulsar 中，对于多分区主题，在每个单独的非分区主题的基础上对其进行管理，每个分区偏移管理是通过订阅中的持久化游标来完成的。而在 Kafka 中，通过集中管理偏移量的消费组协调器进行偏移量管理。Kafka 中每个消费者中的一个分区只能固定由一个消费者进行消费，因此 Kafka 以与消费组—主题—分区对应的键与偏移量值来保存相应的偏移量。

由于消费模型不同，很难将 Pulsar 模型与 Kafka 模型完全对应。因此，为了与 Kafka 协议完全兼容，KoP 协议将组协调器和偏移量相关的元数据信息存储在 __consumer_offsets 系统主题中，以此来实现 Kafka 组协调器的功能。

当 KoP 协议收到来自 Kafka 客户端的消费者请求时，会打开一个非持久游标来读取从请求的偏移量开始的记录。这弥补了 Pulsar 和 Kafka 之间的差距，并允许人们使用现有的 Pulsar 工具和策略来管理订阅和监控 Kafka 消费者。KoP 协议在实现的消息组协调器中添加了一个后台线程，以求定期将系统主题的偏移更新同步到 Pulsar 游标。因此，Kafka 消费组实际上被视为 Pulsar 订阅。所有现有的 Pulsar 工具都用于管理 Kafka 消费组。

2. 消息的过期与保留

在 Kafka 中，可以通过设置消息的保留参数来对消息进行清理。可以从保存时间和保存容量两个角度进行控制，通过参数 log.retention.hours 可以配置消息过期时间，通过参数 log.retention.bytes 可以配置消息的最大保存容量。但是在原生的 Kafka 协议中，消息清理时不会考虑即将被清理的消息是否已经被正确消费，这使得在应用场景下可能因为消费者消费消息过慢而导致消息的丢失。

Pulsar 提供了更加精细化的过期与保留控制策略。Pulsar 可以通过 2 种策略来管理主题内消息的持久化行为——消息保留与消息过期。

消息保留策略能够控制存储已被消费者确认的消息的数量及 Pulsar 中存储的消息的总量，目前可以通过保留时限与保留容量来进行配置。无论如何配置消息保留策略都不会对现存的订阅产生影响，但会影响回溯历史消息时的效果。

消息过期策略可以为尚未确认的消息配置生存时间（Time To Live, TTL）。消息生存时间用来对未被消费的消息进行调控。消息生存时间是在消费者的角度上，避免未被消费的大量消息堆积在磁盘中，因此通过对持久化订阅的监控，可自动对消息进行确认，进而触发消息的清理机制。消息生存时间通过持久化订阅中的保留监控器进行处理，该监控器会定期检查数据的过期策略，自动确认超出 TTL 的消息。此配置只会影响消费过慢的消费者。

相对于原生 Kafka 协议，在 KoP 协议中 Pulsar 为 Kafka 提供了更加精细的控制行为，用户可以通过偏移量生存时间参数（offsetsMessageTTL）和偏移量保留时间参数（offsetsRetentionMinutes）来控制数据的过期与保留行为。KoP 协议为 KoP 主题设置保留时间和生存时间。需要注意的是，如果在 KoP 协议中只配置了偏移量保留时间，没有配置偏移量生存时间，那么 KoP 主题中的所有消息都无法删除。这是因为 Pulsar KoP 协议都没有使用持久游标进行 Kafka 偏移量管理，而是通过额外的偏移量管理主题维护 Kafka 偏移量，这不会触发消息的删除策略。

6.3 分层存储

Pulsar 的分层存储功能允许将较旧的积压数据从 BookKeeper 卸载到其他持久化存储介质中，这样既减少了存储成本（BookKeeper 集群可能会采用 SSD 硬盘），又保证了只要有客户端 API 就可以无差别地访问 BookKeeper 存储的消息与被卸载的消息⊖。当一个主题想要长时间保留大量的历史消息（包括已消费和未消费的消息）时，适合使用分层存储。

在 Pulsar 中，主题消息存储在 BookKeeper 集群中，通过 ManagedLedger 组件进行统一管理。ManagedLedger 由逻辑上的一系列日志段（Segment）组成，按固定顺序排列，每个数据段分别对应着 BookKeeper 集群中的一个 Ledger 单元。在负责存储消息的多个数据段中，只有正在写入的数据段处于可读可写状态，其他数据段都为只读状态。因此，在 Pulsar 的物理存储介质中，绝大部分的历史消息处于不可修改状态。在 BookKeeper 集群中可能会将多个副本存储在昂贵的存储介质中，比如 SSD。因此 Pulsar 社区提供了分层存储的功能，在服务端还专门提供了消息卸载功能，可以将部分历史消息卸载到其他存储上，如云存储、Hadoop 文件系统等。

6.3.1 分层存储的设计

Pulsar 在 Zookeeper 中存储了数据段元数据。最新的数据段存储在 BookKeeper 中，这样既保证了高吞吐与低延迟写入，又保证了写入时的一致性。而旧的数据段可以从 BookKeeper 卸载到分层存储介质中，从而降低了存储的单位成本，并构建更长的存储周期。Pulsar 服务端为保障分层存储中消息在逻辑上的统一，卸载的数据段元数据仍保留在 Zookeeper 中，而被引用的消息是分层存储中的对象。分层存储的设计示意如图 6-7 所示。

当数据段被卸载时，会一个一个地复制到分层存储介质中。除了当前正在写入的数据段之外，日志的所有数据段都可以卸载。

⊖ 分层存储的设计：https://github.com/apache/pulsar/wiki/PIP-17:-Tiered-storage-for-Pulsar-topics。

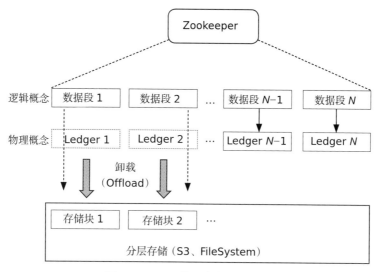

图 6-7　Pulsar 分层存储设计示意

6.3.2　分层存储的使用

目前 Pulsar 社区支持下列几种分层存储介质：亚马逊云存储（S3）、谷歌云存储（google-cloud-storage）与文件系统（FileSystem，包括 Hadoop 文件系统，即 HDFS）。下面以 HDFS 为例介绍分层存储的使用。

1. 安装分层存储

Pulsar 的独立安装包中默认不包含与分层存储相关的二进制包，因此在使用分层存储之前，应该先下载安装与分层存储相关的插件，然后将分层存储插件移动至分层存储插件路径下，默认为 offloaders 文件夹，并 broker.conf 中的 offloadersDirectory 进行相关配置。实现代码如下。

```
wget
    https://archive.apache.org/dist/pulsar/pulsar-2.8.1/apache-pulsar-
        offloaders-2.8.1-bin.tar.gz
    tar xvfz apache-pulsar-offloaders-2.8.1-bin.tar.gz
    mv apache-pulsar-offloaders-2.8.1/offloaders/* offloaders/
```

下一步需要配置分层存储的驱动。在使用文件系统进行分层存储时，需要在 broker.conf 中配置如下参数并重启 Broker 服务。

❑ managedLedgerOffloadDriver：需要使用的驱动程序的名称，使用文件系统时，将其配置为 filesystem。

❑ fileSystemURI：HDFS 链接地址。

❑ fileSystemProfilePath：Hadoop 配置文件夹路径，默认为 conf/filesystem_offload_core_site.xml。

2. 配置自动卸载

在命名空间中可以配置自动卸载数据段，完成配置的命名空间下的主题在满足阈值条件后均可以触发自动卸载功能。自动卸载阈值基于每个主题存储在 BookKeeper 集群上的数据量设定。

通过 Pulsar 管理工具来配置阈值，例如 pulsar-admin 或 Pulsar admin REST API 工具。通过 set-offload-threshold 命令可以为命名空间配置自动卸载阈值。阈值配置为负值时，关闭自动卸载功能；阈值配置为 0 时，会优先卸载 Ledger 中的消息，即卸载由 ManagedLedger 管理的除正在写入的 Ledger 之外的所有 Ledger。

当 Ledger 被成功卸载到其他存储后，该 Ledger 会立刻被删除。为了延长 Ledger 的存活时间，Pulsar 还提供了延长 BookKeeper 中 Ledger 删除时间的配置，即在命名空间中配置卸载 Ledger 中数据后的等待时间，这个功能通过 set-offload-deletion-lag 参数实现。

默认情况下，一旦消息被卸载到长期存储介质，Broker 将从长期存储介质中读取它们，但消息仍然会在 BookKeeper 中保存一段时间。对于 BookKeeper 和长期存储介质中都存在的消息，可以通过配置 OffloadPolicy 选择从 BookKeeper 或长期存储中读取。

相关配置示例如下所示。

```
$ bin/pulsar-admin namespaces set-offload-threshold --size 10M tenant/namespace
    # 配置阈值
$ bin/pulsar-admin namespaces get-offload-threshold tenant/namespace
    # 获取配置

$ bin/pulsar-admin namespaces set-offload-deletion-lag -l 3d tenant/namespace
    # 配置删除延迟
$ bin/pulsar-admin namespaces get-offload-deletion-lag tenant/namespace

$ bin/pulsar-admin namespaces clear-offload-deletion-lag tenant/namespace      # 清
    除删除延迟

# -orp 的默认值是 tiered-storage-first
$ bin/pulsar-admin namespaces set-offload-policies tenant/namespace -orp
    bookkeeper-first
$ bin/pulsar-admin topics set-offload-policies tenant/namespace/topic1 -orp
    bookkeeper-first
```

3. 手动卸载

对于单个主题，可以使用主题管理工具手动触发文件系统卸载程序。例如通过 pulsar-admin 工具触发时，首先需要指定在主题保留的数据量阈值。如果 Pulsar 集群上的主题数据量超过该阈值，则该主题中的数据段将被卸载到文件系统，直到主题数据量小于该阈值。

```
# 配置卸载阈值
$ bin/pulsar-admin topics offload --size-threshold 10M persistent://tenant/
    namespace/topic
# 查看卸载状态
$ bin/pulsar-admin topics offload-status persistent://tenant/namespace/topic
```

6.3.3　分层存储的原理

为了实现分层存储的卸载功能，Pulsar 做出了如下修改：定义了分层存储卸载接口（LedgerOffloader），在 ManagedLedger 中提供了 Ledger 卸载功能与触发机制，提供读取长期存储介质中消息的功能。

在 LedgerOffloader 接口中，可以将传入的 Ledger 卸载到长期存储介质，当一个数据段的大小到达卸载阈值就会触发卸载机制。对应的卸载方法需要通过 BookKeeper 客户端读取 Ledger 中的消息，并将消息写入长期存储介质中。在卸载方法调用完成后，对应的 Ledger 已经持久化到长期存储介质中，因此可以安全地删除 BookKeeper 中的原始副本了。

主题通过 ManagedLedger 管理所有的持久化消息，因此当需要读取的 Ledger 消息已经被卸载到长期存储介质后，ManagedLedger 需要借助 Zookeeper 中记录的相关元数据，通过读取分层存储的方法读取长期存储介质中的消息。

存储在 BookKeeper 中的主题消息会根据相应的消息保留策略，周期性地检查删除情况。在进行 Ledger 删除时，若该 Ledger 已被卸载到长期存储介质中，ManagedLedger 会通过 LedgerOffloader 尝试从长期存储介质中删除相应的消息。

6.4　消息延迟传递

对于消息中间件来说，除了正常生产、发送消息的需求外，有时可能并不希望这条消息马上被消费，而是希望推迟到某个时间点后再投递到消费者中进行消费。比如，在很多在线业务系统中，可能由于业务逻辑处理出现异常，希望此条消息在一段时间后被重新消费；也可能因为特殊业务的逻辑，需要在固定时间窗口后进行再消费相关的消息，例如在电商系统中，订单创建后会有一个等待用户支付的时间窗口，若在该时间窗口内未支付订单则需要在窗口结束后清理掉原有的订单。

为了满足上述业务场景，Pulsar 提供了消息延迟传递功能。消息延迟传递使用户能够在稍后的某个固定时间点或者某一段固定时间后消费对应的消息。Pulsar 客户端提供了两类 API 方法：固定延迟发送与固定时间点发送。

```
// 固定延迟发送
producer.newMessage().deliverAfter(3L, TimeUnit.MINUTES).value("延迟消息").send();
// 固定时间点发送
producer.newMessage().deliverAt((new Date(2021, 11, 11, 00, 00, 00)).getTime())
    .value("定时消息").send();
```

在使用消息延迟传递时，需要保证服务端开启该功能。在 Broker 配置文件中通过参数 delayedDeliveryEnabled 控制该功能，默认情况下服务端已经启用了消息延迟传递功能。消息延迟传递功能仅适用于共享订阅类型。在独占订阅和故障转移订阅类型中，为了确保消费的先入先出（First Input First Output，FIFO）特性，该功能不会生效。

　　开启消息延迟传递功能后，消息从生产者到服务端的发送流程与普通消息无异，只是每条消息中会带有延迟消息参数。当服务端开启消息延迟传递功能时，共享模式下的订阅中会启动数据分发器中的消息延迟追踪器（DelayedDeliveryTracker），此时该订阅即可支持消息延迟传递功能。支持多个消费者发送消息的发送器在发送消息时，会检查每条消息带有的延迟消息参数。

　　当消费者消费一条消息时，如果该消息被设置为延迟传递，则该消息会被添加到消息延迟追踪器队列中。该消息到期后会被重新发送。消息延迟的实现其实是通过时间轮（Time Wheel approach）算法实现的。时间轮由服务端配置的最小触发时间索引。例如，如果我们将最小触发时间配置为 1 秒，那么我们要为需要延迟 5 分钟的任务维护 300 个触发任务。时间轮算法会从队列中挑选出到期的消息，并将它们分派给真正的消费者。因此，最小触发时间代表着消息延迟的精度，在消息延迟传递功能生效时，服务端可以通过参数 delayedDeliveryTickTimeMillis 控制最小触发时间，默认情况下为 1s。

　　消息延迟传递的实现原理如图 6-8 所示。一条延迟消息被发送后，会正常存储在 BookKeeper 中，在使用独占订阅模式或故障转移订阅模式时，延迟消息会正常被消费。而在共享订阅模式中，会通过消息延迟追踪器在服务端内存中维护消息延迟时间索引，一旦消息过了特定的延迟时间，它就会被传递给消费者。

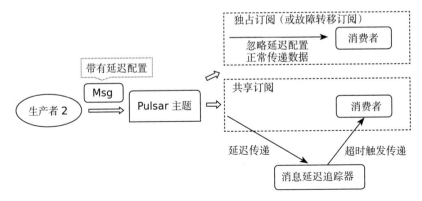

图 6-8　消息延迟传递的实现原理

6.5　主题压缩

　　对于 Pulsar 来说，在一个主题上可以积累许多消息，但是在某些场景下这个功能可能是没必要的。在某些场景下，消费者可能不需要主题日志的完整数据，只需要几个值来构建更简洁的数据视图，甚至只需要最近的值。例如在股票行情主题中，消费者只需要通过该主题访问特定股票的最新值。Pulsar 提供了主题压缩（Topic compaction）来满足此种场景。使用压缩主题时，将为该主题的消费者提供两个选项：读取主题中的所有消息，通过压缩主题特性和消息的键只查看最新的消息。

对一个主题运行压缩时，Pulsar 会检查一个主题的积压并删除被后面的消息遮挡的消息，即它以每个键为基础遍历该主题，只留下与该键关联的最新消息。

主题压缩可以在消息积压达到一定大小时自动触发，也可以通过命令行手动触发。如果从主题的消息积压中删除了一条消息，则该消息将无法从压缩的主题 Ledger 中被读取。

6.5.1　主题压缩应用

在使用 Pulsar 主题压缩时，需要保证主题中设置了消息键。Pulsar 中的主题压缩是基于消息键进行的，消息是基于它们的键进行压缩的。没有键的消息将被压缩过程单独留下。此外，主题压缩仅适用于持久主题。

租户管理员可以在命名空间级别配置压缩策略。该策略指定在触发压缩之前主题积压可以增长到多大。例如，可以设置为当积压达到 100MB 时触发压缩。在命名空间上配置的压缩阈值将应用于该命名空间内的所有主题。通过 set-compaction-threshold 命令可以在命名空间下配置触发压缩之前的主题积压中的最大字节数，例如 10MB、16GB、3TB 等，当将该值配置为 0 时，会在命名空间下禁用自动主题压缩。除了可以在命名空间中配置主题压缩外，也可以在主题级别进行配置。

```
$ bin/pulsar-admin namespaces set-compaction-threshold --threshold 100M tenant/
    namespace
$ bin/pulsar-admin topics set-compaction-threshold --threshold 100M \
    persistent://tenant/namespace/topic
```

除了配置自动触发外，还可以使用 PulsarAdmin 命令或管理 API 手动触发主题压缩。通过 compaction-status 命令可以查看主题是否已完成压缩操作，相关代码如下。

```
$ bin/pulsar-admin topics compact \
    persistent://tenant/namespace/topic
$ bin/pulsar-admin topics compaction-status tenant/namespace/topic
Compaction was a success
```

使用者可以从主题读取压缩后的消息，此时必须在创建消费者时指定要从压缩的主题中读取的消息，例如使用 Java 时，必须将 readCompacted 参数设置为 true。如果没有设置这个参数，消费者只能读取所有消息。

```
Consumer<String> consumer = client.newConsumer(Schema.STRING)
    .topic(topicName)
    .subscriptionName("subscription_test")
    .readCompacted(true)
    .subscribe();
```

6.5.2　主题压缩原理

在 Pulsar 中使用主题压缩的好处之一是：用户不必在压缩主题和非压缩主题之间做出

选择，主题压缩过程中会保留原始主题的消息，并额外保存压缩后的消息。因此对主题运行压缩后，可以有选择地消费压缩前或压缩后的消息。

Pulsar 服务端提供了压缩器（Compactor）、压缩主题（CompactedTopic）、压缩订阅（CompactorSubscription）等组件以完成主题压缩操作，这 3 个组件分别实现压缩、写入和读取功能。

1. 压缩过程与触发机制

压缩器负责主题的压缩功能。它会分两次遍历主题。第一次为主题中的每个键选择最新的偏移量；第二次将这些值写入 Ledger 中。采用两次遍历的原因是：有效载荷可能比消息 ID 大多个数量级，因此需要两次传递以避免在内存中保存每个最新值的有效载荷，以免发生内存不足的情况。

在压缩消息的过程中，压缩器需要逐条读取原始消息，但是原始消息是以字节编码形式存储的。为了在读取原生主题消息时不对消息进行解压、序列化、反序列化等操作，Pulsar 定义了可以读取主题中原始二进制数据的阅读器（RawReader）。不同于 Pulsar 客户端中的阅读器（Reader），RawReader 只存在于服务端中，用户无法直接使用。此时，压缩器将拥有一个持久化的订阅（固定使用 __compaction），该订阅用于跟踪消息压缩后存放的位置，以及已写入压缩数据的 Ledger 的 ID（LedgerId）。此时使用的订阅为压缩订阅（CompactorSubscription），除了可以对消息进行确认外，还可以在存放消息的 Ledger 写入成功后，通知被压缩的主题使用这份压缩消息。

第一阶段读取时，利用 RawReader 读取所有的消息并记录每个不同的键所对应的最新消息 ID。在第二阶段时，会创建一个新的 Ledger 并将压缩后的消息写入该 Ledger 中。此时，会对 RawReader 的消费情况进行确认，并将 RawReader 压缩后的 LedgerId 消息作为额外消息一同写入 Ledger。

压缩器的压缩功能有两种触发机制，手动触发与周期性触发。用户可以通过 Pulsar Admin Cli 工具触发与 Restful 管理接口手动触发压缩过程，此时会直接触发主题消息的压缩动作。此外，在 Pulsar Broker 中会周期性检查线程（compactionMonitor）对所有主题进行压缩策略检查，若满足命名空间或主题级别的压缩阈值时，也会触发主题压缩动作。

2. 数据读取

为了实现压缩主题功能，服务端定义了压缩主题接口（CompactedTopic）。压缩主题定义了如何从压缩主题 Ledger 中读取消息。

在读取压缩消息时，服务端会创建压缩订阅。已启用读取压缩功能的客户端将尝试从主题读取相关消息，并根据实际情况决定是读取 ManagedLedger 中的消息还是读取压缩后的消息。如果消息 ID 超出压缩范围，则正常读取原始消息；如果消息 ID 处于压缩范围，则读取压缩后的消息。

## 第 7 章

Pulsar Function 与 Pulsar I/O

　　用户使用消息队列或者流式服务主要是为了对消息进行搬运、统计、过滤、汇总等操作。如果仅处理这些简单任务就引入一整套实时计算服务，如 Spark 或 Flink，无疑会提高使用成本，还会拉高软件预算。其实这时用户需要的是一套可以快速部署且可简单上手的轻量级数据处理服务。Pulsar Function 便是这样一种 Pulsar 原生支持的轻量级计算与处理引擎。使用它用户无须部署其他流计算引擎即可实现简单的消息处理服务，例如：

　　❏ 从一个或多个主题中读取并汇总消息；

　　❏ 读取一条消息并进行简单的处理，然后将结果写回 Pulsar 集群。

　　Pulsar 社区为了拓展 Pulsar Function 的应用场景，还研发了 Pulsar I/O。Pulsar I/O 是一种导入与导出信息的连接器，可以将消息灵活地导入其他系统或从其他系统中导出。只需要进行简单配置，就可以通过 Pulsar I/O 将 Pulsar 与外部系统连接到一起。另外，Pulsar I/O 还支持二次开发，允许用户自行扩展，这让 Pulsar I/O 可以应用到更多场景中。

　　Pulsar Function 与 Pulsar I/O 虽然在应用场景方面有很大不同，但是它们的技术架构却很相似，这也是笔者将它们放在同一章进行介绍的主要原因。本章将详细描述它们的设计理念。

7.1　Pulsar Function 简介

　　本节将简单介绍 Pulsar Function 项目的诞生背景、设计思路和应用场景。

7.1.1　Pulsar Function 编程模型

　　在流数据处理领域有多种不同的数据处理模型，如微批处理模型、持续流处理模型等，以及云计算领域的无服务器运算（serverless computing）。作为后起之秀，Pulsar Function 是如何站在"前人"的肩膀上实现超越的？本节就以此为切入点展开介绍。

1. 微批处理模型

微批处理模型主要面向吞吐量进行设计，可以满足大部分数据处理需求，但是在低延迟场景下因其本身设计上的局限性，使用受到制约。提到微批处理模型，就不得不提 Spark。下面就以 Spark 为例简单介绍微批处理模型的工作原理。

Spark 是针对数据批处理设计的一款工具，它会将所有的数据都抽象为弹性分布式数据集（Resilient Distributed Dataset，RDD）。弹性分布式数据集是一个不可变的分布式对象集合，每个数据集都被分为多个分区，这些分区可以运行在集群的不同节点上。Spark 的所有运算操作都会转换为弹性分布式数据集内的计算逻辑。Spark 在这个基础上构建出自己的完善生态。

Spark Streaming 是 Spark 社区基于弹性分布式数据集提供的流计算框架。Spark Streaming 是核心 Spark API 的扩展，它具有高可扩展、高吞吐量、高容错等特性。在内部，Spark Streaming 接收实时输入的数据，并将数据分批进行处理，然后再以批的形式生成最终的结果流。微批计算引擎 Spark Streaming 中的数据流向如图 7-1 所示。

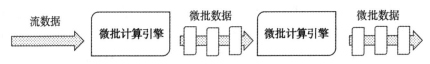

图 7-1　微批计算引擎 Spark Streaming 中的数据流向

2. 持续流处理模型

不同于将实时任务看作一个个微小的批处理任务的微批处理模型，持续流处理模型是真正的流处理模型。在持续流处理模型中，计算引擎不再定期调度新批次的任务，而是启动一直运行的驻守任务来源源不断地读取、处理并输出数据。

Flink 是目前主流的实时计算引擎，也是持续流处理模型的典型代表，它通过实现 Google Dataflow 流式计算模型，在实时计算中做到了高吞吐量、低延迟、高性能。Spark 通过 Structured Streaming 流处理引擎也可以实现真正的流处理。因为 Google Dataflow 流式计算模型和各个分布式计算引擎不是本书讨论的重点，所以这里就不再展开了。

持续流处理模型的数据流向如图 7-2 所示。

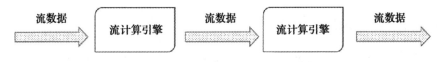

图 7-2　持续流处理模型中的数据流向

3. 无服务器运算

无服务器运算又称函数即服务（Function as a Service，FaaS），是云计算的一种模型。

以平台即服务（PaaS）为基础，无服务器运算提供了一个微型的架构，终端客户不需要部署、配置或管理服务器的服务，代码运行所需要的服务器服务皆由云端平台提供。无服务器运算的代表产品有 Tencent Serverless、AWS Lambda、Microsoft Azure Functions 等。

无服务器运算本质上可以理解为一种事件驱动的由消息触发的服务，通过对事件源的订阅，可以即时或者定期触发函数运行。传统的服务端软件会把应用程序部署到拥有操作系统的虚拟机或者容器中，一般需要长时间驻留在操作系统。而部署 FaaS 后，平台收到第一个触发函数的事件时才会启动一个容器来运行用户的代码，并根据用户的请求频次自动增加容器。

在采用 FaaS 之后，开发者不再需要自己维护服务器，只需要关心应用程序本身的状态和逻辑。

4. Pulsar Function 编程模型

Pulsar Function 的设计充分参考了上述几种计算模型的设计理念。与其说 Pulsar Function 实现的是一套计算引擎，不如说它实现的是一套基于 Pulsar Function 的编程模型。在复杂的持续流处理模型的基础上，Pulsar Function 参考了无服务器运算，精简出了一套自己的处理模型。Pulsar Function 的核心目标如下。

❑ 提高开发者的生产力（开发者可以使用自己熟悉的语言和 Pulsar Function SDK）。

❑ 使故障排查简单化。

❑ 使操作简单化（不再需要外部处理系统的配合）。

Pulsar Function 基于多种语言支持的 Pulsar Function SDK 实现了图 7-3 所示的计算框架。

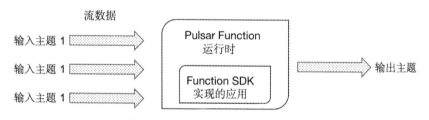

图 7-3　Pulsar Function 的计算架构

用户使用 Pulsar Function 时只需要简单实现对应语言的函数接口，就可以部署一个实时处理任务。如下代码可以在 Java 和 Python 中实现一个基于流数据的词频统计应用。

```java
// Java 演示代码
public class WordCountFunction implements Function<String, Void> {
    @Override
    public Void process(String input, Context context) {
        Arrays.asList(input.split("\\s+")).forEach(word -> context.
            incrCounter(word, 1));
        return null;
    }
}
```

```
// Python 演示代码
from pulsar import Function
import re
class UserConfigFunction(Function):
    def process(self, input, context):
        for word in re.split("\\s+", input):
            context.incr_counter(word, 1)
        return None
```

7.1.2 Pulsar Function 逻辑结构与应用场景

本节介绍 Pulsar Function 的逻辑结构和应用场景。

1. 逻辑结构

在 Pulsar Function 逻辑结构中存在 Pulsar Function 运行时、输入主题（Input Topics）、输出主题（Output Topic）、日志输出主题（Log Output Topic）等几个角色。

输入主题是数据的来源，在 Pulsar Function 中，所有数据均来自输入主题。在 Pulsar Function 的处理流程中，Pulsar Function 会充当消费者的角色去消费输入主题中的数据。这里所说的输入主题可以是一个或多个。在 Pulsar Function 运行时处理完数据后，Pulsar Function 会充当生产者的角色，将结果数据与日志数据写到输出主题或者日志输出主题中。输出主题主要存储计算结果。日志输出主题主要存储用户的日志信息。当 Pulsar Function 出现问题时，通过日志输出主题存储的信息，可帮助用户基于日志信息定位错误并进行代码调试。

Pulsar Function 的逻辑结构如图 7-4 所示。

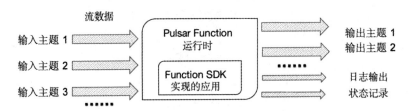

图 7-4　Pulsar Function 的逻辑结构

除输出主题和日志输出主题之外，Pulsar Function 还提供了额外的计数器和状态记录器，用于进行简单的计数和状态记录。计数和状态记录也可以算作输出结果的一部分。

2. 应用场景

Pulsar Function 并不是一个完整的实时处理引擎，所以它不能替代 Flink、Spark 等框架，如果有复杂的实时计算需求，还是应该选择专业的实时处理引擎。Pulsar Function 更适合用于至少有一端（输入端或者输出端）为 Pulsar 的场景。应用 Pulsar Function 可以在不部署其他流计算引擎的情况下实现简单的消息处理服务。例如：从一个或者多个主题中读取并汇总消息；读取一条消息并进行简单的逻辑处理，然后写回到 Pulsar 集群。

　　基于 Pulsar Function 可以构建基于 Pulsar 生态的消息总线系统。消息总线系统不仅可以帮助数据中台进行数据采集、数据清洗和转化，还可以进行实时数据流计算。消息总线系统可帮助消息队列到其他类型存储介质中进行信息搬运工作，比如由其他存储介质向 Pulsar 中搬运消息或者将 Pulsar 中的消息搬运到其他存储介质。信息搬运工作除了可以通过信息总线系统实现外，还可以通过后文要介绍的 Pulsar I/O 来实现。

　　通过 Pulsar Function 来实现简单计算应用时，用户可以利用 Pulsar Function 自带的任务并行、任务恢复、负载均衡和监控上报等功能。

7.2　Pulsar Function 应用实践

　　本节将介绍 Pulsar Function 的使用方法，包括 Pulsar Function 的部署模式、开发方式及流数据处理语义。

7.2.1　Pulsar Function 的部署与使用

　　Pulsar Function 服务运行在 Function Worker 节点（后面简称 Worker 节点）上，因此部署 Pulsar Function 的第一步是部署 Worker 节点。Pulsar Function 有 3 种运行模式——本地运行模式、混合部署模式和独立部署模式。除上述 3 种运行模式外，这里还会专门介绍 Kubernetes 运行模式。

1. 本地运行模式

　　Pulsar 提供了方便在本地调试的本地运行模式。在本地运行模式下，Pulsar Function 实例会以线程的方式在本地运行，并在本地模拟在 Pulsar 集群中的实际运行方式。用户可以在本地使用 LocalRunner 在开发阶段快速验证 Pulsar Function 功能。

　　在本地运行 Pulsar Function 实例需要引入以下依赖。注意，LocalRunner 只能运行用 Java 编写的 Pulsar Function，并且使用 Pulsar 2.4.0 或更高版本。

```
<dependency>
    <groupId>org.apache.pulsar</groupId>
    <artifactId>pulsar-functions-local-runner</artifactId>
    <version>${pulsar.version}</version>
</dependency>
```

　　添加以上依赖后，就可以在本地开发并直接运行 Pulsar Function 了。如下面的代码所示，在运行程序后可以在 pulsar://public/default/upper_output 主题中查看运行结果。

```
public class LocalRunnerDemo implements Function<String, String> {
    @Override
    public String apply(String s) {
        return s.toUpperCase();
```

```
    }
    public static void main(String[] args) throws Exception {
        FunctionConfig functionConfig = new FunctionConfig();
        functionConfig.setName("LocalRunnerDemo");
        functionConfig.setInputs(Collections.singletonList("pulsar://public/
            default/input"));
        functionConfig.setClassName(LocalRunnerDemo.class.getName());
        functionConfig.setRuntime(FunctionConfig.Runtime.JAVA);
        functionConfig.setOutput("pulsar://public/default/upper_output");
        LocalRunner localRunner = LocalRunner.builder().functionConfig
            (functionConfig).build();
        localRunner.start(false);
    }
}
```

Pulsar 集群还提供了 LocalRunner 的运行方式,这种方式可以方便用户调试和验证程序功能。使用如下命令,可以在本地环境中以进程的方式启动一个 Pulsar Function 任务。

```
$ bin/pulsar-admin functions localrun --name word_count_test \
--jar examples/api-examples.jar \
--classname org.apache.pulsar.functions.api.examples.WordCountFunction \
--inputs persistent://public/default/input \
--output persistent://public/default/output
```

在启动集群后若看到以下输出内容,则表示 Pulsar Function 任务启动成功。在尝试向输入主题 persistent://public/default/input 写入信息后,可以在终端中看到形如 "Consume throughput received: 0.02 msgs/s" 的输入输出打点日志。

```
[main] INFO   org.apache.pulsar.functions.runtime.RuntimeSpawner - public/
    default/word_count_test-0 RuntimeSpawner starting function
[main] INFO   org.apache.pulsar.functions.runtime.thread.ThreadRuntime
    - ThreadContainer starting function with instance config
    InstanceConfig(instanceId=0, functionId=cc064191-4292-43b0-b97e-
    ab4ccb3aa9e1, functionVersion=01eb1faa-1947-47ac-a454-17ba155f086f,
    functionDetails=tenant: "public"
namespace: "default"
name: "word_count_test"
className: "org.apache.pulsar.functions.api.examples.WordCountFunction"

[persistent://public/default/input] [public/default/word_count_test] [362c8]
    Prefetched messages: 0 --- Consume throughput received: 0.02 msgs/s ---
    0.00 Mbit/s --- Ack sent rate: 0.00 ack/s --- Failed messages: 0 --- batch
    messages: 0 ---Failed acks: 0
```

2. 混合部署模式

在线上环境中,Pulsar Function 的服务需要使用集群模式进行部署。在部署 Worker 节点时,可以选择将 Worker 节点与 Pulsar Broker 一起部署,这就是混合部署模式。图 7-5 所示是混合部署模式下的 Worker 节点运行机制。

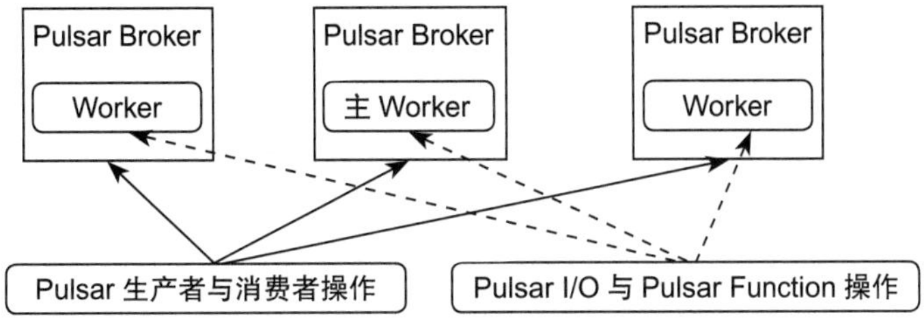

图 7-5 Pulsar Function 混合部署模式

Pulsar Function 的配置文件位于安装包的 conf 目录下（conf/functions_worker.yml）。该配置文件中定义了 Worker 的主要参数，这些参数可以分为以下几类。

❑ **Worker 节点配置参数**：包括 Worker 节点 ID、集群名（pulsarFunctionsCluster）、本节点域名和端口、存储元数据的 ZooKeeper 节点配置信息、副本存储功能包的数量（numFunctionPackageReplicas）等相关参数。其中，numFunctionPackageReplicas 的默认值是 1，要想在生产部署时确保高可用，需要将该参数的值设置为大于 2 的值。

❑ **Pulsar 服务端连接信息相关参数**：包括 Pulsar 服务端链接地址、元数据用到的主题信息、客户端连接等相关参数。其中，需要注意的是 pulsarServiceUrl 和 pulsar-WebServiceUrl 参数，在 Pulsar Function 配置文件下用户首先应该将这两个参数配置为 Function 服务所依赖的 Pulsar 服务端地址和 Web 服务地址。

❑ **Worker 节点必要信息配置参数**：这类参数主要指 pulsarFunctionsNamespace，该参数代表 Pulsar Function 的命名空间。在命名空间下会有 3 个启动服务必须具备的主题——functionMetadataTopicName、clusterCoordinationTopicName 和 functionAssignment-TopicName。

❑ **运行时配置参数**：主要包括 Pulsar Function 运行线程实例、进程实例、容器实例涉及的参数。比如，functionsDirectory 参数用于配置指向服务所依赖的 Nar 包的地址。

在混合部署模式下进行集群部署时，首先需要调整 Pulsar Function 的配置文件，在 broker.conf 配置文件中将 functionsWorkerEnabled 设置为 true，然后重启 Broker 节点。Pulsar 服务端重启后，可以通过如下方式获取服务端 Worker 节点的状态。其中 get-cluster 可以获取所有的节点信息，get-cluster-leader 可以获取主节点的信息。

```
$ bin/pulsar-admin functions-worker get-cluster
{"workerId" : "worker-1","workerHostname" : "worker-host-1","port" : 8080}
$ bin/pulsar-admin functions-worker get-cluster-leader
{"workerId" : "worker-1", "workerHostname" : "worker-host-1",  "port" : 8080}
```

可以通过以下 HTTP 请求方式获取 Worker 信息。

```
$ curl localhost:8080/admin/v2/worker/cluster
[{"workerId":"worker-1","workerHostname":"worker-host-1","port":8080}]

$ curl localhost:8080/admin/v2/worker/cluster/leader
```

{"workerId":"worker-1","workerHostname":"worker-host-1","port":8080}

在集群正常运行后，我们可以尝试将任务提交至集群。在二进制安装包 examples 下，官方提供了测试示例。运行以下命令可以将任务提交到集群之中。你也可以通过 RESTful 接口来提交任务，这将获得和通过脚本提交任务一样的效果。在 Pulsar Function 中依旧存在命名空间与租户的概念，与 Pulsar 消费、写入类似，在不指定租户和命名空间时，两者的默认值分别为 public 和 default。下面以 Java Function 的提交为例提交任务。

```
$ bin/pulsar-admin functions create --name word_count_test \
--jar examples/api-examples.jar \
--classname org.apache.pulsar.functions.api.examples.WordCountFunction \
--inputs persistent://public/default/input \
--output persistent://public/default/output
```

在将任务提交至集群后，可以通过以下方式获取集群状态，然后向输入主题输入 2 条消息，最后查询"hello"在 Pulsar Function 运行周期内的出现频次。

```
$ bin/pulsar-admin functions get --name word_count_test
$ bin/pulsar-client produce input --messages "hello world"
$ bin/pulsar-client produce input --messages "hello pulsar"
$ bin/pulsar-admin functions querystate --name word_count_test -k hello
{
    "key": "hello",
    "numberValue": 2,
    "version": 1
}
```

3. 独立部署模式

在 Pulsar Function 任务少的时候，混合部署可以快速启动集群和 Pulsar Function 任务，并充分利用原有的 Broker 机器。但是当 Pulsar Function 任务变多之后，为了避免 Pulsar 生产消费与 Pulsar Function 计算任务互相影响，在生产环境中可以选择独立部署 Worker 节点。图 7-6 所示是独立部署下的 Worker 集群。需要注意的是，独立部署下的 Worker 节点仍然需要依赖 Pulsar 服务，独立部署的 Worker 节点通过 Pulsar 的客户端与 Pulsar 服务端完成必要的交互。

独立部署模式下，最重要的配置文件为 functions_worker.yml。区别于混合部署模式，独立部署模式具有以下特点。

1）在配置独立部署模式时，首先要确保服务端配置中 functionsWorkerEnabled 设置为 true，以禁用服务端 Worker 服务。

2）不同于混合部署模式下服务随 Broker 一起启动，在独立部署模式下需要通过以下命令单独启动服务。

```
bin/pulsar functions-worker
```

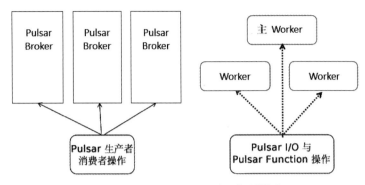

图 7-6　Pulsar Function 独立部署模式

3）在混合部署模式下，对 Pulsar Function 的管理使用 Pulsar Broker 域名端口，而在独立部署模式的 Worker 集群中，对 Pulsar Function 的管理使用 Worker 集群独立的域名与端口，如图 7-5 与图 7-6 所示。使用 Pulsar Proxy 服务可以将 Pulsar 服务端请求与 Pulsar Function 请求的地址统一为同一个地址，并通过 Pulsar Proxy 内部的服务发现将请求分发到对应的节点，如图 7-7 所示。

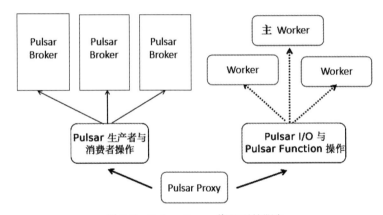

图 7-7　Pulsar Proxy 代理下的服务

4. Kubernetes 运行模式下部署

以上几种部署模式各有优势。在独立部署模式下，在进程与线程模式下运行函数时可以实现一定程度的资源隔离。在混合部署模式下，集群配置与管理较为简单，资源利用率会更高。如果将 Worker 节点配置为在 Kubernetes（以下简称 K8s）上运行，那么资源分配与隔离问题将由 K8s 解决。

Pulsar 提供 Helm Chart 用于 K8s 的部署方式。根据 Worker 运行方式的不同，K8s 模式下的部署可分为混合部署和独立部署两类。在混合部署方式下 Worker 跟随 Broker 一同启动，只需要在 components 中将 functions 参数设为 true。参数 extra.functionsAsPods 可以配置是否以独占 pod 的模式启动 Pulsar Function 任务。

```
# values.yaml 文件
## 控制部署 Pulsar 集群时启用哪些组件
components:
    functions: true
```

7.2.2 自定义 Pulsar Function 开发

Pulsar Function 开发支持两种类型：一类是基于语言的原生 Pulsar Function 开发，在 Python 和 Java 中都有原生的 Pulsar Function 方法支持；另一类是基于 Pulsar SDK 进行的 Pulsar Function 开发，这种开发方式可在基本功能外提供访问 Pulsar Function 上下文的功能，还可以提供比原生 Pulsar Function 更丰富的其他功能。

1. 原生 Pulsar Function 开发

目前在 Python 和 Java 语言中，Pulsar 均支持原生 Pulsar Function 功能。在 Java 中实现的 java.util.function.Function 接口的类都可以作为 Pulsar Function 的运行类，并按照 apply 方法中的实现逻辑进行数据转换。

```java
import java.util.function.Function;
public class LocalRunnerDemo implements Function<String, String> {
    @Override
    public String apply(String s) {
        return s.toUpperCase();
    }
}
```

原生的 Pulsar Function 也实现了异步的接口，如果返回值的类型是 CompletableFuture，则会将异步返回结果放入待准备的队列中，并在异步结果执行结束后写入输出主题。实现代码如下。

```java
public class JavaNativeAsyncExclamationFunction
 implements Function<String, CompletableFuture<String>> {
    @Override
    public CompletableFuture<String> apply(String input) {
        CompletableFuture<String> future = new CompletableFuture();

        Executors.newCachedThreadPool().submit(() -> {
            try {
                Thread.sleep(500);
                future.complete(String.format("%s-!!", input));
            } catch (Exception e) {
                future.completeExceptionally(e);
            }
        });
        return future;
    }
}
```

在完成原生 Pulsar Function 开发后，可以对应用进行打包，并在 Pulsar 集群中使用。使用 Maven 和 Maven 相关的插件（如 maven-assembly-plugin）可以快速实现打包。打包完成后，需要将得到的依赖包复制到 function_worker.yml 定义的路径下，运行下列命令后可以成功将任务提交到集群中。

```
$ bin/pulsar-admin functions create \
    --jar PulsarDemo-1.0.jar \
    --classname pulsar.demo.function.LocalRunnerDemo \
    --inputs input-topic1,input-topic2 \
    --output output-topic
```

运行上述代码，若是看到了 "Created successfully" 输出，则代表 Pulsar Function 任务创建成功。向 input-topic1 或者 input-topic2 任一主题写入数据后，都可以在 output-topic 中读取到经大写转换后的消息。

2. Function SDK 开发

下面以 Java Function SDK 为例演示 SDK 的使用方法。首先需要引入 Function SDK 依赖。引入 SDK 后，就可以在程序中实现 org.apache.pulsar.functions.api.Function 接口，并开发我们自己的 Function 应用了。org.apache.pulsar.functions.api.Function 的实现代码如下。

```
<dependency>
    <groupId>org.apache.pulsar</groupId>
    <artifactId>pulsar-functions-api</artifactId>
    <version>${pulsar.version}</version>
</dependency>
```

Function SDK 相比 Java 语言原生的 Pulsar Function 接口，额外提供了一个上下文对象（org.apache.pulsar.functions.api.Context）。示例代码如下。

```
import org.apache.pulsar.functions.api.Context;
import org.apache.pulsar.functions.api.Function;
public class FunctionSDKDemo implements Function<String, String> {
    @Override
    public String process(String s, Context context) throws PulsarClientException {
        Logger logger = context.getLogger(); // 获取日志写入对象
        if (s.startsWith("fruid_")) {
            context.incrCounter("fruidCount", 1);// 使用计数器
            context.newOutputMessage("fruitTopic", Schema.STRING).value(s).
                send();
        } else if (s.startsWith("vegetable_")) {
            context.incrCounter("vegetableCount", 1);
            context.newOutputMessage("vegetableTopic", Schema.STRING).value(s).
                send();
        } else {
            String functionName = context.getFunctionName();
            logger.info(functionName + " other message: " + s);
            context.recordMetric("otherCount", 1);
```

```
        }
        return s;
    }}
```

上下文对象提供了丰富的额外信息和功能函数，它可以分为以下几类。

□ 运行环境信息。包括 Pulsar Function 的命名空间、租户、实例名、实例 ID、Pulsar
　Function 实例的输入主题、Pulsar Function 实例的输出主题、运行中的实例个数。

□ 消息的详细信息。不仅提供了消息的值，还提供了消息的 ID（MessageID）、消息的
　键值（Key）、消息的时间（EventTime）、消息的属性（Properties）。

□ 功能拓展。包括打点功能上报、任意主题消息写入、状态存储（ReportMetric）、日志
　信息上报等功能。

示例代码首先获取了日志主题输出对象，该对象可以获取从配置中传入的日志主题，
并将所有日志记录到该主题中。使用参数 --log-topic 可以指定日志主题。其次，根据消息
的前缀将消息路由到不同主题中，并在状态信息中记录各个类型的频次。然后，将其他类
型的消息统一写入日志，并通过上下文对象提供的打点上报工具对集群统计信息进行写入。
最后，所有的消息都将汇总到输出主题中。

将上述代码打包后，按照上一节介绍的任务提交方式将其提交至 Pulsar Function 集群
中，并尝试向 Pulsar Function 输入主题写入以下消息。读者可以按照前文描述过的主题消
费方式和 Pulsar Function 状态获取方式验证应用程序的效果。

```
bin/pulsar-admin functions create --jar functions/PulsarDemo-1.0.jar \
--classname pulsar.demo.function.FunctionSDKDemo  \
--inputs input-topic1,input-topic2
--output onput-topic --name FunctionSDKDemo2
--log-topic log-topic

$ bin/pulsar-client produce input-topic1 --messages "fruid_apple"
$ bin/pulsar-client produce input-topic1 --messages "fruid_banana"
$ bin/pulsar-client produce input-topic2 --messages "vegetable_potato"
$ bin/pulsar-client produce input-topic2 --messages "animal_cat"
```

通过如下命令可以获取 Pulsar Function 的监控状态。

```
$ bin/pulsar-admin functions-worker function-stats
...
"userMetrics" : {
    "user_metric_otherCount_count" : 1.0,
    "user_metric_otherCount_sum" : 1.0
}
```

7.2.3　Pulsar Function 语义支持

Pulsar Function 提供以下 3 种处理语义：至多一次（At most once）、至少一次（At least
once）、精确一次（Exactly once），用户可根据具体的场景进行选择。

至多一次语义是指消息最多会被处理一次，这也是 Pulsar Function 默认的处理语义。从输入主题中收到消息，在真正处理消息之前，这个消息就会被确认消费。在至多一次语义下，不管 Pulsar Function 的逻辑是否执行成功，都不会进行逻辑重试或者消息重发。在某些特定的场景中，我们只追求极致的性能而不关心数据是否丢失，这时可能会选用此方案，例如从消息队列中周期性地对消息进行取样。在 Pulsar Function 执行时，至多一次语义会在上游消息被消费后立刻执行消息确认操作，此时该消息还未被处理，如图 7-8 所示。

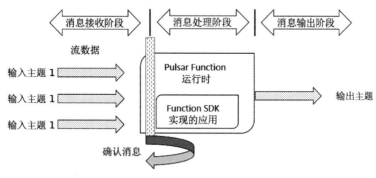

图 7-8　至多一次语义处理流程

至少一次语义是指消息至少会被成功处理一次。如果消息未能接收成功或者未被成功处理，那么该条消息会被重发，直到该消息被成功处理。在整个 Pulsar Function 处理消息的过程中，通过对消息重试来保证至少一次语义的正确性，如图 7-9 所示。若程序在消息被正常处理后发生异常，那么再次重试该消息时可能造成结果重复。该语义是 Pulsar Function 中默认的处理语义的级别。

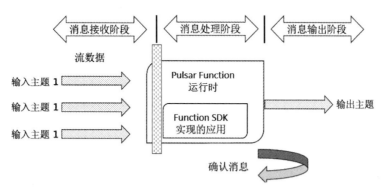

图 7-9　至少一次语义处理流程

精确一次语义是指消息会被准确执行一次。上述两种语义级别都没有办法保证系统崩溃之后数据一致，精确一次语义可以保证只对结果产生一次影响。在至少一次语义和精确一次语义下，当消息处理异常时，Pulsar Function 都会重试该条消息。而精确一次语义除了重试消息外，还需要保证生产者的写入幂等性。精确一次语义处理流程如图 7-10 所示。

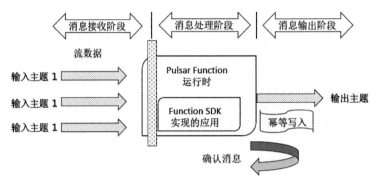

图 7-10   精确一次语义处理流程

在 Pulsar Function 执行时，至多一次语义会在上游消息被消费后，立刻进行消息的确认，此时该消息还未被处理。在此语义下出现异常不会导致消息读取中断和重试。在至少一次语义和精确一次语义下，消息的处理都会被中断并重试，精确一次在重试基础上还实现了幂等写入，以保证下游写入的消息不会重复。

7.3   Pulsar Function 原理

Pulsar Function 完整运行主要依赖下面几个部分：Worker 节点、Pulsar 服务端和必要的业务逻辑代码。其中，Worker 节点分为主节点和普通节点，Worker 主节点负责元数据管理、运行时管理、任务调度和故障恢复等工作。所有的 Worker 节点都会负责任务的运行。在 Pulsar Function 运行过程中，虽然 Worker 节点可以独立于 Broker 节点单独部署，但是 Worker 节点的运行需要依赖 Pulsar 服务端提供的必要的主题存储和访问功能。

本节将详细介绍 Pulsar Function 的运行原理、Pulsar Function 的运行流程、Worker 节点的运行原理，以及 Pulsar Function 运行时原理。

7.3.1   Pulsar Function 运行流程

在逻辑上 Pulsar Function 任务的启动过程可以分为以下 4 个层次 ——API 服务层、Worker 层、Runtime 执行层、Instance 实例层。

在 Worker 节点运行过程中需要使用 Pulsar 特定主题实现主备选举、元数据记录、任务调度、故障恢复等功能。这个过程主要用到下面这 3 个主题。

- FunctionMetadataTopicName（FMT）：负责元数据管理的主题。Worker 节点会将所有元数据变动都存放在该主题中，并由 FunctionMetaDataTopicTailer 负责在各个 Worker 节点中维护一份独立的内存元数据。
- ClusterCoordinationTopicName：Worker 集群中实现 Leader 选举功能的主题。在 Worker 集群中会有一个节点通过选举成为主节点，该节点会负责任务分配等操作。

Pulsar 利用订阅故障转移模式，会将订阅该主题的节点成功选举为主节点。该主题避免了 Worker 集群运行时直接使用和依赖 Zookeeper 这类分布式协调服务（但是无法避免通过 Pulsar 服务端间接依赖 Zookeeper）。

❏ FunctionAssignmentTopicName（FAT）：负责任务分配与管理的主题。Worker 主节点会将具体任务的分配情况写入该主题。各个 Worker 节点通过 Function-AssignmentTailer 组件监听任务分配情况，并启动被分配到该 Worker 节点的任务。

围绕上述 3 个主题启动一个 Pulsar Function，启动请求会经过 API 服务层、Worker 层、Runtime 执行层、Instance 实例层，具体流程如下。

1）想要在服务端执行一个 Pulsar Function 实例，用户需要先提交一个 REST 请求到 Pulsar Function 服务端中。这个请求可能被提交到任意一个 Worker 节点，若是当前节点是 Worker 集群的主（Leader）节点，该节点会直接处理该请求；若当前节点并非主节点，那么该请求会被转发到主节点进行处理，该过程对用户来说是无感知的。

2）REST 请求最终将传递给 Worker 主节点的元数据管理器（Function Metadata Manager，FMT），元数据管理器将该请求写入元数据管理主题。元数据管理器会监听所有新进入的消息，并对元数据消息进行校验，如果检验失败会直接丢弃该请求。通过检验后，元数据管理器会使用该消息更新自己的内部状态。每个 Worker 节点中都运行一个元数据管理器的内存数据副本，因此每个 Worker 节点都有一个最终一致的全局视图，其中包含所有正在运行的 Pulsar Function 的状态。

3）当元数据管理器更新自己的内部状态时，会触发调度管理组件（Scheduler Manager）的调度功能。此时，Worker 主节点将执行调度策略，从全局角度将任务分配给合适的节点，并将新的分配策略写入 Pulsar Function 任务分配主题（Function Assignment Topic, FAT）。

4）Pulsar Function 运行时管理组件会监听 Pulsar Function 任务分配主题。当该主题有更新时，Pulsar Function 运行时管理组件将判断该 Pulsar Function 任务是否被分配到当前节点。如果该节点有任务更新，那么 Function Runtime Worker 会根据这个更新判断是否需要启动实例。

图 7-11 所示是一个典型的 Pulsar Function 实例运行的例子。

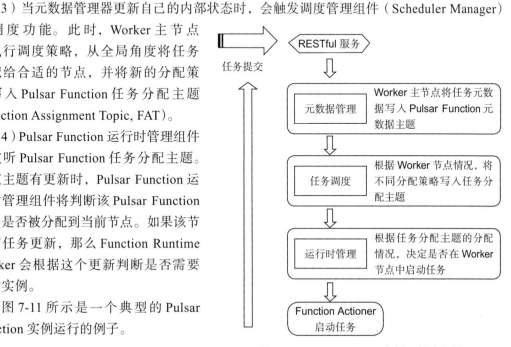

图 7-11　Pulsar Function 实例运行流程图

7.3.2 Function Worker 组件工作原理

Function Worker 组件（后边简称 Worker 组件）有诸多管理功能，如元数据管理、任务调度管理、运行时管理和故障恢复等。所有的 Worker 节点会负责对应任务的运行。本节将详细介绍 Worker 组件的工作原理和对 Worker 节点的管理原理。

Worker 组件中的选举机制非常巧妙地运用了订阅故障转移模式，实现了 Worker 组件的高可用机制。在启动多个 Worker 节点时，每个 Worker 组件内部都会使用 LeaderService 服务来进行主节点选举。这些 Worker 节点可以在同一台机器上，也可以在不同的机器上，每个 Worker 组件会独占一个进程。

LeaderService 服务通过对集群协调主题（ClusterCoordinationTopic）进行独占订阅来实现主节点选举。LeaderService 通过 ConsumerEventListener 监听器判断哪个主节点获取到了主题的订阅权（即成为活跃消费者），获取到订阅权的节点就会成为主节点。

当 Worker 节点成为主节点后会初始化元数据管理、调度管理等组件，并履行主节点职能。除此之外，在 Worker 节点中还实现了成员管理器（MembershipManager），该管理器可以用来获取所有当前存活的 Worker 节点，包括 Worker 主节点。成员管理器同样利用集群协调主题来实现成员管理功能。成员管理器会通过 Pulsar 管理工具获取订阅当前主题的所有消费者从而获取到所有存活的 Worker 节点。

1. 元数据管理

Worker 组件的元数据管理功能依赖 Function 元数据主题（FunctionMetadataTopic，FMT）实现，该主题负责元数据信息的存储。Worker 组件会将所有元数据变动记录都存放在该主题中。

所有 Worker 节点都是用 Pulsar Function 元数据管理器（FunctionMetaDataManager）进行元数据管理的，Function 元数据管理器维护了元数据的全局内存副本。Function 元数据管理器中存在两种工作模式——领导者模式与工作者模式。

Worker 节点默认会以工作模式启动。此时元数据管理器会使用元数据处理工具 FunctionMetaDataTailer 读取所有的元数据信息，并以此构建当前 Worker 节点的内存副本。

若当前 Worker 节点为主节点，则元数据管理器会切换到领导者模式。此时元数据管理会接收元数据变更请求并对其进行处理，然后将元数据处理结果写入 Pulsar Function 元数据主题 FMT 中。当元数据管理器切换到领导者模式后，会创建一个独占生产者来负责写入元数据主题 FMT。当前节点失去主节点权限后，也会调用相应方法关闭独占生产者。

2. 任务调度管理

调度管理器（Scheduler Manager）用于函数实例的分配和调度，只有 Worker 主节点可以计算新的调度并将分配策略写入分配主题（Function Assignment Topic，FAT）。当前 Worker 节点成为主节点时调度管理器会被一起初始化。当 Worker 节点失去主节点权限时，这个管理器也将被关闭。

调度管理器通过成员管理器（Membership Manager）可以获取到当前所有的 Worker 节点的信息，并可以按照 IScheduler 分配规则将任务分配给某个具体的 Worker 节点。目前分配规则仅支持轮训分配。除此之外，调度管理器还负责任务的冲平衡分配（Rebalance）操作。当进行冲平衡分配时，调度管理器会将所有任务重新分配给当前所有的 Worker 节点。

3. 运行时管理

运行时管理器（Function Runtime Manager）负责管理当前 Worker 节点的任务分配和运行生命周期。在任务管理器中 Worker 主节点会将任务调度信息写入任务分配主题中，运行时管理器则会监听该主题，并负责将分配到本节点的任务启动起来。

在 Worker 节点成功运行后，会执行运行时管理器的初始化过程，此时运行时管理器将消费任务分配主题中的所有消息，并依次启动所有分配到该节点的任务。

除此之外，运行时管理器还将直接处理负责任务生命周期管理的 RESTFul 请求，例如重启整个 Pulsar Function 任务，重启 Pulsar Function 的某个任务实例。当 RESTFul 请求操作的实例凑巧由本节点的运行时管理器所管理时，该任务会直接被操作。否则，运行时管理器将直接从任务信息中解析到任务归属的运行时管理器地址，并调用管理接口以间接操作该任务。

7.3.3　Pulsar 运行时

在 Pulsar Function 中负责管理运行中不同环境下独立任务的逻辑概念被称为运行时（Runtime）。为了最大程度提高部署的灵活性，社区现在支持以下 3 种运行时形式：线程运行时、进程运行时与 Kubernetes 运行时，用户可以根据需求选择。

- □ **线程运行时**：每一个实例会在 Worker 节点中以多线程的方式并行运行，该运行时会在多个实例中复用一些共享资源，如配置信息、代码缓存等。
- □ **进程运行时**：每一个实例都会在 Worker 节点中以多进程的方式并行运行，在单机节点上，通过多个进程来进行资源隔离。
- □ **Kubernetes 运行时**：每一个实例会在一个单独的 Kubernetes Pod 中启动，可最大程度实现实例之间的资源隔离。

不同的运行时提供的是不同的隔离程度和成本，且成本与隔离呈正比关系：成本越低，隔离程度越低；成本越高，隔离程度越高。线程运行时将会提供最高的资源利用率，但是线程之间可能存在资源抢占情况。Kubernetes 将会提供最高的隔离程度，同时也会消耗最高的资源。需要注意的是，线程运行时是基于 Java 框架开发的，所以目前只有 Java 的运行时支持线程模式。

在 Pulsar Function 运行时这一层的抽象之下，下一层最接近任务逻辑底层的是 Pulsar 实例层（Instance）。在 Pulsar 实例层中实际运行的任务类不仅有 Pulsar Function 类型任务，还有下一节将要继续阐述的导入与导出类型任务。

7.4　Pulsar I/O

Pulsar I/O 连接器是 Pulsar 提供的将外部数据导入 Pulsar 或将 Pulsar 数据导出到其他系统的工具。每个 Pulsar I/O 的任务都以连接器的形式呈现。官方提供了多种导入数据与导出数据的连接器，这些连接器可以帮人们很方便地实现消息队列系统与其他外部组件的结合。本节将介绍 Pulsar I/O 的使用原理、拓展方式与架构思想。

7.4.1　Pulsar I/O 概述

Pulsar I/O 的连接器可以分为两种类型——导入类型连接器（Source Connector，又称源连接器）和导出类型连接器（Sink Connector，又称输出连接器）。两种连接器分别提供了将数据导入 Pulsar 和导出 Pulsar 的功能，如图 7-12 所示。

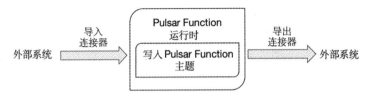

图 7-12　导入与导出数据的逻辑模型

Pulsar I/O 并非一套独立的运行框架，它在很大程度上和 Pulsar Function 的运行共享一套架构。Pulsar I/O 从提交请求到后台任务执行，同样可以分为几个逻辑层次：API 服务层、Worker 层、运行时执行层、Instance 层。在 API 服务层中，Pulsar I/O 的 API 请求与 Pulsar Function 的请求都会被 Function Worker 节点的 REST Server 所处理。在 Worker 层中，Pulsar Worker 在对任务元数据进行注册和管理时，并不会区分 Source、Sink 与 Function。在运行时执行层中，在对具体任务进行分配和调度时，也不会针对具体任务类型进行额外处理。在 Instance 层才会对任务类型进行区别，我们将在 7.4.3 节阐述相关内容。

因此，Pulsar Function 与 Pulsar I/O 的区别主要表现在应用场景方面，而不是技术架构方面。Pulsar Function 中输入输出的都是 Pulsar 内部的主题，其应用场景是 Pulsar 主题之间的简单计算引擎。而在 Pulsar I/O 的导入类型、导出类型连接器中，仅有一端可以使用 Pulsar 的主题，而另一端对应的是外部的各类系统，其主要应用场景是打通 Pulsar 与外部系统的数据通道，实现数据搬运与迁移。Pulsar Function 与 Pulsar I/O 所涉计算模型的对比如图 7-13 所示。

Pulsar I/O 提供了类似于 Pulsar Function 的处理保障，包括至多一次语义、至少一次语义和精准一次语义。但是，Pulsar I/O 的精准一次语义需要外部系统的支持，主要用于保证导入的下游存储系统、提供写入幂等性等能力。在导入任务中，读取的上游系统虽为外部系统，但是下游存储系统还是 Pulsar，因此写入 Pulsar 的幂等性是可以保证的。在导出任务中，Pulsar 需要将消息写入外部系统，需要下游的组件提供幂等性导入能力，例如在导入

MySQL 等存储系统时，使用指定主键的幂等插入方式。

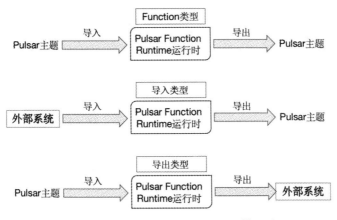

图 7-13　Pulsar Function、Pulsar I/O 模型对比

7.4.2　使用内置的 Pulsar 连接器

在 Pulsar I/O 框架中，社区提供了诸多内置的连接器，可以连接多种外部组件。本小节将介绍如何使用这些内置的连接器。

使用内置的连接器前，首先应该将连接器打包好的 nar 包下载至 Pulsar 二进制安装目录下，默认是在 connectors 目录下。该位置可以通过修改 conf/functions_worker.yml 文件中的参数 connectorsDirectory 来调整。

可以通过以下链接来获取支持的组件。下载 nar 包到指定文件夹下后，可以重启 Pulsar Function 服务或者使用 reload 命令，获取最新连接器情况。相关实现代码实现如下。

```
https://archive.apache.org/dist/pulsar/pulsar-2.8.0/connectors/
wget https://archive.apache.org/dist/pulsar/pulsar-2.8.0/connectors/pulsar-io-
    file-2.8.0.nar
pulsar-admin sources reload
pulsar-admin sinks reload
```

通过以下链接可以获取当前 Pulsar 集群支持的连接器类型。相关代码实现如下。

```
$ curl -s http://localhost:8080/admin/v2/functions/connectors/
[{
    "name": "data-generator",
        "description": "Test data generator source",
        "sourceClass": "org.apache.pulsar.io.datagenerator.DataGeneratorSource",
        "sinkClass": "org.apache.pulsar.io.datagenerator.DataGeneratorPrintSink",
        "sourceConfigClass": "org.apache.pulsar.io.datagenerator.
            DataGeneratorSourceConfig"
}]
```

下面我们将启动一个导入类型连接器来演示内置连接器的使用。Pulsar 连接器可以使用

Yaml 或者 Json 文件传入任务参数。我们可以使用如下配置项创建 pulsar-file-source.yaml 文件。相关代码实现如下。

```
configs:
inputDirectory: "./pulsar_test_folder"
```

通过以下配置文件启动 Pulsar 导入任务。任务启动成功后可以看到命令行有 "Created successfully" 的输出。此时可以向通过配置文件配置的目录 pulsar_test_folder 写入日志文件，并通过 --destination-topic-name 参数配置相关主题，然后就可以看到导入的日志文件被采集到 Pulsar 中了。相关代码实现如下。

```
$bin/pulsar-admin sources create \
--archive ./connectors/pulsar-io-file-2.8.0.nar \
--name pulsar-file-source-test \
--destination-topic-name  pulsar-file-test \
--source-config-file ./pulsar-file-source.yaml
```

7.4.3 开发自定义连接器

在 Pulsar 社区提供的连接器不能满足业务需求时，用户可以根据自己的需求开发自定义连接器。Pulsar 自定义连接器也分为导入类型和导出类型连接器两种。首先在实现自定义连接器前，需要引入如下 Pulsar I/O 的 Maven 依赖。相关代码实现如下。

```
<dependency>
<groupId>org.apache.pulsar</groupId>
<artifactId>pulsar-io-core</artifactId>
<version>${project.version}</version>
</dependency>
```

运行 Maven 的 nifi-nar 插件后，可以发现后缀为 .nar 的自定义连接器。将该文件复制到 Pulsar 安装包的 connectors 路径下，可以通过如下方式重新加载连接器。相关代码实现如下。

```
$ bin/pulsar-admin sources reload
$ bin/pulsar-admin sources available-sources
data-generator
Test data generator source
----------------------------------------
pulsarIODemo
Pulsar Demo connector
----------------------------------------
```

为了方便调试，Pulsar 提供了本地调试工具 localrun。通过 localrun 可以将 Pulsar I/O 任务以本地形式进行提交并测试。相关代码实现如下。

```
bin/pulsar-admin sources localrun \
```

```
--archive ./connectors/PulsarDemo-1.0.nar \
--name pulsar-http-source-test \
--destination-topic-name  pulsar-http-test \
--source-config-file ./pulsar-http-source.yaml
```

在生产环境下，可以将任务提交至 Pulsar Worker 集群中。使用刚创建的连接器来创建一个自定义的 HttpSource 任务。通过 pulsar.functions.extra.dependencies.dir 参数可以指定 Pulsar Function 与 Pulsar I/O 任务所依赖的外部 Jar 包，Jar 包默认在 instances/deps 路径下。相关代码实现如下。

```
bin/pulsar-admin sources create \
--archive ./connectors/PulsarDemo-1.0.nar \
--name pulsar-http-source-test \
--destination-topic-name  pulsar-http-test \
--source-config-file ./pulsar-http-source.yaml
"Created successfully"
```

提交任务后，可以通过 pulsar-admin 提供的管理工具进行集群状态查看与任务生命周期管理。从主题 pulsar-http-test 消费数据中可以看到任务的导出数据。任务实例的详细信息如下。

```
# 查看导入实例状态
$ bin/pulsar-admin sources status --name pulsar-http-source-test
{"numInstances" : 1, "numRunning" : 1,
    "instances" : [ {
        "instanceId" : 0,
        "status" : {
            "running" : true, "error" : "",   "numRestarts" : 0,
                "numReceivedFromSource" : 430657,
                "numSystemExceptions" : 0,   "latestSystemExceptions" : [ ],
                    "numSourceExceptions" : 0,
                "latestSourceExceptions" : [ ], "numWritten" : 430657,   # 代表已
                    经导入的数据量
                "lastReceivedTime" : 1627751362438,
                "workerId" : "c-standalone-fw-localhost-8080"}
    } ]}

# 操作连接器生命周期的命令
$ bin/pulsar-admin sources stop --name pulsar-http-source-test  # 停止任务
Stopped successfully
$ bin/pulsar-admin sources start --name pulsar-http-source-test # 启动任务
Started successfully
$ bin/pulsar-admin sources delete --name pulsar-http-source-test      # 删除任务
"Delete source successfully"
```

1. 导入类型连接器开发

要自定义实现导入类型的连接器，首先需要实现 org.apache.pulsar.io.core.Source 接口，在该接口下面有 3 个核心方法——open、read 和 close。在导入类型连接器被初始化时，会

调用 open 方法，在此方法中可以通过传入的 config 参数完成连接器的初始化。read 方法的返回值会成为 Pulsar 导入的读取结果并写入输出主题。close 方法提供管理连接器的资源释放方法。需要注意的是，read 方法会在执行过程中无限次被调用。相关代码实现如下。

```java
public class HttpSource implements Source<String> {
    private CloseableHttpClient httpClient;
    private HttpGet httpGet;
    @Override
    public void open(Map<String, Object> map, SourceContext sourceContext) {
        this.httpClient = HttpClientBuilder.create().build();
        this.httpGet  = new HttpGet((String) map.get("url"));
    }
    @Override
    public Record<String> read() throws Exception {
        CloseableHttpResponse httpResponse = httpClient.execute(httpGet);
        String response = EntityUtils.toString(httpResponse.getEntity());
        return new HttpRecord(response);
    }
    @Override
    public void close() throws Exception {
        httpClient.close();
    }
}
```

2. 导出类型连接器开发

在开发自定义的导出类型的连接器时，也需要先实现 org.apache.pulsar.io.core.Sink 接口，在该接口下面有 3 个核心方法——open、write 和 close。在导出类型连接器被初始化时，同样会调用 open 方法，在此方法中可以通过传入的 config 参数完成连接器初始化，该参数为一个 Map 对象。在导入类型和导出类型连接器中，还有一种更加直观的配置方式，即定义一个 Java 类作为连接器配置类。使用该配置类时，可以在 Yaml 配置文件中，通过 sourceConfigClass 和 sinkConfigClass 参数进行相关配置。使用这种配置方式后，在提交任务时，Pulsar Function 运行框架可以根据配置类校验所提交的参数。使用 Pulsar 所提供的 FieldDoc 注解，可以根据注解中的相关值进行校验和提示。相关实现代码如下。

```java
import org.apache.pulsar.io.core.annotations.FieldDoc;

public class KafkaSinkConfig implements Serializable {
... ...
    @FieldDoc(
        required = true,
        defaultValue = "",
        help = "The Kafka topic that is used for Pulsar moving messages to.")
        private String topic;
        ... ...
    }
```

　　导出类型连接器中的 write 方法用于将 Pulsar 中的消息写入下游需要搬运消息的系统之中，Pulsar I/O 任务在运行时，会不断地调用该方法以传入 Pulsar 消息队列中的消息。用户在实现该方法时，需要将传入的 Record 对象解析并写入下游组件中。close 方法是管理连接器的资源释放方法。相关实现代码如下。

```
import org.apache.pulsar.io.core.annotations.FieldDoc;

public class KafkaSinkConfig implements Serializable {
    ... ...
    @FieldDoc(
        required = true,
        defaultValue = "",
        help = "The Kafka topic that is used for Pulsar moving messages to.")
            private String topic;
        ... ...
}


public class HttpSource implements Source<String> {
    private CloseableHttpClient httpClient;
    private HttpGet httpGet;
    @Override
    public void open(Map<String, Object> map, SourceContext sourceContext) {
        this.httpClient = HttpClientBuilder.create().build();
        this.httpGet  = new HttpGet((String) map.get( "url" ));
    }
    @Override
    public Record<String> read() throws Exception {
        CloseableHttpResponse httpResponse = httpClient.execute(httpGet);
        String response = EntityUtils.toString(httpResponse.getEntity());
        return new HttpRecord(response);
    }
    @Override
    public void close() throws Exception {
        httpClient.close();
    }
}
```

3. 连接器打包与验证

　　在完成自定义连接器的开发后，我们将对业务逻辑代码进行打包，并提交到集群中。社区提供了 Apache NiFi 打包方式，这种打包方式提供了一个 Java 类的加载器隔离，使用该方式需要在 Maven 依赖中加入下列插件。

```
<plugins>
    <plugin>
        <groupId>org.apache.nifi</groupId>
        <artifactId>nifi-nar-maven-plugin</artifactId>
```

```
        <version>1.2.0</version>
    </plugin>
</plugins>
```

7.4.4 实例层原理

在 Pulsar Function 中，我们把每个正在独立运行的任务称为实例（Instance），每个实例执行的都是 Pulsar Function 的一个副本。每个 Pulsar Function 任务都支持同时并行执行多个实例，实例的具体数量可以通过配置文件来指定。例如我们可以使用多个实例读取同一个主题的不同分区，用以增大 Pulsar Function 的处理吞吐量。本节将以 Java 实例为例，介绍实例层的运行原理。

1. Pulsar Function 实例逻辑概念

在 Pulsar 实例层中需要运行 3 种类型的任务——Pulsar Function 任务、输入任务、输出任务，其中 Pulsar Function 任务对应 Pulsar Function 的运行任务，输入任务和输出任务对应 Pulsar I/O 的运行任务。上述 3 种任务都由 3 个组件构成——输入（Source）、输出（Sink）及计算函数（Function）。这里要提醒读者注意任务和组件的区别，具体如图 7-14 所示。

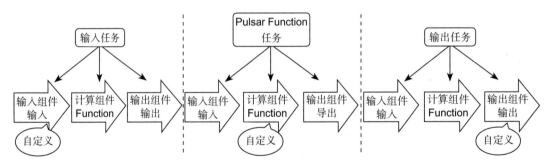

图 7-14　Function、输入、输出任务与 Function、输入、输出组件的区别示意

上述 3 类任务都会在 JavaInstanceRunnable 对象下运行，并在该对象下根据不同的任务配置组装不同的输入、输出、Function 组件。在 JavaInstanceRunnable 视角下，Pulsar Function、输入与输出任务的主要区别是如下。

❏ 任务的输入组件（Source）为自定义实现，并且输出和计算组件均选用默认配置的任务，即 Pulsar 输入任务。

❏ 任务的计算组件（Function）为自定义实现，使用默认 Pulsar 类型的输入，并使用默认 Pulsar 类型的输出，即 Function 类型任务。

❏ 任务的输出组件（Sink）为自定义实现，并且输入和计算组件均选用默认配置的任务，即 Pulsar 输出任务。

2. Pulsar Function 实例运行原理

Pulsar Function 框架中，Source 组件都需要继承 org.apache.pulsar.io.core.Source 接口。

在 Pulsar 输入类型任务中，会使用用户自定义实现的输入类，在输出和 Pulsar Function 任务中，会使用默认的 PulsarSource 对象，该对象实现了从 Pulsar 主题中读取数据的基本逻辑。无论是哪类输入任务，执行实例 JavaInstanceRunnable 都会先调用 Source.open() 方法来初始化输入组件，并在任务执行时不断调用 Source.read 方法以获取输入。

输出组件与输入组件类似，都需要继承自 org.apache.pulsar.io.core.Sink 接口。输出任务使用用户自定义实现的输出实现类。Pulsar Function 与输入任务使用默认的 PulsarSink 实现类。在 Pulsar Function 实现类执行结束之后，通过 Sink.write 方法写入下游的输出系统中。

同理，在所有的 JavaInstance 运行任务中，都会有一个 Function 组件，Pulsar Function 任务会使用用户自定义的 Function 实现类，包括 org.apache.pulsar.functions.api.Function 与 java.util.function 两类任务。在输入与输出任务中会使用默认的 IdentityFunction 实现类，该实现类会将输入直接作为输出。

所有的 Pulsar Function 运行框架下的实例都可以按照输入、Function 和输出的组合方式来自由实现。

应 用 篇

Pulsar SQL 架构、配置与实现原理

Apache Pulsar 可用于存储结构化数据，结构化数据由预定义的字段构成。在 Pulsar 中结构化数据通过模式实现，并通过模式来注册功能。用户可以将结构化数据存储在 Pulsar 服务端中，并使用 Trino（Pulsar SQL）查询数据。作为 Pulsar SQL 的核心，Trino Pulsar 连接器使 Trino 集群内的 Trino Worker 能够从 Pulsar 中查询数据。

本章首先简单介绍 Trino 项目的一些基础概念，以及使用 Pulsar SQL 需要理解的一些原理；然后介绍如何使用与配置 Pulsar SQL；最后介绍 Trino Pulsar 连接器的实现原理。

8.1 Trino 简介

Trino（Presto SQL）是一个由 Facebook 开源的分布式 SQL 查询引擎，项目发展之初主要用来解决海量 Hadoop 数据仓库的低延迟交互分析问题。经过多年的发展，目前 Trino 可以用于交互式分析查询、联邦查询、批量 ETL（Extract、Transform、Load，提取、转换、加载）处理等多种业务场景，可处理的数据量支持 GB 到 PB 级别。

Trino 可以通过标准的 SQL 语句对数据进行查询，具有标准数据库的部分功能，但它并非数据库。Trino 因为不具有传统数据库的数据存储能力，因此不能替代 MySQL、PostgreSQL 等关系型数据库。Trino 并非用于在线事务处理（OLTP），也不能取代现有的数据仓库或其他针对联机分析处理（OLAP）场景的存储系统。

Trino 是一种分布式查询分析工具，可进行数据分析、大数据聚合并生成报告。最初 Trino 旨在替代 MapReduce、Hive、Pig 来查询 HDFS，它通过分布式内存计算、多线程执行模型等加速了对大数据存储的即席查询速度（用户根据自己的需求，可灵活选择查询条

件，系统会根据用户的选择自动生成相应的统计报表）。Trino 不仅可以查询 HDFS，还可以对不同类型的数据源进行操作，包括传统的关系数据库（如 MySQL、PostgreSQL）和非关系型数据库（如 MongoDB），以及其他类型的数据源（如 Kafka、Thrift）。

8.1.1　Trino 架构简介

本节将介绍 Trino 中的基本概念，以帮助读者更加直观地理解 Trino，并更好地使用 Pulsar SQL。

1. 逻辑概念

在 Trino 中有编目（Catalog）、模式（Schema）、表（Table）等逻辑概念。在 SQL 标准下，编目和模式都属于抽象概念，可以把它们理解为数据库对象命名空间中的不同层次。在一个数据库系统中可以包含多个编目，每个编目又包含多个模式，而每个模式又包含多个数据库对象（表或视图）。

Trino 编目通过连接器引用数据源。例如，可以通过配置 Hive 编目来对 Hive 中的消息进行访问；可以通过配置 Pulsar 编目来访问一个 Pulsar 服务中的所有命名空间中的消息。

Trino 模式是一种组织表格的方式。通过编目和模式可定义一组可供查询的表。当使用 Trino 访问 Hive 或关系数据库时，模式会转换为目标数据库中的相同的概念。其他类型的连接器可能会选择对底层数据源有意义的方式将表组织成模式，例如 Pulsar 中会将"租户 / 命名空间"作为 Trino 模式的值。

Trino 表就是通俗意义上的表，它与其他关系数据库中的表相同。一个表的完全限定名称可以表示为：

```
编目名称 . 模式名称 . 表名称
```

需要注意的是，在 Pulsar 中出现的模式代表的是某个主题中的字段结构，基于 Pulsar 模式可以对数据进行序列化与反序列化。在 SQL 环境下，所讨论的模式是一组相关的数据库对象的集合，模式的名字为该组对象定义了一个命名空间。

2. 查询执行模型

在通用的 SQL 执行系统中，用户输入的一条 SQL 语句需要经过多个阶段才会被真正执行，执行过程可大致分为几个阶段：词法与语法分析、逻辑计划生成与优化、物理计划生成与优化。本节将以 SQL 查询为例介绍在 Trino 上使用查询执行模型的方法。

词法与语法分析需要对用户输入的 SQL 字符串进行转换，以帮系统识别出单词语句，对所给的单词进行定性语法处理，并对上下文进行审查。例如，需要对 SQL 语句中的 SELECT 与 GROUP BY 等关键字进行识别，当 HAVING 字符出现时，还需要检查是否同时有 GROUP BY 关键字出现。之后，根据语法的定义可以生成基于语法定义的树，这种树称为抽象语法树。SQL 语句向抽象语法树转化过程的示意如图 8-1 所示。

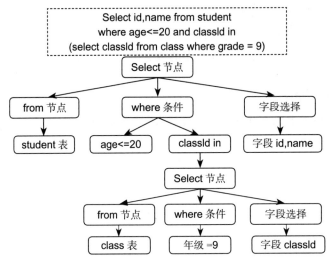

图 8-1　SQL 解析后的抽象语法树

完成上述操作，SQL 语句就完成了基本语法检查，但是还未与实际上要进行查询的表名、列名绑定。接下来执行引擎会对初步解析的抽象语法树进行语义分析，通过相应的元数据接口将需要查询的表名、列名与数据源中的表名、列名绑定，如图 8-2 所示。

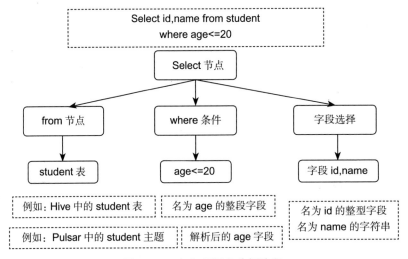

图 8-2　SQL 解析语义分析阶段

至此执行引擎已准备好生成真正的逻辑执行计划了。逻辑执行计划根据 SQL 查询语句的不同，由多种查询节点构成，如过滤节点、表关联节点、聚合节点等。接下来会生成查询逻辑算子树。查询逻辑算子树是由用户输入的 SQL 语句直接翻译得到的。

用户可能会写出低效的 SQL，执行引擎可以通过查询优化树进行一定程度的优化，即找出 SQL 语句的等价变换形式以使 SQL 执行更加高效。

在进行查询优化时，有下列几种优化思路：表达式简化、谓词下推、表连接优化、子查询优化等。Trino 实现了基于规则的查询优化器，可以进行有限的逻辑查询优化。图 8-3 所示为 SQL 执行引擎可进行的逻辑查询优化。

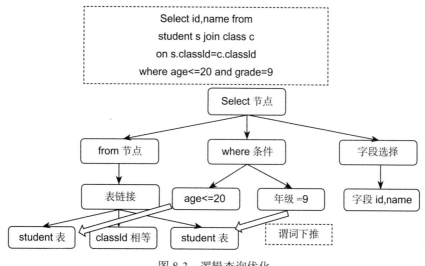

图 8-3　逻辑查询优化

此时，一条 SQL 语句已经变成优化后的逻辑执行计划，接下来会基于关系代数进行一系列查询优化操作，并从存储载体中查询出结果。

真正执行一条 SQL 语句时，Trino 会将上述查询逻辑算子树（见图 8-3）转换为分布式查询计划。整个查询涉及阶段（Stage）、任务（Task）、切片（Split）、连接器（Connector）等多个逻辑概念。

当 Trino 执行查询时，会将执行计划分解为具有层次结构的阶段来实现。查询的阶段层次结构类似于树形结构，每一个子阶段都是查询计划的一部分，Trino 的查询都会有一个根阶段（Root Stage）来负责聚合输出结果。每个阶段都由若干个具体任务构成，这些任务会被分配到集群的 Worker 节点中。Trino 任务具有输入和输出功能，每个任务处理数据的基本单位都是切片，任务与一系列驱动程序并行执行。连接器可以视为 Trino 访问各种不同数据源的驱动程序，并在执行时负责管理数据切片。

在所有的任务都运行结束后，一条查询语句就执行完毕了。Trino 会由根阶段汇总查询结果并返回给客户端。

3. 集群架构

在 Trino 物理架构中存在两类角色：一个协调器（Coordinator）与若干个工作节点（Worker）。协调器是负责接收客户端请求、解析语句、规划查询和管理 Trino 工作节点的组件。Worker 节点负责任务的具体执行。Worker 节点在收到协调器调度请求后会通过连接器获取数据，并执行计算任务。

Trino 任务执行 SQL 逻辑时，首先通过 HTTP 接口将查询请求发送至协调器中，然后对 SQL 语句进行解析并形成逻辑查询计划。接着会将逻辑查询计划解析为分布式执行计划，并将任务调度至 Worker 节点。Worker 节点中的任务按不同阶段分为几种，最开始的任务会从数据库中读取数据，随后会将本阶段计算结果传输到下游任务中，最后将计算后的结果通过一个任务进行汇集从而得到最后的输出结果。Trino 查询执行流程如图 8-4 所示。更详细的 Trino 执行原理请参考社区网站（https://trino.io/docs/current/overview.html）。

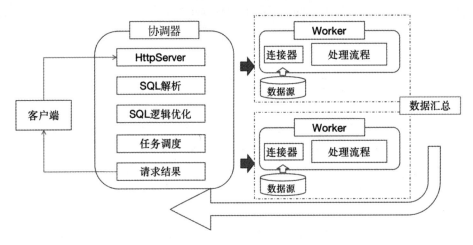

图 8-4　Trino 查询执行流程图

8.1.2　存储与计算分离

Trino 在逻辑上采用的是存储与计算分离的架构。Trino 并没有自己的存储系统，它只是在数据所在之处进行查询处理。在使用 Trino 进行查询时，Trino 本身的服务代表计算层，底层的数据源代表存储层。Trino 中的存储能力是基于连接器来实现的。连接器为 Trino 提供了连接任意数据源的接口。每个连接器在底层数据源上都提供了一个基于表的抽象。只要可以将 Trino 支持的数据表示成表、列和行，就可以创建连接器并让查询引擎对这些数据进行查询。

Pulsar 通过 Pulsar Broker 提供数据计算能力（比如对数据进行读取与写入等），通过 BookKeeper 提供数据存储能力。通过 Trino Pulsar 连接器可以将 Trino 与 Pulsar 相结合，这让 Trino 可对 BookKeeper 中的数据进行 SQL 查询。

Trino 可以通过动态扩展计算集群的规模来扩展自己的查询能力，并在数据源中数据所在的位置进行数据查询。Pulsar 中的每个主题的数据在 BookKeeper 中都存储为段，主题内的不同数据段被复制到多个 BookKeeper 节点，从而实现并发读取和高吞吐量读取。Pulsar 与 Trino 结合后的结构示意如图 8-5 所示。

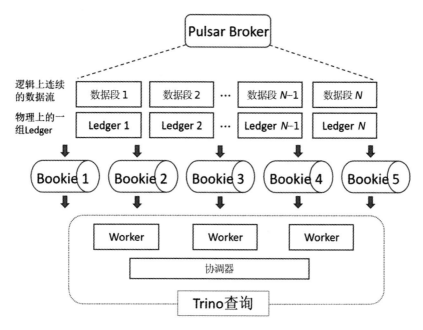

图 8-5　Pulsar 与 Trino 结合后的结构示意图

8.2　Pulsar SQL 配置

本节将介绍 Pulsar SQL 的配置与使用方法。

8.2.1　单机体验 Pulsar SQL

我们需要先启动 Pulsar 服务。这里以 Pulsar 独占模式为例，快速启动一个 Pulsar 实例。然后，需要在 Pulsar 中启动 Trino Worker 实例。Pulsar SQL 所依赖的 Trino 服务端已经内置在 Pulsar 二进制安装包中，默认位于 PULSAR_HOME/lib/presto/ 目录下。通过以下命令可以启动 Pulsar 与 Trino 服务。

```
$ bin/pulsar standalone
$ bin/pulsar sql-worker run
======== SERVER STARTED ========
```

启动 Trino 服务需要指定若干配置文件，如 JVM 配置文件 jvm.config Trino、服务端配置文件 config.properties 和 Pulsar 编目配置文件 pulsar.properties。默认的配置文件位于 PULSAR_HOME/conf/presto/ 路径下。在使用默认配置时，会在本地创建一个 Trino 进程，该进程既可作为 Trino 协议器，又可作为 Trino Worker。通过本地的 Trino 服务即可以测试 Pulsar SQL 服务。

Trino 通过连接器来访问数据，Pulsar 连接器为当前 Pulsar 集群提供了所有模式和表。Pulsar 连接器所需的参数在 conf/presto/catalog/pulsar.properties 配置路径下。

运行 bin/pulsar sql-worker run 命令启动 Trino 本地服务。此时，已经可以通过 Pulsar SQL 查询集群中的数据了。

8.2.2　数据查询

在启动了 Pulsar 集群与 Trino 集群后，可以使用 SQL 客户端工具进行数据查询。客户端工具——pulsar 命令中内置了 Trino CLI 工具。通过 show catalogs 与 show schemas 命令可以查看当前 Pulsar 中的命名空间与主题情况，具体如下。

```
$ bin/pulsar sql
presto> show catalogs;
 Catalog
---------
 pulsar
 system
(2 rows)
presto> show schemas in pulsar;
       Schema
--------------------
 information_schema
 public/default
presto> show tables in pulsar."public/default";
 Table
-------
(0 rows)
```

在 Pulsar SQL 中，每个编目代表一个 Pulsar Broker 集群的连接。每个编目中的每个"租户 / 命名空间"都会构成一个模式。每个命名空间中的主题都会是该模式中的一个表。

为了演示查询语句的使用，我们需要在 Pulsar 中构建一些数据。通过如下代码可以利用 Pulsar 客户端写入一些带有 Pulsar 模式的数据。

```java
public class ProducerDemo {
    @Data
    @AllArgsConstructor
    static class DemoData {
        private int id;
        private String name;
    }
    public static void main(String[] args) throws Exception {
        String topicName = "topic_with_schema";
        String clientUrl = "pulsar://localhost:6650";
        try (PulsarClient client = PulsarClient.builder()
                .serviceUrl(clientUrl)
                .build()) {
            Producer<DemoData> producer = client.newProducer(JSONSchema.
```

```
            of(DemoData.class))
                .topic(topicName)
                .create();
        DemoData sendDemoData = new DemoData(1, "test");
        producer.send(sendDemoData);
        }
    }
}
```

运行上述生产者相关代码后，再通过 Pulsar SQL 进行查看会发现新增的表。此时已经可以通过 SQL 语句进行查询，具体如下。

```
presto> show tables in pulsar."public/default";
        Table
------------------
topic_with_schema
presto> select * from pulsar."public/default".topic_with_schema \G
-[ RECORD 1 ]-----+------------------------
id                | 1
name              | test
__partition__     | -1
__event_time__    | 1970-01-01 08:00:00.000
__publish_time__  | 2021-12-07 22:59:01.470
__message_id__    | (423,0,0)
__sequence_id__   | 0
__producer_name__ | standalone-3-1
__key__           | NULL
__properties__    | {}-1    | NULL    | {}
```

在对主题中的数据进行查询时，Trino Pulsar 连接器会基于 Pulsar 模式定义表结构。在查询结果中，除了预定义的两个 Pulsar 模式字段外，还能查询到分区、事件时间、发布时间、消息 ID 等属性。

此时已经可以在本地部署的服务中进行 SQL 查询了。若需要在已存在的 Trino 集群中进行 Pulsar 查询，那么需要提供以下配置：首先将 Pulsar-Connector 插件部署在原有 Trino 中，该插件存在于 Pulsar 二进制安装包的 lib/presto/plugin/pulsar-presto-connector/ 路径下；其次需要正确配置编目等信息。

Trino 不仅提供了查询工具 CLI，还提供了查询相关的 REST API，这些可以通过 Trino 官网进行查看（https://trino.io/docs/current/develop/client-protocol.html）。

8.3 Pulsar 连接器工作原理

Trino 通过服务提供者接口（Service Provider Interface，SPI）实现了不同类型的连接器。连接器在 Trino 中负责处理与特定数据源的连接以及数据查询的相关细节。即使所使用的数据源没有支持数据库的模式——对表结构的支持，只要使数据源适应 Trino 期望的 SPI API

就可以针对此数据源进行 SQL 查询。

要实现一个新的连接器，需要借助 SPI API 的 3 个主要接口——ConnectorMetadata、ConnectorSplitManager、ConnectorRecordSetProvider。

1. 连接器元数据

通过连接器元数据接口 ConnectorMetadata，可以告知 Trino 如何查看当前数据源中的模式列表、表列表、列列表和其他特定数据源的元数据信息。

在 Pulsar 连接器中，每个命名空间与其租户的组合都会注册为 Trino 中的一个 Trino 模式（类似数据库的概念）。每个命名空间下的主题也会被注册到对应的 Trino 模式中。在 Pulsar 中通过 Pulsar 模式（类似数据库中的表结构）来确定数据的结构，Pulsar 还提供了统一的模式管理和序列化（或反序列化）方式。

Pulsar 连接器会根据 Pulsar 模式的类型获取不同的列结构。所有的数据字段（包括键值对模式中的键）都会注册为表字段。除此之外，连接器还会将 Pulsar 中的多种内部字段注册到表中，例如分区字段（PARTITION）、事件时间（EVENT_TIME）、消息 ID(MESSAGE_ID）等。

2. 连接器切片管理

通过实现连接器切片管理器接口 ConnectorSplitManager 可以告知 Trino，如何对数据源进行逻辑分区，这些分区是 Trino 并行读写的基本单位。在 Pulsar SQL 中所产生的分片数由编目配置文件指定。

在非分区主题中，连接器会根据分片数量将不同 Ledger 中的数据均匀拆分为多个分片。在分区主题中，连接器会首先根据主题分区个数决定每个分区应分为几个分片，再根据 Ledger 数据决定每个分片具体读取哪部分数据。

3. 连接器数据转换管理

Trino 提供了 RecordSet 接口，该接口可以对数据集进行统一抽象，通过该接口还可以获取特定数据源的相应列的值。

通过数据集提供者接口 ConnectorRecordSetProvider，Trino 可以将该数据源的原始数据转换为统一的 Trino 抽象。每个 RecordSet 会通过游标提供遍历 Pulsar 数据的能力。在 Pulsar 记录的游标中，连接器提供了异步缓存队列，并可以预先读取 Pulsar 数据并对数据进行解析。

Pulsar 连接器提供了读取 Pulsar 与查询引擎之间数据的功能。

8.4 Pulsar 联邦查询

Trino 可以连接多种数据源并实现跨多种数据源的联邦查询，这使得一些复杂查询变得十分方便。本节将介绍 Trino 如何结合 Pulsar 进行联邦查询。

8.4.1 准备数据源

使用联邦查询前需要准备数据源以及相应的 Trino 连接器插件。本节将以 Pulsar、MySQL 两类数据源为例介绍如何使用 Trino 连接器插件。除了 Trino 连接器插件，用户还可以根据业务需求使用其他官方支持的插件，例如 Cassandra、ClickHouse、Delta Lake、Druid、Elasticsearch 等。

1. Pulsar 数据源

本小节使用的 Pulsar 数据源基于 Pulsar 内置的 Function I/O 连接器 data-generator 获得。该连接器使用 jFairy 工具（参见 https://github.com/Devskiller/jfairy）进行数据模拟，通过该连接器可以源源不断地生成测试数据。

要使用该连接器首先需要从官网对其进行下载，然后通过如下命令在 Pulsar 集群中进行安装。

```
$ cd /opt/apache-pulsar-2.10.0/connectors
$ wget https://archive.apache.org/dist/pulsar/pulsar-2.10.0/apache-pulsar-
    2.10.0-bin.tar.gz
$ ../bin/pulsar-admin sources reload
# 显示 data-generator 则安装成功
$ ../bin/pulsar-admin sources available-sources
data-generator
Test data generator source
----------------------------------------
```

通过如下命令可以在集群中运行一个连接器实例。destinationTopicName 参数用于设置连接器实例写入数据的主题名。

```
$ ./bin/pulsar-admin sources create --name generator --destinationTopicName
    generator_test --source-type data-generator
```

在 Trino SQL 命令框中可以查看表结构，这里模拟了用户的基本信息，如姓名、年龄、性别、地址等（这里模拟的是美国公民的信息）。

```
$ desc pulsar."public/default".generator_test ;
address                        | row(apartmentNumber varchar, city varchar,
                                 postalCode varchar, street varchar,
                                 streetNumber varchar)
age                            | integer
company                        | row(domain varchar, email varchar, name
                                 varchar, vatIdentificationNumber varchar)
companyemail                   | varchar
dateofbirth                    | timestamp
email                          | varchar
firstname                      | varchar
lastname                       | varchar
middlename                     | varchar
```

```
nationalidentificationnumber    | varchar
nationalidentitycardnumber      | varchar
passportnumber                  | varchar
password                        | varchar
sex                             | varchar
telephonenumber                 | varchar
username                        | varchar
```

2. MySQL 数据源

在 MySQL 中存储着与美国城市对应的基本信息，例如该城市下辖的州的信息、人口信息、面积信息等。上一小节使用的 Pulsar 数据源中，用户信息中仅出现了所属城市的信息，在后续处理数据的过程中，我们将使用 MySQL 中的数据对用户信息进行补全。这里提及的数据库文件包含在本书附赠的源码中，有需要的可以自行下载。

Pulsar 安装包中内置了 Presto 安装包，但是其中仅包含 Pulsar 连接器。大家若希望支持其他数据源，需要补充 MySQL 连接器依赖。从 Trino 官网中可以下载完整的 Trino 安装包，然后从中提取完整的 MySQL 依赖并添加到原有插件目录下。目前 Pulsar 所使用的 Trino 版本为 332，此版本的包名依然是 PrestoSQL，因此在 Apache 网站上下载完整安装包时需要使用下述链接。

```
# 在原有安装包下添加 MySQL 连接器
$ cd /opt/apache-pulsar-2.10.0/lib/presto
$ wget https://repo1.maven.org/maven2/io/prestosql/presto-server/332/presto-
    server-332.tar.gz
$ tar -zxvf presto-server-332.tar.gz
$ cp -r presto-server-332/plugin/mysql/ plugin/
```

此时再次启动 Trino 服务端就可以使用 MySQL 作为数据源了，但是我们还需要补充 MySQL 的编目内容。通过如下方式可以在 Trino 中添加一个 MySQL 连接信息。

```
# 添加 MySQL 编目文件
$ cd /opt/apache-pulsar-2.10.0/lib/presto
$ vim etc/catalog/mysql.properties
# MySQL 编目文件内容
connector.name=mysql
connection-url=jdbc:mysql://localhost:3306?useSSL=false      # MySQL 连接信息
connection-user=root                                         # MySQL 用户名
connection-password=password                                 # MySQL 密码
```

在正确连接 MySQL 后，可以从其中查询到美国城市的相关信息，相关代码实现如下。

```
presto> show catalogs;
mysql
pulsar
system
(3 rows)
presto> select * from mysql.test.us_city_info limit 1 ;
```

```
id  |    city      |   state      | population |    area
101 | Baton Rouge | Louisiana | 222,185      | 1,018/km2
```

8.4.2 联邦查询

准备好不同类型的数据源后，在 Trino 中可以混合使用各种数据源。例如，我们可以通过如下的 SQL 语句在 MySQL 中查询美国城市的关联信息，并对原有消息队列中的数据进行补充，进而查询每个人的详细信息。

```
presto> select username, sex, address.city, state
    -> from pulsar."public/default".generator_test as person
    -> left join
    -> mysql.test.us_city_info as city_info
    -> on person.address.city = city_info.city;
    username   | sex    | city          | state
-------------+-------+-------------+----------------------
rbutler       | MALE   | Washington    | District of Columbia
cmaldonado    | MALE   | New York      | New York
oliviab       | FEMALE | Miami         | Florida
aaronb        | MALE   | Miami         | Florida
ocraft        | MALE   | San Francisco | California
elliea        | FEMALE | Washington    | District of Columbia
```

管理你的 Pulsar

在生产环境中使用 Pulsar 时，为了提高可用性与安全性，需要对 Pulsar 集群进行自定义配置。本章将对其中的关键内容进行介绍。

9.1 Pulsar 安全配置

作为企业级的消息总线系统，Pulsar 经常用于存储关键数据。因此，在 Pulsar 中启用安全功能至关重要。默认情况下，Pulsar 不会有任何安全配置，任何客户端都可以直接与 Pulsar 通信，此时集群的状态是完全开放的，任何人都可以访问集群。

在无安全配置的情况下，所有的数据都以明文形式发送，这会有数据泄露的风险。所以无安全配置的情况仅适用于受信任的内网环境。因此 Pulsar 需要提供有效的数据或者流量加密机制，来保证 Pulsar 集群安全可靠。本节将介绍数据加密机制。

Pulsar 支持可插入的身份认证机制，Pulsar 客户端使用这种机制与服务端进行身份认证。Pulsar 还可以针对不同的访问内容配置多个身份，这样就可以进行不同程度的权限控制了。

9.1.1 数据加密

为了保障流量传输的安全，Pulsar 提供了数据加密方式，本节就对此进行介绍。

1. TLS 数据加密

Pulsar 用户可以使用传输层安全性协议（Transport Layer Security，TLS）对数据传输进行加密，以保护数据免受攻击者的窥探。

TLS 是一种公钥加密技术，采用主从式架构模型，用于在两个应用程序间通过网络创建安全的连接，以防止数据在交换时被窃听或篡改。该协议通过密钥对（由公钥和私钥组成）进行加密，其中公钥负责加密消息，私钥负责解密消息。目前 TLS 已成为互联网上保密通信的工业标准。

要使用 TLS 进行加密，需要两种密钥对：服务器密钥对和证书颁发机构私钥对。服务器密钥对是客户端和服务端使用的密钥对。要使用这类密钥对，首先要由管理员生成一个私钥和一个证书请求，然后使用证书颁发机构的私钥对为证书请求签名，最后就会生成一个证书。证书用于在传输过程中保护最终用户的信息，并对相关方的身份进行认证。

为 Pulsar 创建 TLS 证书会涉及证书颁发机构（Certificate Authority，CA）、服务端证书（Server Certificate）和客户端证书（Client Certificate）。CA 会为自己创建一个根证书——CA 证书，通过 CA 证书可对服务端和客户端证书进行签名，从而确保客户端和服务端都是可信任的。需要注意的是，我们必须将 CA 证书存储在一个非常安全的位置。

按照如下步骤可以成功创建 CA 证书。首先输入下面的命令为 CA 创建一个目录，并将对应的 OpenSSL 配置文件放入该目录。

```
$ wget https://raw.githubusercontent.com/apache/pulsar/master/site2/website/
   static/examples/
openssl.cnf          # 下载配置文件模板
$ export CA_HOME=$(pwd)
$ mkdir certs crl newcerts private        # 证书路径为 cert；私钥路径为 private；
$ chmod 700 private/
$ touch index.txt
$ echo 1000 > serial
$ openssl genrsa -aes256 -out private/ca.key.pem 4096          # 生成私钥
$ chmod 400 private/ca.key.pem
$ openssl req -config openssl.cnf -key private/ca.key.pem \     # 生成证书
   -new -x509 -days 7300 -sha256 -extensions v3_ca \
   -out certs/ca.cert.pem
$ chmod 444 certs/ca.cert.pem
```

上述代码会创建如下内容。

❑ certs/ca.cert.pem：生成的公开证书，这份公开证书需要分发给所有相关方。

❑ private/ca.key.pem：私钥，只有在为服务端或客户端签署新证书时才需要它，并且必须妥善保护它。

创建了 CA 证书之后，就可以创建证书请求并使用 CA 证书给它签名了。下面的命令可以在服务端创建证书。当涉及通用名称（common name）时，应该匹配 Broker 的主机名。可以使用通配符来匹配一组 Broker 主机名，例如 *.brocher.usw.example.com。这将确保多台机器可以共同使用同一个证书。

```
# 生成服务端密钥
$ openssl genrsa -out broker.key.pem 2048
# 对密钥进行格式转换
```

```
$ openssl pkcs8 -topk8 -inform PEM -outform PEM \
         -in broker.key.pem -out broker.key-pk8.pem -nocrypt
# 生成证书请求
$ openssl req -config openssl.cnf  \
-key broker.key.pem -new -sha256 -out broker.csr.pem
# 获取证书颁发机构的签名
$ openssl ca -config openssl.cnf -extensions server_cert \
    -days 1000 -notext -md sha256 \
    -in broker.csr.pem -out broker.cert.pem
```

成功运行上述命令，就会拥有一个服务端证书 broker.cert.pem 以及相应的密钥文件 broker.key-pk8.pem。两者可以与 ca.cert.pem 一起使用，来为 Broker 和 Proxy 节点配置 TLS。为了在服务端使用 TLS 进行传输加密，需要对 Pulsar 配置文件 conf /broker.conf 进行一些更改，具体如下。

```
tlsEnabled=true
tlsRequireTrustedClientCertOnConnect=true
tlsCertificateFilePath=/path/to/broker.cert.pem
tlsKeyFilePath=/path/to/broker.key-pk8.pem
tlsTrustCertsFilePath=/path/to/ca.cert.pem
# 配置端口
brokerServicePortTls=6651
webServicePortTls=8443
```

启用 TLS 时，需要将客户端配置为 HTTPS 协议，并使用端口 8443 作为 Web 服务的 URL，还需要使用 Pulsar 安全协议 pulsar+ssl:// 和端口 6651 作为代理服务 URL。由于上面生成的服务器证书不属于任何默认信任链，所以还需要指定信任证书的路径，或者告诉客户端允许使用不受信任的服务器证书。

此时可通过如下代码访问 Pulsar 服务端。

```
PulsarClient client = PulsarClient.builder()
    .serviceUrl("pulsar+ssl://localhost:6651/")
    .enableTls(true)
    .tlsTrustCertsFilePath("/path/to/ca.cert.pem")
    .enableTlsHostnameVerification(false)      // 关闭主机名校验
    .allowTlsInsecureConnection(false)    // 不允许使用不安全的链接
    .build();
```

2. 端对端数据加密

为了解决 Pulsar 中数据明文发送的问题，应用程序可以使用 Pulsar 加解密机制在生产者侧加密消息，并在消费者侧解密消息。我们可以使用应用程序配置的公钥和私钥对对数据进行加密。只有拥有有效密钥的消费者才可以对加密过的消息进行解密。

Pulsar 对数据的加密，采用的是对称加密算法与非对称加密算法结合的方式。在数据传输过程中，Pulsar 会使用对称加密算法高级加密标准（Advanced Encryption Standard，AES）

对数据进行加密。对称加密算法速度快，但密钥泄露后会有很大的安全风险，因此在使用对称加密算法前，应先使用椭圆曲线数字签名（ECDSA）或 RSA 算法等非对称加密技术来加密对称密钥（真正的数据密钥），并周期性生成新的对称密钥，以此达到兼顾可靠性与效率的目的。

在 Pulsar 加密机制里，密钥是用于加密或解密的公钥私钥对，其中生产者密钥是密钥对的公钥，消费者密钥是密钥对的私钥。

我们需要使用 OpenSSL 创建自己的 ECDSA 或 RSA 算法公钥私钥对。将公钥和私钥添加到密钥管理中，并且通过配置实现"生产者得到公钥，消费者得到私钥"，相关实现代码如下。

```
$ openssl ecparam -name secp521r1 -genkey -param_enc explicit -out test_ecdsa_
    privkey.pem
$ openssl ec -in test_ecdsa_privkey.pem -pubout -outform pem -out test_ecdsa_
    pubkey.pem
```

Pulsar 提供了 CryptoKeyReader 接口用于加载所需的公私钥。在使用 Pulsar 加密机制时，需要提供 CryptoKeyReader 接口的实现类，并在生产者与消费者创建过程中通过 cryptoKeyReader 方法提供指定公私钥的实例。

```
# 使用加密机制构建生产者与消费者
Producer<byte[]> producer = pulsarClient.newProducer()
.topic(testTopic)
.addEncryptionKey(testKey)
.cryptoKeyReader(new EncryptionReaderDemo(pubKeyFilePath, priKeyFilePath))
.create();
Consumer<byte[]> consumer = pulsarClient.newConsumer()
    .topic(testTopic)
    .subscriptionName(testSubscription)
    .cryptoKeyReader(new EncryptionReaderDemo(pubKeyFilePath, priKeyFilePath))
    .subscribe();
```

CryptoKeyReader 接口中包括两个关键方法，分别对应提供公钥和私钥的入口，相关实现代码如下。

```
public class EncryptionReaderDemo implements CryptoKeyReader {
... ...
    @Override
    public EncryptionKeyInfo getPrivateKey(String keyName, Map keyMeta) {
        EncryptionKeyInfo keyInfo = new EncryptionKeyInfo();
        try {
            keyInfo.setKey(Files.readAllBytes(Paths.get(privateKeyFile)));
        } catch (IOException e) {
            System.out.println("ERROR: Failed to read private key from file");
        }
        return keyInfo;
    }
```

```
@Override
public EncryptionKeyInfo getPublicKey(String keyName, Map metadata) {
    EncryptionKeyInfo keyInfo = new EncryptionKeyInfo();
    try {
        keyInfo.setKey(Files.readAllBytes(Paths.get(publicKeyFile)));
    } catch (IOException e) {
        System.out.println("ERROR: Failed to read public key from file");
    }
    return keyInfo;
}
}
```

在 Pulsar 对数据进行加密时，会使用数据密钥来加密数据，并使用密钥名和数据密钥更新消息元数据。解密时使用数据密钥解密有效负载。Pulsar 不会将加密密钥存储在 Pulsar 服务中的任何位置。如果你丢失或删除了私钥，被加密的消息也将丢失，并且无法恢复。

9.1.2　授权与认证

Pulsar 中的安全控制由授权与认证两部分组成。在 Pulsar 中权限控制的基本单位是角色，用户可以使用角色来管理客户端在某些主题上进行生产或消费的权限、租户配置的权限。角色名由一个字符串定义，可以用于连接单个客户端或多个客户端。Pulsar 通过对角色的认证与授权实现了系统的安全管理。

在 Pulsar 中，认证的主要工作就是正确识别用户信息，每个角色会通过身份认证提供程序来建立客户端的身份。

默认情况下，Pulsar 集群并不会开启身份认证功能，通过修改 authorizationEnabled 参数可以进行开启，并通过 authenticationProviders 参数决定使用哪种身份认证方式。我们将会在后面的内容中详细介绍不同的身份认证方式，下面的代码展示了这些方式。

```
# 配置文件 conf/broker.conf
authorizationEnabled=true
# 使用 TLS 进行身份认证
authenticationProviders=org.apache.pulsar.broker.authentication.
    AuthenticationProviderTls
# 使用 Token 进行身份认证
authenticationProviders=org.apache.pulsar.broker.authentication.
    AuthenticationProviderToken
# 使用 SASL 进行身份认证
authenticationProviders=org.apache.pulsar.broker.authentication.
    AuthenticationProviderSasl
# 使用 Athenz 进行身份认证
authenticationProviders=org.apache.pulsar.broker.authentication.
    AuthenticationProviderAthenz
```

通过修改 authorizationEnabled 参数只能对集群开启角色认证功能，所有通过身份认证并登录至集群的角色会拥有完整的权限，即拥有访问集群中所有资源的权限。如果需要对角色进行更加精细的权限控制，需要引入授权功能。

　　Pulsar 通过授权机制进行权限控制。角色认证通过后会将角色令牌分配给客户端。角色令牌用于执行客户端拥有权限的操作。Pulsar 会校验该角色所拥有的权限，并拒绝访问权限之外的资源。相关配置如下。

```
# 配置文件 conf/broker.conf
authorizationEnabled=true
authenticationEnabled=true
```

　　在 Pulsar 中可以设置超级用户（Superuser）角色，该角色拥有最高的系统权限。通过超级用户可以创建和销毁租户，还可以访问所有租户资源。用户可以在服务端配置中启用授权并分配一个或多个超级用户。通过如下方式修改服务端配置文件（conf/broker.conf）即可完成超级用户的设置。

```
# 配置文件 conf/broker.conf
superUserRoles=super-user1,super-user2
```

　　建立连接时，Pulsar 服务端会检验身份认证凭据。服务端会定期检查每个连接对象的过期状态，通过 Broker 上的服务端配置参数 authenticationRefreshCheckSeconds 来控制检查过期状态的频率。当身份认证过期时，代理会强制重新对连接进行身份认证。如果重新认证失败，那么服务端会断开与客户端的连接。

1. 配置权限

　　在 Pulsar 实例（指一个或多个 Pulsar 集群的集合）中，通常在租户级别进行角色管理，并在命名空间级别进行权限分割与控制。租户可以分布在多个集群中，并且每个租户都可以拥有自己的身份认证和授权方案。

　　管理员可以使用 pulsar-admin 工具来管理租户，并为特定的角色授予集群权限。通过 tenant create 命令会创建一个新租户，并允许它使用集群。被成功识别为拥有此角色的客户端可以在这个租户上执行所有的管理型任务。相关实现代码如下。

```
# 创建租户并指定权限
$ bin/pulsar-admin tenants create ${tenant-name} \
--admin-roles ${admin-role} \
--allowed-clusters ${cluster1}, ${cluster2}
# 更新租户权限
$ bin/pulsar-admin tenants update tenant-name \
--admin-roles admin-role,admin-role2 \
--allowed-clusters default
# 查看租户权限信息
$ bin/pulsar-admin tenants get tenant-name
{
    "adminRoles" : [ "admin-role", "admin-role2" ],
    "allowedClusters" : [ "standalone" ]
}
```

若要给指定的角色授予一系列操作权限，例如生产和消费权限，那么可以使用 grant-permission 命令指定命名空间，并为指定角色授予生产与消费权限。当配置文件 broker.conf 中的 authorizationAllowWildcardsMatching 参数被设置为 true 时，就代表可以使用通配符进行授权。尽管认证插件被设计成可以在 Proxy 和 Broker 节点中使用，但是授权插件却被设计为只能在 Broker 节点中使用，此时使用通配符进行授权会更方便。相关示例代码如下。

```
# 为特定角色授权
$ bin/pulsar-admin namespaces grant-permission tenant-name/ns1 \
--actions produce,consume \
--role admin-role
# 通过通配符为角色授权
$ pulsar-admin namespaces grant-permission test-tenant/ns1 \
--actions produce,consume \
--role '*.role.my'
# 取消授权
$ pulsar-admin namespaces revoke-permission test-tenant/ns1 \
--role admin-role
```

2. TLS 身份认证

Pulsar 提供了 TLS 身份认证功能，此功能在 TLS 传输加密的基础上提供了身份认证机制，可以说 TLS 身份认证是 TLS 传输加密的扩展。不仅服务器上存有客户端用于认证服务器身份的密钥和证书，客户端上也有服务器用于认证客户端身份的密钥和证书。

在使用 TLS 身份认证时，需要依赖证书颁发机构、服务端证书与客户端证书。服务端证书与客户端证书是由同一证书颁发机构生成的。在 Pulsar TLS 认证过程中，可以选择是采用单向认证（仅在客户端检查服务端证书）还是双向认证（服务端与客户端互相检查证书）。相关实现代码如下。

```
# 是否开启双向认证
tlsRequireTrustedClientCertOnConnect=true
# 是否接受来自客户端的不受信任的 TLS 证书
tlsAllowInsecureConnection=true
```

如果要使用双向认证，还需要在 TLS 数据加密的基础上生成客户端证书。在 TLS 身份认证中的主机名认证是一种安全特性，如果 CommonName 与所连接的主机名不匹配，客户机可以拒绝连接到该服务器。默认情况下，Pulsar 客户端禁用主机名认证，因为它要求每个 Broker 节点都有一个 DNS 记录和一个唯一的证书。

在生成客户端证书且系统要求提供 CommonName 时，可要求此密钥对认证客户端的角色令牌，相关代码如下。

```
# 生成客户端证书
$ openssl genrsa -out admin.key.pem 2048
# 转换格式
$ openssl pkcs8 -topk8 -inform PEM -outform PEM \
```

```
        -in admin.key.pem -out admin.key-pk8.pem -nocrypt
$ openssl req -config openssl.cnf \
        -key admin.key.pem -new -sha256 -out admin.csr.pem
$ openssl ca -config openssl.cnf -extensions usr_cert \
        -days 1000 -notext -md sha256 \
        -in admin.csr.pem -out admin.cert.pem
```

利用上述代码生成的客户端证书，可在 TLS 数据加密服务端增加下列配置来启动 TLS 身份认证。此时重启 Broker 服务即可在服务端启动 TLS 权限认证，此时若使用原有的无鉴权通信方式会抛出无权限异常，相关实现代码如下。

```
# conf/broker
tlsCertificateFilePath=/path/to/broker.cert.pem
tlsKeyFilePath=/path/to/broker.key-pk8.pem
tlsTrustCertsFilePath=/path/to/ca.cert.pem
tlsEnabledWithBroker=true
brokerClientTrustCertsFilePath=/path/to/ca.cert.pem
```

3.JWT 身份认证

Json Web 令牌（JWT）是一种紧凑的采用 URL 安全表示方法的协议。JWT 的声明被编码为一个 Json 对象，在认证了服务器身份之后，将生成一个 Json 对象并将其发给用户。在随后的通信过程中，客户端在请求中发回 Json 对象，服务器仅依赖这个 Json 对象就可标记用户。为了防止用户篡改数据，服务器将在生成对象时添加签名，并允许进行完整性检查，可通过消息认证码（MAC）或者加解密方式进一步进行安全保证。在启用 JWT 身份认证后，Pulsar 支持通过加密 Token 的方式对客户端进行认证（参见 RFC-7519：https://datatracker.ietf.org/doc/html/rfc7519）。

用户可以根据 Token 来识别 Pulsar 客户端，通过为 Token 关联角色可以授权客户端执行某些操作，例如发布消息主题或从主题消费消息。

JWT 支持通过对称密钥或非对称密钥来生成和认证 Token。使用密钥算法时，需要由管理员创建密钥，并使用该密钥生成客户端 Token。对称密钥与非对称密钥可通过如下命令进行创建。

```
# 生成对称密钥
$ bin/pulsar tokens create-secret-key --output my-secret.key
# 生成非对称密钥
$ bin/pulsar tokens create-key-pair --output-private-key my-private.key
    --output-public-key \ my-public.key
```

在生成相应密钥后就可使用该密钥来生成客户端 Token 了。根据密钥算法不同，密钥会分别对应上述实例中的 my-scret.key 或 my-private.key 命令，从而为指定的角色生成 Token，并可通过 expiry-time 参数配置 Token 过期时间，示例代码如下。需要注意的是，Token 本身没有关联任何权限，若需要对角色进行授权，可以通过 grant-permission 命令实现。

```
# 生成 Token
$ bin/pulsar tokens create --secret-key secret-file.key --subject admin-role
    --expiry-time 1y
```

如果要服务端开启 JWT 认证，那么需要进行如下配置。注意，密钥文件必须是 DER-encoded 编码格式。

```
# 启用认证和鉴权
authenticationEnabled=true
authorizationEnabled=true
authenticationProviders=org.apache.pulsar.broker.authentication.
    AuthenticationProviderToken
# 如果使用的是 secret key
tokenSecretKey=file:///path/to/secret.key
# 如果使用的是非对称密钥，那么需要额外配置该参数
# tokenPublicKey=file:///path/to/public.key
```

完成以上配置后，即可在单个节点上顺利启动 JWT 鉴权功能。由于 Pulsar 集群中可能存在多个 Broker 节点，因此需要在 Broker 服务之间进行认证操作。当某一 Broker 节点连接到其他的 Broker 节点时，会通过 brokerClientAuthentication 进行相关配置来实现服务认证。示例代码如下。

```
# 配置 Broker 间认证
brokerClientTlsEnabled=true
brokerClientAuthenticationPlugin=org.apache.pulsar.client.impl.auth.
    AuthenticationToken
brokerClientAuthenticationParameters=file:///path/to/token.txt
```

4. Proxy 权限

Pulsar 使用特有的代理角色来进行 Proxy 节点与 Broker 节点之间的身份认证。代理角色在 Broker 配置文件 conf/broker.conf 中指定。如果通过 Proxy 节点进行身份认证的客户端是 Broker 角色之一，则来自该客户端的所有请求必须携带通过 Proxy 节点进行身份认证的客户端角色信息。

必须授予代理角色和原始主体访问资源的权限，以确保可以通过 Proxy 节点访问资源。可以为代理角色授予超级用户权限，或每次要访问某资源时授予代理角色对应的访问权限。示例代码如下。

```
proxyRoles=proxy-role
superUserRoles=proxy-role,other-role
```

如果在使用 Pulsar 集群时启用了 Proxy 服务，那么也需要修改 Proxy 配置文件。在代理配置文件（conf/proxy.conf）中启用授权后，Proxy 服务会在将请求转发给 Broker 节点之前进行额外的授权检查。如果在 Broker 节点上启用了授权机制，当 Broker 节点收到转发请

求时，它会检验该请求是否获得授权。

例如使用 TLS 权限认证时，管理员需要调整 Proxy 配置文件以保证能正常连接 Broker 节点，并在 Proxy 节点上进行角色权限认证的相关配置，具体如下。

```
# 在 Proxy 节点上启用 TLS 鉴权
tlsEnabledInProxy=true
authenticationEnabled=true
authenticationProviders=org.apache.pulsar.broker.authentication.
    AuthenticationProviderTls
tlsCertificateFilePath=/path/to/broker.cert.pem
tlsKeyFilePath=/path/to/broker.key-pk8.pem
tlsTrustCertsFilePath=/path/to/ca.cert.pem
# Proxy 节点连接 Broker 节点的权限信息
tlsEnabledWithBroker=true
brokerClientTrustCertsFilePath=/path/to/ca.cert.pem
authenticationEnabled=true
authenticationProviders=org.apache.pulsar.broker.authentication.
    AuthenticationProviderTls
```

与客户端权限认证类似，在 Proxy 节点中使用 JWT 权限认证时，也需要对配置文件进行如下调整。

```
# 在 Proxy 节点上启用 JWT 鉴权
authenticationEnabled=true
authorizationEnabled=true
authenticationProviders=org.apache.pulsar.broker.authentication.
    AuthenticationProviderToken
tokenSecretKey=file:///path/to/secret.key

# 对于连接到 Broker 节点的代理
brokerClientAuthenticationPlugin=org.apache.pulsar.client.impl.auth.
    AuthenticationToken
brokerClientAuthenticationParameters={"file":"///path/to/proxy-token.txt"}
```

5. 客户端权限使用

当集群进行安全配置后，也需要对服务端的命令行工具 pulsar-admin、pulsar-perf、pulsar-client 进行安全配置，否则会收到无权限的提醒。用户可以在 conf/client.cnf 中配置鉴权相关参数并进行权限校验，具体如下。

```
# TLS 权限信息
webServiceUrl=https://localhost:8443/
brokerServiceUrl=pulsar+ssl://localhost:6651/
useTls=true
tlsAllowInsecureConnection=false
tlsTrustCertsFilePath=/path/to/ca.cert.pem
authPlugin=org.apache.pulsar.client.impl.auth.AuthenticationTls
authParams=tlsCertFile:/path/to/my-role.cert.pem,tlsKeyFile:/path/to/my-role.
    key-pk8.pem
```

```
# JWT 权限信息
webServiceUrl=http://localhost:8080/
brokerServiceUrl=pulsar://localhost:6650/
authPlugin=org.apache.pulsar.client.impl.auth.AuthenticationToken
authParams=token:${token_value}
# authParams=file:///path/to/token/file 或从文件读取
```

在使用 Pulsar 客户端时，可以针对权限配置方式，使用 AuthenticationFactory 进行对应的配置。例如使用 TLS 或 JWT 认证时，可使用如下方式进行配置。

```
# Java 客户端, JWT 权限认证
PulsarClient client = PulsarClient.builder()
    .serviceUrl("pulsar+ssl://localhost:6651/")
    .enableTls(true)
    .tlsTrustCertsFilePath("/path/to/ca.cert.pem")
    .authentication("org.apache.pulsar.client.impl.auth.AuthenticationTls",
    "tlsCertFile:/path/to/my-role.cert.pem,tlsKeyFile:/path/to/my-role.key-pk8.pem")
    .build();
# Java 客户端, JWT 权限认证
PulsarClient.builder()
    .serviceUrl("pulsar://localhost:6650/")
    .authentication(AuthenticationFactory.token("TOKEN_VALUE"))
    .build();
```

9.1.3 自定义权限插件

为了方便功能的扩展，Pulsar 还提供了自定义认证和授权的实现机制，以便于公司接入各自的认证与权限管理方案。

1. 自定义认证机制

在实现自定义认证机制时，只要实现客户端认证插件与服务端认证插件即可。对于客户端库，需要实现 org.apache.pulsar.client.api.Authentication 接口，解析用户配置的权限参数，并封装权限相关的参数至服务端。

```
# 自定义客户端认证插件
import org.apache.pulsar.client.api.Authentication;
import org.apache.pulsar.client.api.EncodedAuthenticationParameterSupport;

public class CustomClientAuth implements
Authentication, EncodedAuthenticationParameterSupport {
    private String password;
    public String getAuthMethodName() { return "Custom";}

    public void configure(String encodedAuthParamString) {
        if (encodedAuthParamString.startsWith("password:")) {
            this.password = encodedAuthParamString.substring("password:".
                length());
```

```
        }
    }

    public AuthenticationDataProvider getAuthData() throws PulsarClientException {
        return new CustomAuthenticationData(password);
    }
    public void configure(Map<String, String> authParams) {}

    public void start() throws PulsarClientException {};

    public void close() throws IOException {};
}


# 权限信息类
public class CustomAuthenticationData implements AuthenticationDataProvider {
    private String password;
    public CustomAuthenticationData(String password) {this.password = password;}

    public boolean hasDataForHttp() { return true;}

    public boolean hasDataFromCommand() { return true;}

    public String getCommandData() { return password;}
    public Set<Map.Entry<String, String>> getHttpHeaders() {
        return Collections.singletonMap(
            HTTP_HEADER_NAME, "Password " + password
            ).entrySet();
    }
}
```

通过以下代码就可以在创建 Pulsar 客户端的同时自定义身份校验方式，示例代码如下。

```
# 自定义身份认证
PulsarClient client = PulsarClient.builder()
    .serviceUrl("pulsar://localhost:6650")
    .authentication(new MyAuthentication())
    .build();
```

在服务端，通过 AuthenticationProvider 类接收客户端传过来的与权限相关的数据，并对这些数据进行校验。在 AuthenticationProvider 类编写完成后，将相关 Jar 包放在 Pulsar 类加载目录下，并通过 authenticationProviders 参数指定权限认证插件，示例代码如下。

```
# 角色认证插件
import org.apache.pulsar.broker.authentication.AuthenticationProvider;

public class CustomServerAuthProvider implements AuthenticationProvider{
    private String password;
    public void initialize(ServiceConfiguration config) throws IOException {
        this.password = (String) config.getProperty("customAuthPassword");
```

```
    }
    public String getAuthMethodName() { return "Custom";}
    public String authenticate(AuthenticationDataSource authData)
        throws AuthenticationException {
            String userPassword = authData.getCommandData();
            if (!password.equals(userPassword)) {
                throw new AuthenticationException("Wrong Password!");
            }
            return "admin";
        }
    public void close() throws IOException {}
}
```

2. 自定义授权机制

授权机制用于检查当前通过认证的角色是否具有执行某个操作的权限。默认情况下，可以使用 Pulsar 自带的授权插件来定义权限机制，也可以通过插件的形式配置不同的授权插件。

要想自定义授权插件则需实现
org.apache.pulsar.broker.authorization.CustomAuthorizationProvider 接口，并将该接口类放到 Pulsar 类的加载目录中，将类名配置到 conf/broker.conf 中，示例代码如下。

```
# 配置自定义权限插件 conf/broker.conf
authorizationProvider=org.apache.pulsar.broker.authorization.
    CustomAuthorizationProvider


// 授权提供者接口
public interface AuthorizationProvider extends Closeable {
// 初始化授权提供者
    void initialize(ServiceConfiguration conf, ConfigurationCacheService
        configCache) throws IOException;

// 检查指定角色是否具有向主题发送消息的权限
    CompletableFuture<Boolean> canProduceAsync(TopicName topicName, String role,
        AuthenticationDataSource authenticationData);

// 检查指定角色是否具有从主题接收消息的权限
    CompletableFuture<Boolean> canConsumeAsync(TopicName topicName, String role,
        AuthenticationDataSource authenticationData, String subscription);

// 检查指定角色是否可以查找指定主题
    CompletableFuture<Boolean> canLookupAsync(TopicName topicName, String role,
        AuthenticationDataSource authenticationData);

    // 在命名空间级别授予客户端进行授权操作的权限
    CompletableFuture<Void> grantPermissionAsync(NamespaceName namespace,
```

```
    Set<AuthAction> actions, String role, String authDataJson);

    // 在主题上授予客户端进行授权操作的权限
    CompletableFuture<Void> grantPermissionAsync(TopicName topicName,
        Set<AuthAction> actions, String role, String authDataJson);
}
```

9.2　Pulsar 监控配置

Prometheus 是一个开源的系统监控和报警系统。Pulsar 通过 Prometheus 来采集各个组件暴露出来的监控指标。Pulsar 可以使用 Grafana 来展示 Prometheus 采集的相关指标，并为关键指标配置告警策略。

9.2.1　Pulsar 监控概述

在 Pulsar 中有多类指标。

❑ **反映集群运行状态的指标**：Broker 指标、Zookeeper 指标、BookKeeper 指标以及 Function 指标。

❑ **反映 Pulsar 主题消费情况的指标**：Backlog 信息指标、主题存储信息指标、游标信息指标。

❑ **反映运行环境的指标**：与 CPU、JVM 等相关的指标。

可通过 Broker IP 地址与 webServicePort 端口结合的方式在浏览器中访问 Broker 指标。管理员可以通过如下方式查看 Broker 指标。

```
# 命令行查看
$ bin/pulsar-admin broker-stats monitoring-metrics
# HTTP 链接查看
$ curl http://$BROKER_ADDRESS:8080/metrics/
```

查看 Bookie、Zookeeper 指标的方式与查看 Broker 指标的方式类似。Zookeeper 指标暴露的端口可在 Zookeeper 中进行配置，默认为 8000 端口。Bookie 指标暴露的端口可通过 prometheusStatsHttpPort 参数进行配置，默认也为 8000 端口。若在同一台机器上启动 BookKeeper 与 Zookeeper 服务，则应注意避免端口冲突问题。示例代码如下。

```
# conf/zookeeper.conf
metricsProvider.httpPort=8000
# conf/bookkeeper.conf
prometheusStatsHttpPort=8000
```

当 Pulsar 运行在 Kubernetes 集群时，监控系统是自动启动的。通过 Helm Chart 文件中的配置开关，可以自动在 Kubernetes 集群中启动 Prometheus 与 Grafana 实例，相关实现代码如下。

```
# 监控组件 charts/pulsar/values.yaml
monitoring:
    # Prometheus 功能
    Prometheus: true
    # Grafana 功能
    grafana: true
```

当 Pulsar 运行在裸机上时,需要管理员手动部署 Prometheus 与 Grafana,并提供一个需要探测的 Broker 节点列表。在配置 Prometheus 采集指标后,可使用 Grafana 创建一个监控面板。

9.2.2　Prometheus 部署

Prometheus 可以通过二进制方式进行安装并启动,或者通过 Docker 镜像来启动。采用二进制安装方式时,首先需要从官网下载最新安装包,安装完成后可按照如下命令在本地启动 Prometheus 服务。通过浏览器访问 localhost:9090/metrics 链接可认证服务状态。

```
# 监控组件 charts/pulsar/values.yaml
$ wget https://github.com/prometheus/prometheus/releases/download/v2.33.1/
    prometheus-2.33.1
.linux-amd64.tar.gz
$ tar xvfz prometheus-*.tar.gz
$ cd prometheus-*
$ ./prometheus --config.file=prometheus.yml
```

通过下列方式下载配置 Prometheus 模板后,会将 standalone.yml 文件中的 STANDALONE_HOST 修改为本机地址,并将 cluster 值修改为当前集群名。Prometheus 运行成功后,可以访问 http://localhost:9090/targets,此时会看到 Prometheus 检测到所有 Pulsar 组件。

```
# 配置 standalone.yml 文件
$ wget https://raw.githubusercontent.com/streamnative/apache-pulsar-grafana-
    dashboard/master/prometheus/standalone.yml.template
$ mv standalone.yml.template standalone.yml
# 启动服务
$ ./prometheus --config.file=standalone.yml
```

容器化部署 Prometheus 时也需要配置相关的 YML 文件,并将该文件挂载在容器路径下。使用如下命令可以启动 Prometheus 服务。注意,在配置文件中需要正确配置服务的统计信息端口。

```
$ docker run -p 9090:9090 -v /path/to/standalone.prometheus.yml:/etc/prometheus/
    prometheus.yml prom/prometheus
```

9.2.3　Grafana 仪表盘配置

streamnative 为 社 区 提 供 了 开 箱 即 用 的 Pulsar Grafana 仪 表 盘 ——Dashboard（参见 https://github.com/streamnative/apache-pulsar-grafana-dashboard）。本节将介绍如何使用这些仪表盘。针对 Pulsar 集群中的不同组件，社区提供了诸多内置仪表盘。

❑ **概览仪表盘**：在该仪表盘中可呈现 Pulsar 集群的健康概况。基于 Pulsar 内关键组件（Broker、Bookie、Zookeeper）的实例信息以及目前的运行状态，该仪表盘可实时呈现整个集群的运行情况。该仪表盘还可展示集群整体的吞吐量、存储容量、消费 Backlog 的情况，即从数据量方面展示集群健康状态。

❑ **消息传递指标仪表盘**：该仪表盘会呈现与 Pulsar 消息传递相关的指标，例如生产者、消费者、消息积压等。从命名空间角度呈现与业务相关的情况，例如某个命名空间下存活的消费者数据或吞吐量。

❑ **Bookie 指标仪表盘**：该仪表盘会呈现与 Bookie 相关的指标，展现 BookKeeper 集群的健康状态与负载情况。该仪表盘不适用于 standalone 集群，因为 Pulsar 独立集群不会公开 Bookie 相关指标。

❑ **JVM 指标仪表盘**：该仪表盘会呈现 Pulsar 集群中的所有组件（例如 Proxy、Broker、Bookie 等）的 JVM 指标。

除此之外还有展示 Pulsar 主题情况的仪表盘和展示 Pulsar Function 的仪表盘。读者可自行根据业务场景进行仪表盘选择和配置相应监控告警策略。

1. 导入 Dashboard

如果我们已经安装了 Grafana，并且希望将仪表盘导入 Grafana，那么可以使用社区提供的辅助脚本。运行 scripts/generate_dashboards.sh 可生成数据源和用于导入安装的仪表盘文件⊖。示例代码如下。

```
# 安装依赖的 j2
$ yum install python-pip
$ pip install Jinja2
# 生成配置文件
$ ./scripts/generate_dashboards.sh <prometheus-url> <clustername>
```

数据源 Yaml 文件和仪表盘 Json 文件将在 target/datasources 和 target/dashboards 下生成，生成后可以将这些文件导入已有的 Grafana 环境中。

2. 独立部署 Dashboard

除了将配置导入现有 Grafana 外，还可以直接使用 streamnative/apache-pulsar-grafana-dashboard 镜像来一键启动 Grafana 服务与内置的 Dashboard，相关实现代码如下。

⊖　详情可参见 https://github.com/streamnative/apache-pulsar-grafana-dashboard/blob/master/scripts/。

```
$ docker run -it -p 3000:3000 -e PULSAR_PROMETHEUS_URL="localhost:9090"  \
-e PULSAR_CLUSTER="standalone" streamnative/apache-pulsar-grafana-dashboard:latest
```

通过浏览器访问 http://localhost:3000 可打开 Grafana 仪表盘，默认用户名是 admin，默认密码是 happypulsaring。可通过 conf/grafana.ini 文件修改用户名与密码。

9.3 Pulsar 管理工具

Pulsar 是一个功能强大的云原生消息队列，强大的功能必然带来较高的复杂度。为了方便管理集群，并降低 Pulsar 的使用门槛，社区提供了多种管理工具。本节将介绍关键的集群管理工具。

9.3.1 pulsar-admin 工具

pulsar-admin 是 Pulsar 提供的集群管理工具，用于管理 Pulsar 实例中的所有重要实体，例如租户、命名空间和主题。

Pulsar 提供的 pulsar-admin 工具又包括 3 种子工具：HTTP RESTful、pulsar-admin CLI 以及 pulsar-admin Java API。3 种子工具的使用方法类似，pulsar-admin CLI 与 pulsar-admin Java API 本质上都是基于 HTTP 接口进行封装的工具。本节将对 pulsar-admin 工具进行介绍。

1. HTTP RESTful 管理工具

在管理 Pulsar 集群时，最简单直接的方式是通过 HTTP 请求调用由 Pulsar Broker 提供的管理 API—— REST。通过 HTTP 请求，管理员不仅可以查看 Pulsar 集群状态，还可以对租户命名空间等进行增删改查操作，并获取主题内的详细情况[⊖]。

在 Pulsar 中，HTTP 请求可被分为下列几类。

❑ Bookie 管理类：这类请求可以获取 Bookie 节点原始信息，获取或管理 Bookie 相关的机架信息。

❑ Broker 信息统计类：这是在 Broker 集群中获取集群统计信息的请求。通过该请求可以查看集群的可用性报告、负载情况、监控指标以及 JVM 信息等。

❑ Broker 管理类：可以通过该类请求直接参与集群管理。此类请求不仅可以对集群健康状态进行检查，还可以获取集群的内部配置信息，进行集群 Backlog 配额检查。

❑ Cluster 管理类：通过此类请求可以针对 Pulsar 实例，增删改查 Pulsar 集群。通过此类请求还可以管理集群的命名空间隔离策略。

❑ Tenant 管理类：通过此类请求可以对 Pulsar 租户进行增删改查，并在每个租户中配置管理员角色，指定权限归属的集群。

⊖ 参见 https://pulsar.apache.org/admin-rest-api/?version=master。

❑ **Namespace 管理类**：通过此类请求可以对 Pulsar 命名空间进行增删改查操作。在命名空间级别，Pulsar 提供了更多的配置定义，不仅可以针对命名空间配置相应的策略，还可以针对命名空间制定特定集群的反亲和组（Anti-affinity Group），以及针对 Bookie 制定亲和组（Affinity Group）。命名空间中的 Bundle 是负载均衡的基本单位，Pulsar 提供了关于 Bundle 的一系列管理工具，提供自动或手动的负载均衡管理策略。

❑ **Topic 管理类**：通过此类请求可以对持久化主题与非持久主题进行增删改查操作。主题中的各类策略既可以继承命名空间的配置，又可以通过主题管理类请求进行主题级别的配置。

❑ **资源配额类**：这类请求可以对集群的默认配额进行设置，还可以针对命名空间进行单独配设置，配额参数可以是 QPS、带宽或者内存占用率等。

需要注意的是，大部分 HTTP 请求都会直接响应，但是某些 RESTful 请求可能被重定向到其他 Broker 节点上。例如查看某个具体主题的状态信息，请求会被重定向到负责管理该主题的节点上。因此 HTTP 调用发起方需要能够处理重定向后的请求。如果使用 curl 命令行，则应该通过指定 -L 参数的方式来允许处理重定向。如下所示的例子中只有带有 -L 参数的请求才可以正常响应。

```
# Pulsar 集群有 pulsar01、pulsar02、pulsar03 三台主机。
$ curl pulsar01:8080/admin/v2/persistent/public/test/stats # 无响应
$ curl pulsar02:8080/admin/v2/persistent/public/test/stats # test 由 pulsar02 管理，
    请求正常响应
$ curl pulsar03:8080/admin/v2/persistent/public/test/stats # 无响应
# 允许重定向之后，任意节点都可以访问
$ curl -L pulsar01:8080/admin/v2/persistent/public/test/stats # 正常响应
```

2. 命令行工具

在 Pulsar 二进制安装包中还提供了 pulsar-admin 命令行工具——pulsar-admin CLI。命令行工具具有与 HTTP 请求类似的功能，但是更方便管理员使用。

pulsar-admin CLI 工具中有一些通用参数，如表 9-1 所示。

表 9-1 pulsar-admin CLI 通用参数

参 数 名	功 能	默 认 值
admin-url	需要连接的服务端地址	http://localhost:8080/
auth-plugin	服务端需要的鉴权插件	空
auth-params	服务端需要的鉴权参数	空
request-timeout	请求超时阈值	300s
tls-allow-insecure	是否允许不安全的 TLS 连接	非必选项，无默认值
tls-enable-hostname-verification	是否允许主机名认证	非必选项，无默认值
tls-trust-cert-path	TLS 信任的证书地址	非必选项，无默认值

pulsar-admin CLI 目前支持的方法如表 9-2 所示。

表 9-2 pulsar-admin CLI 目前支持的方法

命　令	功　能	关键子命令
proxy-stats	查看 Proxy 组件统计状态	connections: 查看连接信息
		topics：查看主题相关信息
broker-stats	查看 Broker 组件状态	load-report: 查看负载报告
		monitoring-metrics：查看监控指标
		Mbeans：查看 mbean 状态
functions-worker	查看 Function Worker 统计状态	function-stats：Pulsar Function 运行状态
		monitoring-metrics：监控指标
		get-cluster：获取所有 Worke 节点信息
		get-cluster-leader：获取 Worker Leader
		get-function-assignments：查看 Pulsar Function 实例分配情况
tenants	租户管理	通过 list、get、create、update、delete 等命令对租户进行增删改查操作
namespaces	命名空间管理	通过 list、get、create、update、delete 等命令对命名空间进行增删改查操作
		Bundle 相关操作：bundles、split-bundle
		授权相关操作：permissions、grant-permission、revoke-permission、grant-subscription-permission
		backlog 配置管理操作：get-backlog-quotas、set-backlog-quota
		TTL 管理操作：get-message-ttl、set-message-ttl
		保留策略管理操作：get-retention、set-retention
		反亲和组管理操作：get-anti-affinity-group
		分层存储卸载管理操作：get-offload-policies、set-offload-policies、get-offload-threshold
		资源组管理操作：get-resource-group、set-resource-group
brokers	操作 Broker	healthcheck: 集群健康监测
		list: 查看集群中的 Broker 节点
		leader-broker: 获取 leader Broker 状态
		动态配置管理: update-dynamic-config、list-dynamic-config、delete-dynamic-config
functions/sources/sinks	操作 Pulsar Function 与 Pulsar I/O	任务生命周期管理：localrun、create、update、delete、get、restart、start、stop、list、trigger
		状态信息查看：status、stats
		状态管理：querystate、putstate
topics	操作主题	信 息 查 看：list、list-partitioned-topics、bundle-range、stats、stats-internal、info-internal、partitioned-stats、partitioned-stats-internal
		生命周期操作：create、create-partitioned-topic、terminate、delete、delete-partitioned-topic、create-missed-partitions、update-partitioned-topic
		订阅操作：subscriptions、create-subscription、unsubscribe
		主题授权：permissions、grant-permission、revoke-permission
		lookup 操作：lookup、partitioned-lookup
		以及与命名空间配置类似的各类配置策略

（续）

命　令	功　能	关键子命令
resource-quotas	资源配额管理	get：获取资源配额情况 set：设置资源配额情况 reset-namespace-bundle-quota：重设资源配置
ns-isolation-policy	命名空间隔离策略操作	set/get/list/delete 生命周期操作
bookies	Bookie 管理	list-bookies: 查看当前 Bookie 节点情况 机架信息操作：get-bookie-rack、delete-bookie-rack、set-bookie-rack、racks-placement
schemas	模式管理	进行 get、delete、upload、extract 等操作
clusters	cluster 管理	create/get/update/delete/list 等增删改查操作 故障域配置：create-failure-domain、update-failure-domain、get-failure-domain 对等集群：get-peer-clusters、update-peer-clusters
resourcegroups	资源组管理	通过 list、get、create、update、delete 等命令对资源组进行增删改查操作

3. pulsar-admin Java API 的使用方法

如果需要使用 pulsar-admin Java API 对集群进行管理，需要引入 pulsar-client-admin-api 依赖。pulsar-client 中包含了 pulsar-client-admin-api。如果当前项目已经引入了 pulsar-client 依赖，则无须再单独引入 pulsar-client-admin-api。示例代码如下。

```
# 单独引入 Maven 依赖
<dependency>
    <groupId>org.apache.pulsar</groupId>
    <artifactId>pulsar-client-admin-api</artifactId>
    <version>${pulsar.version}</version>
</dependency>
# 或者引入 Pulsar Client 依赖
<dependency>
    <groupId>org.apache.pulsar</groupId>
    <artifactId>pulsar-client</artifactId>
    <version>${pulsar.version}</version>
</dependency>
```

pulsar-admin Client 的使用方法与 Pulsar Client 类似，都需要通过 PulsarAdmin 构造器创建 Admin 客户端实例。如果服务端配置了身份认证机制，那么就需要通过构造器传入类似的身份认证参数。在 PulsarAdmin 对象中，拥有与 HTTP RESTful 工具、命令行工具类似的多个方法模块，通过调用对应方法即可实现管理功能。相关实现代码如下。

```
# 单独引入 Maven 依赖
String url = "http://localhost:8080";
PulsarAdmin admin = PulsarAdmin.builder()
    .serviceHttpUrl(url)
```

```
   .build();
# 通过 Broker 模块中的 getLeaderBroker 方法获取 Leader Broker 相关信息
System.out.println(admin.brokers().getLeaderBroker().getServiceUrl());
```

9.3.2 Pulsar Manager 工具

Pulsar Manager 是社区提供的管理和监视工具，可帮助管理员管理租户、命名空间、主题、订阅、Broker、集群等，支持多个环境的动态配置。

目前 Pulsar Manager 工具可以通过二进制安装包直接进行安装，或在 Docker 环境、Kubernetes 环境内进行安装，相关安装方法如下。

```
docker pull apachepulsar/pulsar-manager:v0.2.0
docker run -it \
-p 9527:9527 -p 7750:7750 \
-e SPRING_CONFIGURATION_FILE=/pulsar-manager/pulsar-manager/application.
   properties \
-v $PWD/bkvm.conf:/pulsar-manager/pulsar-manager/bkvm.conf \
   apachepulsar/pulsar-manager:v0.2.0
```

通过如下命令可以以二进制安装包的方式安装并在本机环境中启动 Pulsar Manager 服务。

```
# 下载安装包的链接 https://github.com/streamnative/pulsar-manager/releases
$ tar -zxvf apache-pulsar-manager-v0.3.0-rc1-bin.tar.gz
$ cd pulsar-manager
$ tar xf pulsar-manager.tar
$ bin/pulsar-manager
```

完成服务启动后还需要在集群中增加管理员账号，然后通过如下命令进行配置。

```
CSRF_TOKEN=$(curl http://localhost:7750/pulsar-manager/csrf-token)
curl -H 'X-XSRF-TOKEN: $CSRF_TOKEN' \
-H 'Cookie: XSRF-TOKEN=$CSRF_TOKEN;' \
-H "Content-Type: application/json" \
-X PUT http://localhost:7750/pulsar-manager/users/superuser \
-d '{"name": "admin", "password": "admin_password", "description": "test",
   "email": "test@test.cn"}'
```

上述操作都完成后，通过浏览器访问 http://localhost:9527/ 会弹出登录界面，此时需要使用上面注册过的账号进行登录。Pulsar Manager 是一个支持多 Pulsar 环境的管理工具，登录后可以添加集群环境信息，例如将本地集群地址 http://localhost:8080 注册至集群。管理界面如图 9-1 所示。

在 Pulsar 集群管理界面中可以查看当前集群的 Broker 节点与 Bookie 节点的情况。通过 Web 页面对当前集群故障域和隔离策略进行配置。在租户与命名空间管理功能中，不仅可以对租户和命名空间进行增删改查操作，还可以对权限进行管理。通可视化的 Web 界面，可以降低集群、租户、命名空间的变更成本。

图 9-1　Pulsar Manager 管理界面

主题管理功能是 Pulsar Manager 中的主要功能。通过图形化界面可以很方便地查看当前主题的生产者、订阅、消费者的情况，了解各个订阅中的 Backlog 情况，并提供 Backlog 操作入库功能。

Pulsar Manager 工具对 Pulsar RESTful 接口进行了二次封装，并以图像界面的方式为用户提供更加便捷的操作方式。

9.3.3　性能压测工具

Pulsar Perf 是 Pulsar 内置的性能测试工具，位于二进制安装目录 bin/pulsar-perf 下。可以使用 Pulsar Perf 来测试消息的写入或读取性能。

通过 Pulsar Perf 工具可以持续向 Pulsar 主题写入消息或消费消息，相关命令如下所示。

```
# 向 topic-name 中写入消息
$ bin/pulsar-perf produce topic-name
# 从 topic-name 中消费消息
$ bin/pulsar-perf consume topic-name
# 使用 Pulsar Reader 读取消息
$ bin/pulsar-perf read topic-name
# 直接向 ManagedLedger 写入消息
$ bin/pulsar-perf managed-ledger -zk localhost:2181
# 通过 websocket 写入消息
$  bin/pulsar-perf websocket-producer topic-name
```

在测试生产者时，produce 命令提供了丰富的参数以模拟多种写入场景。表 9-3 为 Pulsar Perf 生产者参数表。

表 9-3　Pulsar Perf 生产者参数表

选　项	说　明	默认值
access-mode	设置生产者访问模式。有效值是 Shared、Exclusive 和 WaitForExclusive	Shared
admin-url	设置 Pulsar admin URL	http://localhost:8080/
auth-plugin	设置认证插件类名	无
auth-params	设置认证参数，格式由认证插件类中 configure 方法的具体实现决定	无
batch-max-bytes	设置每个批消息的最大字节数	4194304
batch-max-messages	设置每个批消息的最大消息数	1000
batch-time-window	设置每批消息的窗口大小	1 ms
busy-wait	在 Pulsar 客户端启用或禁用 Busy-Wait	false
chunking	决定是否支持分块消息。启用该选项会关闭分批消息	false
compression	指定消息载荷（payload）的压缩格式	NONE
conf-file	设置配置文件	无
delay	给消息标记延迟时间	0s
encryption-key-name	设置用于加密有效载荷的公钥名称	无
encryption-key-value-file	设置包含用于加密有效载荷的公钥文件	无
exit-on-failure	决定配置发布失败时是否退出进程	false
histogram-file	HdrHistogram 输出文件路径	N/A
max-connections	设置单个 Broker 的最大 TCP 连接数	100
max-outstanding	设置未处理消息的最大数量	1000
max-outstanding-across-partitions	设置跨分区场景下的最大未处理消息数	50000
message-key-generation-mode	设置消息密钥的生成方式，有效选项是自动增量（autoIncrement）、随机（random）	不使用 key
num-io-threads	设置用于处理服务端连接的线程数	1
num-messages	设置要发布的消息总数。如果设为 0 则持续发布消息	0
num-producers	设置每个主题的生产者数量	1
num-test-threads	设置测试线程数量	1
num-topic	设置主题数量	1
partitions	配置是否使用给定数量的分区创建分区主题	不使用分区主题
payload-file	使用 UTF-8 编码的文本文件的有效载荷，在发布消息时随机选择一个有效载荷	不指定文件时，随机生成发送的数据
payload-delimiter	当使用来自文件的有效载荷时，设置每行之间的分隔符	\n
producer-name	生产者名	随机生成
rate	设置跨主题发布消息的速率（单位为条 /s）	100
send-timeout	发送超时阈值	0
service-url	设置 Pulsar 服务的 URL	pulsar:localhost:6650
size	设置消息大小	1024 B
stats-interval-seconds	设置统计间隔，如果为 0 则不统计	0

（续）

选　项	说　明	默认值
test-duration	设置测试持续时间，如果设为 0 则持续保持发布测试	0s
trust-cert-file	设置受信任的 TLS 证书文件所在路径	空
warmup-time	设置预热时间	1s

在测试消费者时，consume 命令也提供了丰富的参数以模拟多种读取场景。表 9-4 是 Pulsar Perf 消费者参数表，其中 auth-params、busy-wait、histogram-file、conf-file、encryption-key-name 等参数与生产者中对应参数的用法类似，故这里不再赘述。

表 9-4　Pulsar Perf 消费者参数表

选　项	说　明	默认值
acks-delay-millis	设置确认分组的延迟时间，以 ms 为单位	100
auto_ack_chunk_q_full	在队列满时，决定是否自动确认接收器队列中最旧的消息	false
batch-index-ack	开启或禁用批量索引确认	false
expire_time_incomplete_chunked_messages	设置不完整块消息的过期时间（以 ms 为单位）	
max_chunked_msg	设置最大挂起的块消息	0
num-consumers	设定每个主题的消费者数量	1
num-subscriptions	设置订阅数（每个主题）	1
num-topic	设置主题数量	1
rate	模拟一个慢速消费者消费消息（条 /s）	0.0
receiver-queue-size	设置接收队列大小	1000
receiver-queue-size-across-partitions	设置跨分区接收队列的最大值	50000
replicated	配置是否复制订阅状态	false
subscriber-name	设置订阅者名称前缀	
subscription-position	设置订阅位置有效值为最新（Earliest）、最早（Latest）	Latest
subscription-type	设置订阅类型，取值包括 Exclusive、Shared、Failover、Key_Shared	Exclusive

Pulsar Perf 工具还提供了负载状态查看功能，通过该功能可以周期性展示服务端资源占用情况和吞吐情况。查看服务端负载情况的命令如下。

```
$ bin/pulsar-perf monitor-brokers --connect-string localhost:2181
```

9.3.4　ManagedLedger 管理

Pulsar 将数据存储到 BookKeeper Ledger 中，并通过 ManagedLedger 进行抽象管理。与 Ledger 相关的元数据会保存在 Zookeeper 上，可以通过 BookKeeper API 对这些元数据进行读取。通过 Pulsar 提供的管理工具可以更方便地管理 Ledger 元数据信息。表 9-5 所示为 Zookeeper 中元数据的存储情况。

表 9-5 元数据存储情况

类 型	位 置	内 容
Ledger 管理信息	/managed-ledgers/{tenant}/{namespace}/ persistent/{topic-name}	Ledger 分布情况
订阅 Cursor 情况	/managed-ledgers/{tenant}/{namespace}/ persistent/{topic-name}/{subscription-name}	订阅消费游标位置

Pulsar 提供了检查附加到 Ledger 上的元数据情况的工具，通过该工具可以了解 Pulsar 存储元数据的情况。要想正常使用该工具，要求环境内必须安装了 Python3，并安装了 kazoo、protobuf 等依赖。

通过 print-managed-ledger 命令可以查看每个主题 ManagedLedger 关联的 Ledger。通过 print-cursor 可以查看主题中每个订阅的消费位置信息。通过 Pulsar 管理接口 /admin/v2/persistent/{tenant}/{namespace}/{topic}/internalStats 也可以查看每个订阅的消费位置信息。相关示例代码如下。

```
# 查看 Ledger 信息
$ python3 bin/pulsar-managed-ledger-admin print-managed-ledger  --zkServer \
    localhost:2181  --managedLedgerPath  public/default/persistent/topic-name \
ledgerInfo {
ledgerId: 32
entries: 59998
size: 65163003
timestamp: 1644327971956
}
$ curl http://localhost:8080/admin/v2/persistent/public/default/topic-name/
    internalStats


# 查看订阅的游标位置
$ python3 bin/pulsar-managed-ledger-admin print-cursor --zkServer localhost:2181
    --managedLedgerPath  public/default/persistent/topic-name --cursorName sub
cursorsLedgerId: 33
markDeleteLedgerId: 24
markDeleteEntryId: 234
```

通过 update-mark-delete-cursor 命令可以更新订阅的游标位置，其中 markDeletePosition 值为 <ledgerId>:<entryId> 的组合（例如 123:1），示例代码如下。

```
# 修改订阅的游标位置。
$ python3 bin/pulsar-managed-ledger-admin update-mark-delete-cursor --zkServer
    localhost:2181    --managedLedgerPath    public/default/persistent/topic-name
    --cursorName sub --cursorMarkDelete 24:1
Updated /managed-ledgers/public/default/persistent/topic-name/sub with value
cursorsLedgerId: 33
markDeleteLedgerId: 24
markDeleteEntryId: 1
```

通过 delete-managed-ledger-ids 命令可以显式删除 Ledger，并更新 Ledger 信息到 Zookeeper，示例代码如下。

```
# 删除 Ledger
$ python3 bin/pulsar-managed-ledger-admin delete-managed-ledger-ids --zkServer
    localhost:2181   --managedLedgerPath   public/default/persistent/topic-name
    --ledgerIds 32
```

9.4　集群管理

本节介绍使用与运维集群过程中常见的管理操作。

9.4.1　配置管理

Pulsar 中的配置项分为多种层次和形式，且具有不同的优先级，如 Broker 静态配置、Broker 动态配置、Namespace 策略、主题级策略等。丰富的集群配置方式让 Pulsar 拥有丰富的功能。本节将对集群配置方式与配置内容进行介绍。

1. 静态配置与动态配置

conf/broker.conf 中的配置为静态配置，常规的集群配置也在其中，需要手动重启集群修改后的配置才会生效。若是在集群模式中进行相关部署，还需要滚动修改所有的集群节点。

Pulsar 还可以针对部分内容进行动态配置：通过 list-dynamic-config 可以查看所有动态配置选项，通过 update-dynamic-config 可以动态更新配置，通过 get-all-dynamic-config 可以查看所有已配置的动态参数。除了命令行，还可以统一通过 RESTful 接口进行配置，示例代码如下。

```
# 列出所有可更新的动态配置项
$ bin/pulsar-admin brokers list-dynamic-config
# 更新动态参数配置
$ bin/pulsar-admin brokers update-dynamic-config --config superUserRoles --value
    admin
# 列出修改后的动态配置项
$ bin/pulsar-admin brokers get-all-dynamic-config
"superUserRoles    admin"
# HTTP 方法
GET 方法    /brokers/configuration
POST 方法   /brokers/configuration/{configName}/{configValue}。
GET 方法    /brokers/configuration/values
```

在启动 Pulsar 服务端时，首先会加载静态配置，然后会使用动态配置覆盖静态配置，此时的配置被称为运行时配置。Pulsar 服务端运行会依赖运行时配置。通过如下命令可以查看运行时配置。

```
# 列出所有的运行时配置
$ bin/pulsar-admin brokers get-runtime-config
GET 方法 /brokers/configuration/runtime
```

2. 命名空间策略

Pulsar 是一个原生支持多租户的系统，多租户的目的是让多用户使用同一套程序，且保证用户间资源与数据隔离。命名空间是租户内的独立管理单元。在命名空间上设置的配置策略适用于在该命名空间中创建的所有主题。命名空间是 Pulsar 的基本管理单位，原则上一个命名空间内的所有主题应具有类似的业务特征与数据特点。命名空间支持的配置命令如表 9-6 所示。

表 9-6　命名空间支持的配置命令

配置方式	功　　能	参　　数
set-auto-topic-creation remove-auto-topic-creation	为命名空间启用或禁用自动创建主题功能，修改此配置会覆盖服务端全局设置（allowAutoTopicCreation）	--enable/--disable：开启或关闭该功能 --type：配置自动创建分区或分区主题 -n：分区主题的分区数
set-deduplication	为命名空间启用或禁用自动去重功能，修改此配置会覆盖服务端设置（brokerDeduplicationEnabled）	--enable/--disable：开启或关闭该功能
set-auto-subscription-creation remove-auto-subscription-creation	为命名空间启用或禁用自动创建订阅功能，修改此配置会覆盖服务端全局设置（allowAutoSubscriptionCreation）	--enable/--disable：开启或关闭该功能
set-backlog-quota remove-backlog-quota	为命名空间设置积压配额策略，修改此配置会覆盖服务端全局设置（backlogQuotaDefaultLimitGB、backlogQuotaDefaultLimitBytes、backlogQuotaDefaultLimitSecond）	-t：积压配额类型，有效的选项是 destination_storage、message_age -l：积压大小，取值可为 10MB、16GB 等 -lt：积压消息的时间限制，默认单位为 s，取值可为 3600s、1h 等 -p：达到限制时执行的保留策略，有效选项是 producer_request_hold、producer_exception 或 consumer_backlog_eviction
set-persistence	为命名空间内的存储特性设置持久性策略，修改此配置会覆盖服务端全局设置（managedLedgerDefaultEnsembleSize、managedLedgerDefaultWriteQuorum、managedLedgerDefaultAckQuorum）	-a：最小副本数 -e：总 Bookie 节点数 -w：最大副本数 -r：标记删除操作的节流率
set-message-ttl remove-message-ttl	为命名空间设置消息存活时间	-ttl：以 s 为单位的消息存活时间当该值设置为 0 时，TTL 被禁用。默认情况下禁用 TTL
set-max-subscriptions-per-topic	该命名空间下每个主题的最大订阅数，修改此配置会覆盖服务端全局设置	-t：每个主题最大订阅数，例如 1s、10s、1m、5h、3d -d/-e：决定不活跃主题是否删除

（续）

配置方式	功　能	参　数
set-max-subscriptions-per-topic	（maxSubscriptionsPerTopic 默认为 0 不做任何限制）	-m：删除非活动主题的模式，有效选项有 [delete_when_no_subscriptions, delete_when_subscriptions_caught_up]
set-subscription-expiration-time	该命名空间下每个不活跃订阅的存活时间，修改此配置会覆盖服务端全局设置（subscriptionExpirationTimeMinutes）	-t：为命名空间设置订阅到期的时间，单位为 min
set-anti-affinity-group	为命名空间设置反亲和组	-g：反亲和组名称
set-bookie-affinity-group	为 Bookie 设置亲和组	-pg：首选亲和组 -sg：次选亲和组
set-inactive-topic-policies	不活跃主题处理策略	-t：判定主题不活跃的时间标准
set-max-unacked-messages-per-subscription	每个共享订阅允许的最大未确认消息数。一旦达到阈值将停止向所有消费者发送消息	-c：最大消息阈值
set-max-unacked-messages-per-consumer	每个消费者允许的最大未确认消息数。一旦达到阈值将停止向该消费者发送消息	-c：最大消息阈值
set-resource-group	设置资源组	-rgn：资源组名

通过 policies 命令可查看全部已配置策略。在命名空间策略的基础上，还可以在主题级别使用更加精细化的策略配置。主题级别的配置策略的优先级高于命名空间默认配置策略，它的配置参数与命名空间配置策略类似，均可通过 pulsar-admin topics 进行查看，示例代码如下，此处对此不再展开。服务端开启主题级别配置策略前需要将 topicLevelPoliciesEnabled 设为 true。

```
# 列出所有的命名空间配置
$ bin/pulsar-admin namespaces policies public/default
# 查看主题级别配置策略
$ bin/pulsar-admin topics
```

9.4.2　Pulsar 资源配置

Pulsar 的多层存储架构和分层资源管理机制为隔离策略提供了坚实基础。每个线上集群都可以对应不同的业务数据，这样可以避免多个业务互相影响。Pulsar 提供了命名空间级别的隔离配置，通过合理的配置策略，可以针对不同优先级的业务提供不同程度的硬件设备及物理隔离条件。

1. Broker 命名空间独占策略

Pulsar 提供了在 Broker 节点之间进行资源隔离的命令 ns-isolation-policy，通过这个命令可为集群创建命名空间隔离策略（此操作需要 Pulsar 超级用户权限）。通过这个命令可以将特定的命名空间单独隔离在部分机器上，从而避免该命名空间受到其他命名空间的影响。示例代码如下。

```
# 列出所有的命名空间的配置
$ bin/pulsar-admin ns-isolation-policy set --auto-failover-policy-type min_
    available \
--namespaces public/default \                    # 设定需要隔离的命名空间
--primary broker1,broker2 \                      # 设定首选 Broker 节点
--auto-failover-policy-params 'min_limit=1,usage_threshold=80' \  # 自动故障转移参数
standalone my-policy1                            # 集群与策略名
```

在 Pulsar 中，当命名空间动态分配给 Broker 节点时，命名空间隔离策略会限制可用于分配的 Broker 机器集。在将主题分配给 Broker 节点之前，可以使用正则表达式设置命名空间隔离策略以选择所需的 Broker 节点。

2. Bookie 独占配置

除了可以对命名空间进行 Broker 命名空间独占配置外，还可以对 Bookie 节点进行存储独占配置。所有的 Bookie 节点都可以被定义为 Bookie 组，以对相应的机架信息进行标记。Pulsar 通过不同 Bookie 亲和组（Affinity group）实现存储隔离。相应的示例代码如下。

```
# 为 Bookie 节点进行打标
$ bin/pulsar-admin bookies set-bookie-rack \
--bookie 127.0.0.1:3181 \
--hostname 127.0.0.1:3181 \
--group group-bookie1 \
--rack rack1
```

Bookie 亲和组使用 BookKeeper 机架感知放置策略，从而为每个命名空间设置首选 Bookie 组与次选 Bookie 组，以保证属于该命名空间的所有数据都存储在所需的 Bookie 节点中。

```
# 为命名空间配置首选 Bookie 组
$ bin/pulsar-admin namespaces set-bookie-affinity-group public/default \
--primary-group group-bookie1
```

3. 故障域与反亲和组配置

Pulsar Broker 是无状态节点，理论上可以进行无限扩容，但在故障发生时管理故障的影响却变得富有挑战性。将单个域划分为多个虚拟域总是有益的，这些虚拟域可以充当故障域并提高系统整体可用性。

```
# 为集群配置故障域
$ pulsar-admin clusters create-failure-domain <cluster-name> \
--domain-name <domain-name> \
--broker-list <broker-list-comma-separated>
```

在 Pulsar 中，每个集群有多个预先配置的故障域，每个故障域是一个包含一组 Broker

节点的逻辑区域。集群的变更操作每次都只针对某个故障域，而不是全部节点。这样做可以让对应用程序有影响的方法将流量分配到多个故障域，此时任何故障域出现故障仅会导致应用程序流量的部分中断，而不会导致全局流量受到影响。

有时应用程序有多个命名空间并希望其中一个始终可用于避免其中某个停机。在这种情况下，我们可以将这些命名空间分布到不同的故障域。这样的操作会依赖 Pulsar 的反亲和命名空间组配置。

命名空间应该由不同的故障域和不同的 Broker 节点拥有，因此，如果其中一个故障域关闭，那么它只会破坏由该特定故障域拥有的命名空间，其他域拥有的命名空间将保持可用且不会受到任何影响。这样的命名空间组彼此之间具有反亲和性，它们一起构成了一个反亲和命名空间组。该组描述了属于该反亲和组的所有命名空间都具有的反亲和性，负载均衡器应尝试将这些命名空间放置到不同的故障域。如果反亲和命名空间的数量多于故障域，那么负载均衡器会在所有域中均匀分布命名空间，并且每个域下的所有 Broker 节点都应该均匀分布命名空间。相关示例代码如下。

```
# 为集群配置故障域
$ bin/pulsar-admin namespaces set-anti-affinity-group <namespace> --group
    <group-name>
```

Chapter 10　第 10 章

Pulsar 与 Flink 生态

Apache Flink（下面简称 Flink）是一个分布式计算引擎，可以在无边界和有边界数据流上执行有状态的计算[⊖]。Flink 能在本地独立部署，或者在常见集群环境（如 Hadoop YARN、Apache Mesos 和 Kubernetes）中运行。因此 Flink 可以充分利用大量的 CPU、内存、磁盘和网络 I/O 等资源，对大规模数据集进行计算。

Flink 功能强大，支持开发和运行多种不同种类的应用程序。它具有批流一体化、精密的状态管理、支持事件时间以及精确一次性保障等特征，因此我们借助 Flink 可以构建事件驱动型应用及数据分析型应用。

Flink 提供了统一的计算视图，让用户可以用统一的 API 来处理实时数据和历史数据。而 Pulsar 基于存储计算分离、分层存储、分块存储等，也提供了对批流一体的存储支持。Pulsar 可以根据计算引擎的不同，支持实时计算和离线计算两类场景。Pulsar 通过存储计算分离，为计算层提供了统一访问实时数据和历史数据的接口。

Pulsar 根据数据分片机制，可以把旧的冷数据分片放到二级存储中，这样理论上可以支撑无限的流存储。Pulsar 的消费者可以为分层存储的异构数据提供统一的访问视图。

Flink 与 Pulsar 结合实现批流一体更加有优势，可以更好地实现批流融合。对用户来说，只使用一套代码，就可以构建出满足实时与离线需求的业务逻辑。本章将介绍 Flink 的基本概念与使用方式，并进一步讨论如何将 Pulsar 与 Flink 相结合，以及如何通过 Pulsar 构建 Flink 程序。

⊖　Flink 项目地址：https://flink.apache.org/。

10.1　Flink 简介

本节将对 Flink 的概念、组件、使用方式和应用进行简单介绍。

10.1.1　Flink 的概念

为了实现实时事件流处理，Flink 引入了很多概念，本节会对计算模型及其涉及的关键概念进行介绍。

1.Flink 计算模型

Flink 中计算的处理单元是记录（Record）。实时流处理系统中的每个记录通常都包含时间属性。Flink 提供了以下 3 种时间。

❑ **事件时间（EventTime）**：事件生产的时间，通常事件生成时间会作为数据中的某个字段被记录。

❑ **摄入时间（IngestionTime）**：数据流从源连接器进入 Flink 的时间。

❑ **处理时间（ProcessingTime）**：运算符在执行时间类操作时的本地时间。

Flink 程序的基础构建模块是流（Stream）与转换（Transformation）。流是 Flink 计算的中间结果。Flink 数据的输入过程被称为源算子（Source Operator），数据的处理过程被称为转换算子（Transform Operator），数据的输出过程被称为输出算子（Sink Operator）。转换算子对一个或多个输入流进行处理并输出一个或多个结果流。数据流与算子之间的关系可以用有向无环图（DAG）来表示，如图 10-1 所示。

图 10-1　数据流与算子关系图

2. Flink 分层 API

Flink 为流式与批式处理应用程序提供了不同级别的操作，分别对应关系型 SQL API、通用接口 DataStream API 与底层处理函数。这三类操作具有不同程度的灵活性与易用性。

Flink API 中最顶层的抽象是 Table API 与 Flink SQL 语句操作。Table API 是以表为中心的声明式编程 API，类似关系型数据中的查询操作。在流式数据场景下，Table API 可以将输入的数据流表示为一张正在动态改变的表；在离线批处理场景下，可以将所有数据视为表中的数据。

Table API 扩展了关系模型，所有的表需要拥有确定的表结构与数据类型，因此 Table API 也可以提供关系模型中的操作，比如创建（Create）表、查询（Select）、表关联（Join）、表分组聚合（Group-by）等。

Table API 操作数据的方式与 Flink SQL 操作数据的方式十分类似，这两类 API 的关系非常紧密。Table API 和 SQL 实际上被集成在同一套 API 中。两者的区别在于，Table API 使用类 SQL 的 API 编码，而 Flink SQL 只需要执行对应的 SQL 语句。

在 Flink SQL 中也遵循 Flink 基础计算模型，即将对数据的操作分为输入、处理、输出。在 Flink SQL 语句中，CREATE TABLE 语句代表使用连接器创建的表，所创建的表逻辑上可分为用于输入的 Source 表与用于输出的 Sink 表；SELECT 语句代表数据的处理逻辑；INSERT INTO 语句代表通过计算结果输出到 Sink 表的过程。相关实现代码如下。

```
# 创建输入与输出表
CREATE TABLE input_test(id INT, name VARCHAR)
WITH ( 'connector' = 'filesystem',  'path' = '/path/to/input.csv', 'format' =
    'csv');
CREATE TABLE out_test(id INT, name VARCHAR, len INT)
WITH ( 'connector' = 'filesystem',  'path' = '/path/to/out', 'format' = 'csv');
# 数据处理
SELECT id, name, CHAR_LENGTH(name) as len FROM input_test;
# 数据输出
INSERT INTO out_test
SELECT id, name, CHAR_LENGTH(name) as len FROM input_test;
```

Flink API 的第二层抽象是 DataStream API，它拥有比 Table API 更高的灵活度，可以在 Table API 不能满足需求时进行逻辑处理。DataStream API 提供了通用的算子，例如输入与输出连接器、转换函数、表连接方式、聚合、窗口和状态等。

若遇到 SQL 语言尚不支持的功能，可通过用户自定义函数（User-Defined Function，UDF）来实现。使用 DataStream API 可以自定义转换逻辑并访问状态存储，这种方式具有 Table API 无法比拟的灵活度。使用 DataStream API 实现 World Count 程序逻辑的代码如下。

```
DataStreamSource<String> source = env.fromElements("Apache Pulsar", "Apache
    Flink");
DataStream<Tuple2<String, Integer>> counts = source.flatMap(
new FlatMapFunction<String, Tuple2<String, Integer>>() {
    @Override
    public void flatMap(String s, Collector<Tuple2<String, Integer>> collector) {
        String[] words = s.split("\\W+");
        Arrays.stream(words).forEachOrdered(
word -> collector.collect(new Tuple2(word, 1))
);
        }
}
).keyBy(0).sum(1);
```

在 Flink API 中，最底层的抽象为有状态实时流处理，它的抽象实现是处理函数。处理函数允许用户在应用程序中自由处理来自单流或多流的数据，并提供具有全局一致性和容错保障的状态，提供最灵活的数据处理方式。此外，用户可以在此层抽象中注册事件时间和处理时间的回调方法，从而允许程序实现复杂计算。

关系型 SQL API、通用接口 DataStream API 与底层处理函数具有不同的灵活程度和开发复杂度。Table API 是以声明的方式定义应执行的逻辑操作，而不是确切地指定程序应该执行的代码。这种方式可以为熟知 SQL 语法的开发人员提供低门槛的逻辑实现方式。Table API 使用起来很简洁，可以通过各种类型的用户自定义函数来扩展功能，但在表达能力方面比 DataStream API 差，且无法访问内部状态并进行更加灵活的控制。除此之外，Table API 依赖查询优化器对 SQL 语句进行解析，并根据优化规则对用户编写的表达式进行优化，因此可能会写出执行效率较低的 SQL 语句。目前处理函数被 Flink 框架集成到了 DataStream API 中，因此 DataStream API 也拥有有状态实时流处理级别的灵活度。用户需要根据业务场景需求，灵活选择不同操作方式。

3. 有状态流处理

流计算不仅会涉及数据转换逻辑和数据处理逻辑，有些操作还会涉及流处理过程中的状态信息（例如单词出现频率），这类操作称为有状态操作。实时计算引擎对状态信息的支持是流计算中挑战性较大的一部分。

Flink 有两种基本类型的状态——托管状态（Managed State）和原生状态（Raw State）。Flink 可以定期保存状态数据到存储空间上，并在发生故障后根据之前的备份进行数据恢复，这种工作机制被称为快照机制。托管状态是由 Flink 的快照机制进行管理的，Flink 负责存储与恢复功能，无须借助第三方存储系统解决状态存储问题。

托管状态分为两种——有键状态（Keyed State）与算子状态（Operator State）。在处理状态时，Flink 提供了不同的状态后端，用于指定状态的存储方式和位置。

KeyedStream 代表经过分区运算后的数据流，它维护着每个键值的状态，即 Keyed State。Keyed State 会为每个键值维护一个状态实例，数据流中键值相同的数据共享一个状态，所有共享同一状态的数据都可以访问和更新这个状态。通过内置的状态存储，我们可以实现如下词频统计逻辑。

```
# 通过 Keyed State 实现 World Count 程序逻辑
source
.keyBy(x -> x)
.flatMap(new RichFlatMapFunction<String, Tuple2<String, Integer>>() {
    private MapState<String, Integer> mapState;
    @Override
    public void open(Configuration parameters) throws Exception {
        super.open(parameters);
        mapState = getRuntimeContext().getMapState(
            new MapStateDescriptor<String, Integer>(
                "countMap", Types.STRING, Types.INT
            ));
    }
```

```
        @Override
        public void flatMap(String value, Collector<Tuple2<String, Integer>>
            collector) throws Exception {
            int counts = mapState.contains(value) ? 1 + mapState.get(value) : 1;
            mapState.put(value, counts);
            collector.collect(new Tuple2<>(value, counts));
        }
    })
    .print();
```

Operator State 用在所有算子上，每个算子的子任务（子任务数等于分区数）共享一个状态，流入这个算子子任务的所有数据都可以访问和更新这个状态。

4. 水位线

在 Flink 中，使用水位线（Watermark）处理乱序事件。实时数据源中可能存在数据乱序的情况，为了保证计算结果的正确性，计算过程需要等待延迟数据，这增加了计算的复杂性，同时引入了几个新的问题：计算要延迟多久？如何处理延迟的数据？

延迟太久的数据不能无限期地等下去，所以必须有一个机制来保证在特定的时间后一定会触发窗口进行计算，这个触发机制就是水位线。

Flink 的 3 种时间语义中，可以不用为摄入时间和处理时间设置水位线。如果我们要使用事件时间语义来指定数据流中每个事件的时间，则需要提供生成水位线的方式。水位线是一种特殊的数据结构，它包含一个时间戳，并假设后续不会有小于该时间戳的数据。

水位线时间戳是单调递增的，这样可以保证时间不会倒流。水位线与窗口相结合可以为实时计算乱序时间提供处理方案。

水位线机制允许用户来控制准确度和延迟。若将水位线设置得与事件时间戳很近，会使得整个应用的延迟很低，但也会因此产生不少"迟到"的数据，影响计算结果的准确度。当水位线设置得非常宽松时，准确度能够得到提升，但 Flink 必须等待更长的时间才能进行计算，应用的延迟会比较高。

5. 窗口

窗口是处理无限流的核心。窗口机制将流分成有限大小的"桶"，我们可以在这些桶上进行计算。Flink 窗口算子可以总结为如下表达式。

```
stream                                  # 输入流
[.keyBy(...) | 无 ]                     # 根据有无 keyBy 操作区分为键控流与非键控流
.window(...) | windowAll(...)           # 定义窗口分配器
[.trigger(...)]                         # 窗口触发器
[.evictor(...)]                         # 驱逐器
[.allowedLateness(...)]                 # 最大允许延迟
[.sideOutputLateData(...)]              # 延迟侧输出
.reduce() | aggregate() | apply()       # 窗口函数
[.getSideOutput(...)]                   # 额外的侧输出流
```

　　首先，根据是否依赖"键"可将窗口分为两类——键控流窗口和非键控流窗口。键控流窗口先会将数据分区，然后将使用相同键的所有元素发送到同一个并行任务。每个逻辑键控流都可以独立于其余键控流进行处理，因此键控流窗口允许并行执行多个任务。在非键控流窗口下，原始流不会被拆分为多个逻辑流，并且所有窗口化逻辑都将由单个任务执行。

　　下一步是定义一个窗口分配器。窗口分配器定义了如何将元素分配给窗口。这是通过在键控流 window 方法或非键控流 windowAll 方法中指定窗口所需要的 WindowAssigner 对象来完成的。

　　窗口分配器负责将每个传入元素分配给一个或多个窗口。Flink 提供了多个预定义窗口——全局窗口、计数窗口、翻转窗口、滑动窗口、会话窗口。

　　用户还可以通过扩展 WindowAssigner 类来实现自定义窗口分配器。全局窗口会将所有的元素分配在一个窗口中。计数窗口是基于数据驱动的，例如每 10 个元素会触发一个窗口。其他的内置窗口分配器都根据时间将元素分配给窗口，时间既可以是处理时间又可以是事件时间。基于时间的窗口有一个开始时间戳和一个结束时间戳，它们一起描述了窗口的大小。

　　在定义好窗口分配器之后，就需要通过窗口函数（Window Function）来指定要在每个窗口上执行的计算了。系统一旦确定一个窗口已准备好，那么窗口函数就可以被用于处理每个属于该窗口的元素。

　　窗口触发器用于确定当前窗口可以进行的运算。每个窗口的分配器都带有一个默认的窗口触发器。如果默认的窗口触发器不符合需求，可以使用 trigger 方法自定义窗口触发器。

　　Flink 窗口模型还允许在窗口分配器和窗口触发器之外指定一个可选的驱逐器，驱逐器能够从窗口中在触发器触发之后及应用窗口函数之前移除元素。

　　Flink 允许为窗口操作符指定最大允许延迟。默认情况下，当水印超过窗口末尾时，后面出现的元素会被丢弃。最大允许延迟可以用于指定元素在被删除之前可以延迟多少时间。在最大延迟之后到来的数据会被丢弃，但是可以使用 Flink 的延迟侧输出功能获得最后被丢弃的数据并对其进行额外处理。

　　在窗口的生命周期中，属于该窗口的第一个元素到达时就会创建一个窗口，当水位线超过窗口结束时间戳加上用户指定允许延迟时，该窗口将被删除。

6. 检查点与故障恢复

　　Flink 提供了流重放与检查点机制，该机制用于状态容错与任务恢复。检查点用于标记每个输入流中的特定点以及每个操作符的相应状态。

　　Flink 中的每个方法或算子都可以是有状态的。状态化的方法在处理单个元素的同时会存储状态数据，从而使各种类型的算子可以更加精细。检查点使得 Flink 能够恢复状态和数据流消费的位置，从而向应用提供和无故障执行一样的语义。

Flink 容错机制不断生成分布式数据流快照。对于产生状态量较小的流式传输应用程序来说，这些快照是非常轻量级的，可以频繁地异步生成，并且对整个系统性能不会产生太大影响。如果由于机器、网络或软件出现故障，Flink 会停止发送分布式数据流，然后系统会重新启动所有的算子并将其重置为最新的检查点。

10.1.2　Flink 基本组件

Flink 集群包含 JobManager、TaskManager、客户端等组件。除此之外，在生产环境中使用 Flink 时，还需要依赖第三方的开源项目，例如负责资源管理的 YARN 和 Kubernetes、负责高可用服务的 Zookeeper 和 Kubernetes HA、负责持久化文件存储服务的 HDFS 等。

本节将简单介绍 Flink 集群所涉组件的功能和原理，为后续应用 Pulsar 数据源提供理论基础。另外，Flink 是一个较为复杂的系统，本节将会介绍与 Pulsar-Flink 作业运行相关的概念，更多的 Flink 细节可参考社区文档与相关图书。

1. JobManager

JobManager 是协调 Flink 应用程序的重要组件，主要负责资源管理、分布式作业执行管理等。

JobManager 需要负责提供、回收、分配 Flink 集群中的资源。Flink 现在可以部署在 Standalone、YARN 或 Kubernetes 等环境上。JobManager 通过资源管理（ResourceManager）模块可统一处理资源分配问题。资源管理模块需要从资源提供方获取计算资源，并在集群中有计算需求时对空闲的资源进行分配。当计算任务结束时，会收回这些资源。

在 Flink 中，计算资源的基本单位是 TaskManager 上的任务槽位（Task Slot）。每个工作节点（即 TaskManager）都是一个 JVM 进程，可以在单独的线程中执行一个或多个任务。为了控制一个工作节点中资源的使用情况，即控制可接受多少个任务同时运行，Flink 使用任务槽位来描述资源情况。每个任务槽位代表一个工作节点中资源的固定子集。例如，具有 3 个任务槽位的工作节点，会将其托管的内存的 1/3 用于每个任务槽位，并实现内存级别的资源隔离。

除了进行 Flink 集群资源管理外，JobManager 还对分布式任务执行负部分责任：如任务调度、失败恢复、快照管理，以及必要的 WebUI 支持与 RestFul API 接口支持。

在 Flink 中，任务的调度过程在逻辑上可以分为 4 个阶段：StreamGraph、JobGraph、ExecutionGraph、物理执行。

❑ StreamGraph 是根据用户代码生成的算子逻辑，用来表示一个 Flink 流处理作业的拓扑结构。

❑ JobGraph 代表对 StreamGraph 进行优化后，由客户端提交给 JobManager 的作业拓扑结构。在这个阶段会进行算子链优化等操作。

❑ ExecutionGraph 是 JobManager 中 JobGraph 的并行化版本，JobManager 将根据 ExecutionGraph 进行任务调度，在工作节点上进行实际的任务计算。

❑ 物理执行阶段在工作节点上进行源数据拉取、转换、运算等操作。

在 Flink 任务执行调度的过程中，JobManager 通过资源管理与作业管理的方式统筹整个集群上的资源使用与作业运行情况。

2. TaskManager

在 JobManager 完成任务调度后，TaskManager 负责执行作业流的任务，并且负责缓存和交换数据流。在一个集群中至少要有一个 TaskManager。

在 Flink 集群中，有任务（Task）与子任务（Sub Task）两种概念。每个任务根据并行度的不同会被分为多个并行子任务，这些子任务具有相同的计算逻辑。因此任务可以看作逻辑层的算子，而子任务是物理执行计划中的并行算子模型。任务与子任务的关系如图 10-2 所示。

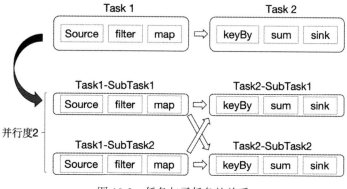

图 10-2 任务与子任务的关系

3. 客户端

在一个 Flink 集群中需要由客户端提交作业。客户端需要获取 Flink 应用程序的代码，并从中解析出 StreamGraph，然后将其转换为 JobGraph 并提交给 JobManager。JobManager 将工作分配到 TaskManagers 上，并在 TaskManagers 上运行实际的操作算子（例如输入源、转换和接收器）。

在客户端阶段会进行算子链优化操作。用户会在应用程序中配置一系列的计算操作，Flink 会将这些非 Shuffle 操作算子链接在一起，组成算子链。每个任务都是一个封装了算子操作或者算子链的并行化实例，如图 10-3 所示。使用算子链是一个非常有效的优化方法，这种方法可以有效减少算子与子任务之间的传输开销。链接之后形成的任务是 TaskManager 中的一个线程。

图 10-3 任务与算子链的关系

10.2　Flink Pulsar 源连接器

本节将介绍基于 Data Source API 构建的 Pulsar 连接器的使用方法。目前基于 Data Source API 构建的 Flink Source 连接器已经合并到 Flink 项目中，并通过 Data Source API 为连接器提供了流批一体的统一抽象。除此之外，Pulsar 社区还基于旧版本的流数据源接口 SourceFunction 构建了 Pulsar 连接器，对于这部分内容这里就不会展开介绍，读者可自行了解[一]。

10.2.1　源连接器的使用

本节将介绍如何使用 Flink Pulsar 源连接器 (又称 Flink Pulsar Source 连接器) 进行 Flink 实时计算，同时介绍与 Flink Pulsar 源连接器相关的参数。

1. 本地集群安装

在本地构建 Flink 集群需要从官网下载二进制安装包[二]，并需要保证安装了 Java 8 或者 Java 11。这里使用当前（本书完稿时）最新版本 1.14.2 构建测试用例。下载二进制安装包的方法如下。

```
$ tar -xzf flink-1.14.2-bin-scala_2.11.tgz
$ cd flink-1.14.2-bin-scala_2.11
$ bin/start-cluster.sh
```

下载二进制安装包后进行解压，通过 start-cluster 命令即可启动本地集群。本地集群会在后台运行，可通过 stop-cluster 命令终止相关进程。

此时可提交作业（Job）到本地集群中，通过如下命令可以将 Flink 的示例作业运行在本地集群上。Flink 提供了 Web UI 来查看作业执行情况。该管理后台默认使用 8081 端口，通过如下链接可以查看刚才提交的作业 http://localhost:8081/。

```
$ bin/flink run examples/streaming/WordCount.jar
$ tail log/flink-*-taskexecutor-*.out        # 查看作业执行结果
```

此时已经构建出可以满足本书所用实验环境的测试集群，并成功提交了第一个 Flink 作业。Flink 是一个多功能框架，可以支持许多不同的部署场景。除了本地运行外，Flink 还可以通过不同的资源提供者框架进行部署，例如 Kubernetes 或 YARN[三]。

如果只是想在本地启动 Flink，那么设置一个 Standalone Cluster 就足够了。如果需要在生产环境使用，建议通过 YARN[四]或 Kubernetes[五]实现资源管理功能。关于这些内容，社区提

[一] 《基于 SourceFunction 的连接器》，https://github.com/streamnative/pulsar-flink。

[二] 下载地址为 https://flink.apache.org/zh/downloads.html。

[三] 参见 https://nightlies.apache.org/flink/flink-docs-release-1.14/zh/docs/deployment/overview/。

[四] 参见 https://nightlies.apache.org/flink/flink-docs-release-1.14/zh/docs/deployment/resource-providers/yarn/。

[五] 参见 https://nightlies.apache.org/flink/flink-docs-release-1.14/zh/docs/deployment/resource-providers/native_kubernetes/。

供了完善的文档，在此不再展开讨论。

2. Pulsar 输入连接器示例

Flink 中的 DataStream API 是对数据流进行转换的应用程序。数据流是从各种源创建的，例如消息队列、套接字流、文件等。任务可以在本地 JVM 中执行，也可以在多台机器的集群上执行。结果可以通过常规 Sink 组件返回，也可以写入文件、标准输出或其他被支持的 Sink 组件。示例代码如下。

```xml
<dependency>
    <groupId>org.apache.flink</groupId>
    <artifactId>flink-streaming-java_2.12</artifactId>
    <version>${flink.version}</version>
</dependency>
<dependency>
    <groupId>org.apache.flink</groupId>
    <artifactId>flink-clients_2.12</artifactId>
    <version>${flink.version}</version>
</dependency>
```

构建 Flink 应用程序需要先构建 Flink 执行环境。目前使用 getExecutionEnvironment 即可根据当前上下文灵活地在本地 IDE 环境、集群中获取合适的执行环境，并基于此环境执行程序。示例代码如下。

```
# 构建执行环境
StreamExecutionEnvironment env = StreamExecutionEnvironment.
    getExecutionEnvironment();
```

Flink 在 1.14 版本后，支持与 Pulsar 2.7 及以上版本集成。Pulsar 输入连接器用到了 Pulsar 事务特性，因此这里推荐使用 Pulsar 2.8 以上版本。在构建 Flink-Pulsar 应用时，需要用以下方法引入相关依赖。

```xml
<dependency>
    <groupId>org.apache.flink</groupId>
    <artifactId>flink-connector-pulsar_2.11</artifactId>
    <version>${flink.version}</version>
</dependency>
```

下面我们会基于 Pulsar 源连接器构建一个 Pulsar-Flink 示例程序，具体流程：首先引入相关依赖；然后创建 Flink 程序的任务执行环境，任务执行环境用于定义任务的属性、创建数据源以及最终启动任务的执行过程；最后构建 Pulsar 源连接器，并将该连接器与执行环境进行绑定。相关代码如下所示。

```
# 创建 Pulsar 数据源
PulsarSource<String> pulsarSource = PulsarSource.builder()
    .setServiceUrl("pulsar://localhost:6650")
    .setAdminUrl("http://localhost:8080")
```

```
    .setStartCursor(StartCursor.earliest())
    .setTopics("flink_source_topic")
    .setDeserializationSchema(PulsarDeserializationSchema.flinkSchema(
        new SimpleStringSchema()))
    .setSubscriptionName("flink_source_topic-subscription")
    .setSubscriptionType(SubscriptionType.Exclusive)
    .build();
# 绑定连接器
DataStreamSource<String> source = env.fromSource(
pulsarSource, WatermarkStrategy.noWatermarks(), "Pulsar Source");
```

在使用 Pulsar 源连接器时，可以根据 Pulsar-Source 构造器来创建实例。其中必选的参数有：服务端地址（serviceUrl）、HTTP 管理地址（adminUrl）、订阅名（subscription Name）、主题列表（Topics）、反序列化器（DeserializationSchema）。此时，可以对 Pulsar 数据源中的数据进行业务处理，相关代码如下。

```
# 进行词频统计
DataStream<Tuple2<String, Integer>> counts = source.flatMap(
new FlatMapFunction<String, Tuple2<String, Integer>>() {
    @Override public void flatMap(String s, Collector<Tuple2<String, Integer>>
        collector) {
            String[] words = s.split("\\W+");
            Arrays.stream(words).forEachOrdered(word ->
                collector.collect(new Tuple2(word, 1)));
    }
}).keyBy(0).sum(1);
# 输出至控制面板
counts.print();    # 等同 addSink(new PrintSinkFunction())
# 运行任务
env.setRuntimeMode(RuntimeExecutionMode.STREAMING);
env.execute();
```

通过 DataStream API 可以对实例进行处理。DataStream API 提供了丰富的数据转换算子，例如与过滤、更新状态、定义窗口、聚合等相关的算子。上文提到的实例对 Pulsar 数据进行了词频统计，并计算出每个单词出现的次数。

我们可以通过 addSink 方法或直接调用 print 方法将计算结果输出到控制面板。在完成程序编码后，需要通过 execute 方法触发计算任务，该任务会在本地机器上触发。我们也可以将程序提交到某个集群上执行。

3. 参数解析

社区在构建 Pulsar 源连接器时，提供了丰富的配置参数，下面就对其中的关键参数进行介绍。

在 Pulsar 源连接器中，有两种主题订阅方式：一种是通过构造器的 setTopics 方法传入多个主题进行订阅；另一种是通过主题名的模式匹配方法（setTopicPattern）进行订阅。在订阅主题时，可以直接订阅某个分区主题的单个分区，例如 setTopics("topic-partition-0")。

在构建连接器时，需要根据 Pulsar 的模式类型提供相应的反序列化器。Pulsar 连接器通过 PulsarDeserializationSchema 封装了多种静态方法，这些方法可以用于转换原生的 Pulsar Schema 格式或 Flink Schema 格式，示例代码如下。如果希望实现特殊的 Pulsar 消息解析，则需要实现 PulsarDeserializationSchema 接口来自定义反序列化器。

```
# 转换原生 Pulsar Schema
PulsarDeserializationSchema.pulsarSchema(Schema.STRING)
# 转换原生 Flink Schema
PulsarDeserializationSchema.flinkSchema(new SimpleStringSchema())
```

Pulsar 源连接器通过 StartCursor（开始游标）与 BoundednessStopCursor（边界结束游标）参数控制数据的起点与终点。StartCursor 可以指定当前主题中最早或最晚的数据作为任务读取位置，也可以通过消息的 MessageID 或者事件时间指定任务读取位置。

Pulsar 源连接器支持流和批量运行模式。默认情况下，PulsarSource 被设置为在流模式下运行。在流模式下，BoundednessStopCursor 被设为永不停止（Never），Pulsar 源永远不会停止读取数据，直到 Flink 作业失败或被取消。可以使用 UnboundedStopCursor(StopCursor) 显式设置 Pulsar 源的停止位置。当所有分区到达指定的停止位置时，Pulsar 源将结束读取。

默认情况下，Pulsar 消息使用嵌入在 Pulsar 消息中的事件时间戳作为事件时间。用户也可以定义自己的水位线策略来从消息中提取事件时间，并向下游发出事件水印。相关实现代码如下。

```
WatermarkStrategy customWatermark = WatermarkStrategy.forGenerator(
new WatermarkGeneratorSupplier<Pojo>() {
    @Override public WatermarkGenerator<Pojo> createWatermarkGenerator(Context
        context) {
        return new WatermarkGenerator<Pojo>() {
            @Override
                public void onEvent(Pojo pojo, long eventTimestamp,
                    WatermarkOutput output) {
                        output.emitWatermark(new Watermark(pojo.getTime()));
                }
            @Override
                public void onPeriodicEmit(WatermarkOutput output) {}
        };
    }
});
# 指定自定义的水位线策略
DataStreamSource<String> source = env.fromSource(pulsarSource, customWatermark,
    "Pulsar Source");
```

10.2.2 源连接器原理

在 DataSource API 出现之前，Flink 通过 SourceFunction 接口为实时计算提供对不同类型的输入连接器的支持。SourceFunction 仅能为流计算提供支持，如果要实现批计算的连接器，还需实现其他接口。除此之外，原有的 SourceFunction 抽象程度不够，缺乏足够的通用逻辑，这使得在实现 Kafka 或 Pulsar 等数据源时，需要有独立的线程模型与处理逻辑。

社区后来决定重构 Source 接口，使用 DataSource API 提供流批一体的源连接器接口。下面就来介绍 DataSource API 的原理，以及基于此实现的 Pulsar 源连接器的功能。

1. DataSource API

基于 DataSource API 构建的 Flink 源连接器已经合并到 Flink 项目中，通过 Data Source API 可为连接器提供流批一体的统一抽象，以统一的方式对无界流数据和有界批数据进行处理。

Flink 通过流的有界性将数据流分为有界的流与无界的流。因此 Data Source API 也为源连接器提供了有界性的配置方式，以为读取的数据源指定读取边界，从而使得 Flink 可以选择合适的模式来运行 Flink 任务。

一个 Flink 源连接器通过 3 个核心组件——分片（Splits）、分片枚举器（SplitEnumerator）以及源阅读器（SourceReader）对源数据进行抽象。其中分片枚举器和源阅读器是连接器中的核心组件，其中分片枚举器负责发现、分配数据分片，源阅读器负责从分片中读取数据。

在 Flink Data Source 的抽象下，流数据与批数据的区别仅是分片的数量。在批处理中，数据源可以通过分片枚举器生成固定数量的分片。但在无界流中，可以通过分片枚举器不断生成新的分片，也可以使原有分片无限产生数据。

在数据源中，分片是对数据源子集的抽象，如一个文件、一个日志目录或者消息队列的某个分区。分片是连接器进行任务分配和数据并行读取的基本单位。源阅读器会处理分片，例如读取分片所表示的文件或日志目录。

Pulsar 连接器同样支持 Pulsar 的 4 种订阅（独占、共享、故障转移、键共享），连接器会根据订阅的不同对分片进行不同的切分。需要注意的是，使用 Pulsar 连接器时，独占订阅模式和故障转移订阅模式的实现没有区别，如果 Flink 的一个源阅读器发生故障，连接器会把所有未消费的消息交给其他源阅读器来消费。如果想在 Pulsar 连接器里面使用键共享订阅，则需要提供范围生成器（RangeGenerator）实例。范围生成器会根据 key 的哈希值范围，分别分配每个源阅读器需要读取的数据。Pulsar 连接器提供了基于 Flink 数据源的并行度分配消费范围的默认生成器。

分片枚举器会生成并发现分片，并负责将它们分配给源阅读器。在某个源阅读器运行失败后，还会通过分片枚举器重新将分片分发给其他源阅读器。分片枚举器会通过分片枚举上下文对象来管理所有的分片与源阅读器。分片枚举器组件在 JobManager 上由 SourceCoordinator 以单并行度运行。在 Pulsar 连接器中会定期检查是否有新添加的主题或分区。

源阅读器负责读取一个或者多个分片中的具体数据。在 DataSource API 的设计中，通过分片的数量与源阅读器的数量控制并发程度，因此每个阅读器都需要以单线程的形式读取数据，这降低了源阅读器的开发成本。源阅读器在 TaskManagers 上的 SourceOperators 中并行运行，并产生并行的事件流。

在 Pulsar 源连接器中，分片、分片阅读器与分片枚举器的关系如图 10-4 所示。

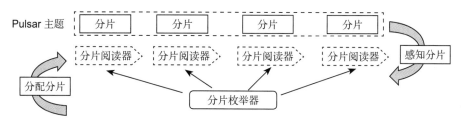

图 10-4　分片、分片阅读器与分片枚举器的关系图

分片枚举器组件在 JobManager 上由 SourceCoordinator 实例持有，并以单并行度运行，SourceCoordinator 是为了实现新的 DataSource 接口而引入的独立组件。源阅读器会独立运行在 TaskManagers 上。JobManager 与 SourceCoordinator 之间通过 Flink 专用的 SourceEvent 进行通信。

对于每个源任务，会定期安排一个主题或分区发现线程来检查新添加的主题或分区。所有源任务分配分区的逻辑相同。因此，每个发现者都可以识别自己是否应负责一个新来的分区，并决定是否相应地启动一个阅读器。

2. Flink 与 Pulsar Schema 融合

在大数据中，数据的组成结构是一个特别重要的概念。在 Pulsar 中使用 Pulsar Schema 表示每条记录的序列化结构。在一个主题定义过模式后，服务端会将表结构存储在服务端中，不需要用户额外定义数据的发送和接收格式。

在计算引擎中也需要对数据源的结构进行定义。计算引擎提供了类型信息（TypeInformation）接口以定义 Flink 函数的输入输出数据的类型。Flink 使用类型信息接口来生成序列化器和比较器，并提供原生的结构检查功能。

在 Pulsar 源连接器中，可以通过连接器提供的工具类（PulsarDeserializationSchema）对接 Pulsar Schema、Flink TypeInformation 以及自定义的 Schema 结构（DeserializationSchema）。相关代码如下所示。

```
# 使用 PulsarSchema
PulsarDeserializationSchema.pulsarSchema(Schema.STRING)
# 使用 FlinkSchema
PulsarDeserializationSchema.flinkSchema(new SimpleStringSchema())
# 使用 Flink DeserializationSchema 类型 Schema
```

```
PulsarDeserializationSchema.flinkSchema(new DeserializationSchema() {
@Override
        public TypeInformation getProducedType() { return null;}
@Override
    public Object deserialize(byte[] message) throws IOException {return null;}
@Override
public boolean isEndOfStream(Object nextElement) {
        return false;
    }
}
```

3. 一致性语义与故障恢复

Pulsar 源连接器支持 Pulsar 2.7.0 及以上版本，但是在 Pulsar 2.8.0 之后的版本中，Flink 可以使用 Pulsar 的事务机制，这使 Flink 具备了精确一次性语义功能。

因为 Pulsar 建立在日志抽象之上，所以每个主题中的消息都可按顺序进行持久存储，并通过消息 ID 进行标识。因此，Pulsar 中的数据在遇到故障时是可重播的。每当源任务请求检查点的快照时，该任务会检查所有读取器线程及其读取位置，并将每个主题的名称与消息的 ID 等信息添加到状态中。当进行故障恢复时，读取器线程会寻找快照消息 ID 并重新使用它之后的所有消息。

要实现上述功能，需要保证在 Flink 检查点完成之前，Pulsar 消息处于活动状态，即没有被确认。这是因为默认情况下，Pulsar 可以立即删除所有已被消费者确认的消息。但是，由于 Flink 计算过程可能会失败，失败时需要通过消息 ID 重播 Pulsar 源数据，因此我们不能立即在读取器线程中确认消息。一个检查点完成，意味着检查点之前通过的数据流已经被处理，并更新了相应的操作算子状态，此时 Pulsar 消息才可以被确认。自此，Flink 不再需要重播这些消息，Pulsar 也可以安全地删除它们以节省空间。

Flink 中的每个方法与算子都可以是有状态的，在 DataSource API 中 SplitEnumerator 和 SourceReader 都是拥有状态的组件。SplitEnumerator 可以基于当前的切片与分区分配情况生成快照。当 SplitEnumerator 失败时，将执行故障转移。重启服务后，Enumerator 可以根据快照信息恢复状态，在此期间，SourceReader 会等待重新连接但不会重启 SourceReader 任务。在重新注册成功之前暂时不会分配更多的分片。

当 SourceReader 失败时，失败的 SourceReader 将恢复到上一个成功的检查点。同时 SplitEnumerator 会将已分配但未检查的点添加到 SplitEnumerator 来部分重置其状态。在这种情况下，只有失败的子任务及其连接的节点必须重置状态。

10.3　Flink Pulsar 输出连接器

Flink 支持 DataStream API 和 Table API。用户能够使用 DataStream API 编写支持有界和无界执行模式的作业。社区后续又提供了 Sink API 来保证有界和无界场景中的完全一次性语义。社区提供了新 Sink 的 Pulsar 开发方法，这使得 Flink 和 Pulsar 之间的数据交互更加顺畅。

10.3.1 统一接收器 API

Flink 引入一个新的统一接收器 API（其实就是一种 Sink API），它可以让用户一次性开发的接收器在多个环境中运行。Flink 允许用户选择不同的 SDK（如 SQL、Table、DataStream），根据场景选择不同的实时与离线执行模式[⊖]。

从高层的角度来看，我们总是可以从外部系统读取数据，然后将处理后的数据写入另一个外部系统。在 Flink 中接收器组件的职责是将数据写入外部系统。在通过接收器组件将数据写入外部系统时，需要解决几个问题：提交什么？如何提交？何时提交？在哪里提交？

接收器组件首先要定义提交什么数据。作业生成的数据在提交到外部系统之前可能要经过两个阶段。第一阶段是数据准备阶段，在这个阶段由于某些条件未满足，所以作业产生的数据无法立即提交到外部系统。例如，数据首先写入正在执行的文件，然后才能提交到文件系统。第二阶段是写入数据阶段，此时数据需要提交到外部系统。

然后，接收器组件应该解决如何提交的问题。当准备好提交时，我们需要一种与系统对应的特定方式来将数据提交到外部。有时接收器需要通过修改文件名来提交数据；有时接收器需要提交一些元信息让最终用户可以看到数据。

在提交时，还需要解决两个关键问题：何时提交？在哪提交？从用户的角度来看，提交数据最重要的要求之一是正确性。通常用户希望将作业生成的数据一次性提交给外部系统。如果我们在错误的时间提交数据，可能会产生重复的数据。例如在 Flink 发生故障转移时重新启动作业，就会重复写入一些数据。在理想情况下提交操作仅在生成可提交数据的地方发生，这就要求负责生成可提交数据的组件的生命周期要持续到提交操作结束。

为了保证接收器组件的可靠性，接收器 API 应该负责生成提交内容和提供提交方式。Flink 应该负责保证准确的语义。Flink 可以根据执行模式"优化"提交的时间和地点，这些优化对接收器开发人员应该是透明的。

10.3.2 Flink Pulsar Sink API 的使用

社区即将提供新版 Flink Pulsar Sink（1.15-SNAPSHOT），但在笔者撰写本书时新版本还未正式发布。所以在 Flink 正式版本附带该功能之前若想使用它，需要读者自行编译源码。

1. Pulsar 输出连接器示例

在使用输出（Sink）连接器——PulsarSink 连接器时，首先需要引入相关依赖。因为在 Flink 1.14 版本中，还未支持 PulsarSink 连接器，因此这里要使用本地源码编译后的 Flink 版本的 PulsarSink 连接器，相关实现代码如下。

⊖ 参见 https://cwiki.apache.org/confluence/display/FLINK/FLIP-143%3A+Unified+Sink+API。

```
<dependency>
    <groupId>org.apache.flink</groupId>
    <artifactId>flink-connector-pulsar</artifactId>
    <version>1.15-SNAPSHOT</version>
</dependency>
```

社区提供了 PulsarSink 构造器来构建 PulsarSink 实例，PulsarSink 连接器与 Pulsar Source 连接器类似，它们需要下列关键参数：服务端地址（serviceUrl）、HTTP 管理地址（adminUrl）、主题列表、反序列化器以及数据路由方式。相关实现代码如下。

```
# 构建连接器
PulsarSink pulsarSink = PulsarSink.builder()
    .setServiceUrl("pulsar://localhost:6650")
    .setAdminUrl("http://localhost:8080")
    .setTopics("pulsar_sink_topic")
    .setSerializationSchema(
        PulsarSerializationSchema.pulsarSchema(Schema.STRING)
    )
            .setTopicRoutingMode(TopicRoutingMode.ROUND_ROBIN)
            .enableSchemaEvolution()
            .build();
# 输出到连接器
source.sinkTo(pulsarSink);
```

2. 参数解析

PulsarSinkBuilder 是创建 PulsarSink 连接器的构造器，它通过丰富的参数为 Pulsar 数据写入提供了丰富的支持。

Pulsar 输出连接器提供了不同级别的一致性保证，通过 setDeliveryGuarantee 可以进行一致性级别的配置。Pulsar 所提供的一致性级别对应着 DeliveryGuarantee 描述的一致性保证：精确一次性语义（EXACTLY_ONCE）、至少一次 (AT_LEAST_ONCE) 和无保障（NONE）。

在精确一次性语义下，即使发生故障转移，数据记录也只交付一次。在要构建一个完整的一次性管道中，需要数据源和接收器一同支持一次性并正确配置。在至少一次性语义下，每条记录都会被保证送达服务端，但同一记录可能会被多次送达。这种保证级别通常会获取比精确一次性语义更高的吞吐量。在无保障语义下，这通常是处理记录的最快方式，但可能发生记录丢失或重复的情况。

PulsarSink 连接器不仅支持将消息输出至一个主题中，还可对主题路由模式（TopicRoutingMode）和主题路由器（TopicRouter）进行配置。Pulsar 输出连接器支持 3 类主题路由模式：循环写入模式（ROUND_ROBIN）、消息键哈希模式（MESSAGE_KEY_HASH）和自定义模式（CUSTOM）。使用自定义模式时，需要显式提供主题路由器。

在循环写入模式下，生产者将以循环的方式在所有分区上发布消息，以实现最大吞吐量。循环不是针对每条消息进行的，而是针对有相同延迟边界的批处理，这样可以确保批处理有效。

　　在消息键哈希模式下，如果系统没有提供密钥，分区生产者将随机选择一个主题分区并将所有消息发布到该分区。如果系统针对消息提供了密钥，则分区生产者将对密钥进行哈希处理并将消息分配给特定分区。在自定义模式下，可以使用自定义主题路由器来确定特定消息的分区。

10.3.3　PulsarSink 原理

　　PulsarSink 是一个使用两阶段提交协议的接收器。通过与 Pulsar 相结合，PulsarSink 实现了精确一次性语义。

　　两阶段提交输出连接器（TwoPhaseCommittingSink）由一个执行预提交的输出写入器（SinkWriter）和一个实际提交数据的提交器（Committer）组成。两者的职责独立，SinkWriter 在输入结束时创建可提交表，并将其发送给 Committer。Committer 负责在两阶段提交协议的第二步提交由 Committer 暂存的数据。Committer 中的提交必须是幂等的，如果 Flink 在提交阶段发生故障，Flink 将基于之前的检查点重新启动并重新尝试提交所有可提交的信息。

　　PulsarSink 实现了 Flink 信息写入 Pulsar 的主要逻辑。在 PulsarSink 中会根据模式信息对每条消息进行封装，还会对消息的事件时间、延迟发送等特性进行支持。根据一致性的不同保证可决定是直接提交数据还是由 Committer 提交数据。

　　为了提高写入的吞吐量，当使用 sendAsync 向 Pulsar 发送消息时，被发送的消息将被缓冲在一个待发送队列中，这样可以在句柄上注册回调并在完成时收到相关通知。当输入已结束或待发送消息已经为空时，在无一致性保证语义的情况下会直接将生产者中的消息强制写入服务端。

　　PulsarSink 可以写入的不仅是一个主题，还可以是一个主题的集合。为了实现对分区的感知，连接器通过一个主题元数据监听器（TopicMetadataListener）来周期性获取最新分区数。在每条数据到来时，主题元数据监听器会获取最新的主题与分区信息，并通过主题消息路由器（TopicRouter）进行数据划分。

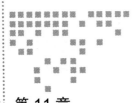

Chapter 11 第 11 章

Pulsar 应用实践

本章将介绍与 Pulsar 应用实践相关的经验。首先介绍在大数据系统中如何构建以 Pulsar 为中心的数据总线，如何在数据集成与流处理应用场景下使用数据总线。然后介绍 Pulsar 如何与 Spark、Kafka 等系统进行集成。接着介绍如何通过 Pulsar 数据库实现变更数据捕获。最后介绍如何在可靠性优先的场景下使用 Pulsar。

11.1 Pulsar 应用模式

在企业中，数据总线使用场景主要包括数据集成与流处理。在数据集成场景下，数据总线需要为流数据处理平台捕获事件流或其他类型数据，然后将其提供给其他数据系统，比如关系型数据库、键值（key-value）存储系统、OLAP 引擎、数据仓库、数据湖等。在流处理场景下，数据总线需要与其他计算引擎相结合，例如 Apache Spark、Apache Flink，以支持对数据流的处理和转换，并保证数据的可靠性与事务性。

数据集成和流处理都依赖于具有高吞吐、高可用、低延迟特性的消息队列。消息队列是流数据存储的基础之一。与 Flink 相结合的流处理应用已经在前文介绍了，所以本节主要介绍与数据集成相关的内容。

11.1.1 Pulsar 数据总线概述

Pulsar 通过数据总线可以为数据的生产者提供发布功能，同时为数据的消费者提供订阅功能，即传统的消息队列功能。

利用 Pulsar 可以建设具有数据集成功能的数据管道，数据管道负责上下游系统之间的数据采集、缓冲及转发。

数据采集是为了采集大数据生态以外的数据，例如关系型数据库的数据、日志数据等。数据缓冲可以通过使用消息队列对部分数据流进行缓存，并为数据提供容错性。数据转发可以帮助在大数据生态各种数据之间实现灵活流转链路，并使上下游存储系统互相解耦。

此时可以通过下面几个维度衡量数据总线的可靠程度：实时性、可靠性、吞吐量、生态完善性、可扩展性。Pulsar作为一个成熟的大数据领域消息队列，它的实时性与吞吐量已经在前文详细介绍了，下面将重点探讨其他几个关键维度。

在数据总线中，高可靠性不仅代表着写入的数据不易丢失，还代表着分布式系统可以提供足够高的容灾性。数据传递的语义也是保证高可靠性的另一个重要因素。Pulsar在消息队列中提供了事务机制，该机制可以保证数据总线上下游的交互能保持原子性，从而构建出更加可靠的数据总线系统。

数据总线需要支持上游和下游链路的灵活组装，并提供集成多种数据源、搬运存储多种介质中的数据、处理简单数据、支持数据路由的能力。利用 Pulsar Function 与 Pulsar I/O 提供的轻量级流处理能力，Pulsar 可以很方便地实现以上目标，并提供足够强大的扩展能力。基于 Pulsar 的数据总线的结构如图 11-1 所示。

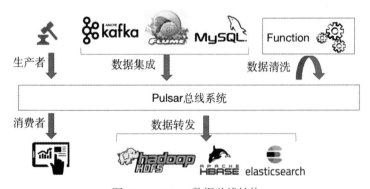

图 11-1　Pulsar 数据总线结构

Pulsar Source 组件通过丰富的生态，可以很方便地与 Kafka、Flume、Netty 等组件结合，从而提供集成上游数据的能力。Pulsar 还提供了变更数据捕捉（Change Data Capture，CDC）能力，Pulsar 数据源连接器可将数据库（例如 MySQL、MongoDB 和 PostgreSQL）的日志更改捕获到 Pulsar 中。

Pulsar Function 可实现数据的 ETL（Extract、Transform、Load）功能，该功能让 Pulsar 可以从数据源抽出所需的数据，数据经过清洗最终按照预先定义好的数据仓库模型加载到数据仓库或数据湖。

Pulsar 基于 Sink 组件的数据转发能力，可以构建与其他大数据组件的连通能力。通过数据转发能力，Pulsar 可以将数据总线与其他大数据生态组件结合到一起，例如 HDFS、HBase、ElasticSearch 等。

11.1.2 Pulsar 数据集成

Pulsar 的数据集成可以分为两类——被动式数据集成与主动式数据集成。被动式数据集成是指将 Pulsar 作为一个消息队列,以被动接收推送的数据,Flume 日志上报和通过生产者上报至指定主题都是这种数据集成方式。主动式数据集成是指由 Pulsar Function 与 Pulsar I/O 等组件主动采集第三方数据,Pulsar MySQL 连接器和 Pulsar Netty 连接器采用的都是这种数据集成方式。主动式数据集成已经在第 7 章介绍过了,所以本节主要介绍如何实现被动式数据集成,以及如何通过其他组件将数据上报到 Pulsar。

1. Flume 数据集成

Flume 是 Cloudera 提供的日志收集系统。Flume 支持在日志系统中定制各类数据发送方以收集数据。Flume 可以将应用产生的数据存储到任意集中存储器,比如 HDFS、HBase 以及消息队列。下面主要介绍如何使用 Flume 实现日志搜集,并发送日志数据至 Pulsar 进行消费。

通过使用 FlumeSink 组件可以将 Flume 采集到的数据发送到 Pulsar。社区已经提供了 Flume Pulsar Sink 组件,通过如下命令可打包并编译⊖该组件。编译后的 JAR 文件需要复制到 Flume 运行环境中。

```
$ git clone https://github.com/streamnative/flume-ng-pulsar-sink.git
$ cd flume-ng-pulsar-sink
$ mvn clean package
```

在 Flume 中,Source 组件用于数据采集;Sink 组件用于数据转发;Channel 组件用于数据缓存。通过合理配置与组合 Source、Sink 和 Channel 组件,Flume 可以实现多种业务场景下的数据采集与写入。Flume 在进行 Pulsar 数据日志采集与上报时,也需要通过配置文件进行 Flume Pulsar-Sink 配置,具体如下。

```
a1.sources = r1
a1.channels = c1
a1.sinks = k1
# 配置导入功能
a1.sources.r1.type=exec
a1.sources.r1.command=tail -F /test/path/logs/*.log
a1.sources.r1.shell=/bin/sh -c
a1.sources.r1.channels=c1
## Flume Pulsar-Sink 配置
a1.sinks.k1.type = org.apache.flume.sink.pulsar.PulsarSink
# Configure the pulsar service url (without `pulsar://`)
a1.sinks.k1.serviceUrl=localhost:6650
a1.sinks.k1.topicName=flume-log-topic
a1.sinks.k1.producerName = flume-log-producer
a1.sinks.k1.channel=c1
```

⊖ 参见 https://github.com/streamnative/pulsar-flume-ng-sink。

```
# channel 组件配置
a1.channels.c1.type = memory
```

完成上述配置后，我们需要从官网下载 Apache Flume 安装包，并进行合适配置。下载、安装以及正确配置的参考如下所示。

```
$ wget https://dlcdn.apache.org/flume/1.9.0/apache-flume-1.9.0-bin.tar.gz
$ tar -zxvf apache-flume-1.9.0-bin.tar.gz
# 正确配置 conf/flume-pulsar.conf
# 复制 flume-ng-pulsar-sink-1.9.0.jar 文件至 lib 路径下
$ bin/flume-ng agent -n a1 -c conf -f conf/flume-pulsar.conf -Dflume.root.
  logger=INFO,console
```

通过上述配置，所有在 /test/path/logs/*.log 路径下写入的日志都会被采集到 Flume，并通过 Flume Pulsar Sink 组件发送至 Pulsar 的特定主题。

2. Log4j 数据集成

Pulsar 的日志数据集成还可以基于 Log4j 库直接实现，这是一种较为轻量级的收集日志的方法。要使用 Log4j 日志集成方式，首先需要在应用程序中引入 Log4j 自身依赖的库与 Log4j Pulsar 集成依赖的库。Log4j 框架通过 Pulsar-logj4-appender 库与 Pulsar 实现集成。在工程 pom 文件中可引入最新版本的 Pulsar-logj4-appender 版本的依赖，相关代码如下。

```
<dependency>
    <groupId>org.apache.pulsar</groupId>
    <artifactId>pulsar-Log4j2-appender</artifactId>
    <version>2.10.1</version>
</dependency>
```

应用程序中需要提供如下 Log4j 配置。基于此配置的应用程序可以通过 Log4j 框架直接将日志数据同步到 Pulsar 中。

```
Configuration:
status: info
monitorInterval: 30
Appenders:
    Pulsar:
        name: PULSAR
        serviceUrl: pulsar://localhost:6650
        topic: Log4j_log_test
        ignoreExceptions: false
        avoidRecursive: false
        syncSend: false
        PatternLayout:
            pattern: "%d{DATE} %-4r [%t] %-5p %c %x - %m%n"
Loggers:
    Root:
        level: info
```

```
AppenderRef:
    - ref: PULSAR
```

构建 Java 应用并将数据输出为不同日志级别，Log4j 框架会将数据上报至 serviceUrl 所
配置的 Pulsar 集群中的对应主题。通过 Pulsar 命令行客户端工具，可以消费到对应的日志
消息。相关示例代码如下。

```
public class LogTest {
    public static void main(String[] args) {
        System.out.println("sout log");
        log.info("info log");
        log.warn("warn log");
        log.error("error log");
    }
}
```

3. Logstash 数据集成

Logstash 是一个开源数据收集引擎，具有实时管道功能。Logstash 可以将来自不同数
据源的数据以动态的方式统一起来，并将数据标准化到我们选择的目的地。在 Logstash 中
可分别通过 Input 组件与 Output 组件实现数据的输入与输出。

Pulsar 提供了对应的 Pulsar Input 与 Pulsar Output 插件，Pulsar 通过这些插件可以很便
捷地与 Logstash 集成。Logstash 可以把不同的数据源作为日志输入端，如日志文件与数据
库等，还可以通过内置的过滤机制，对数据和事件进行修改。Logstash Output 可将数据输
出到外部系统，比如输出至 Pulsar。

目前社区支持 logstash 7.x 版本。本节将介绍 Logstash 如何通过 Pulsar Output 插件将数
据集成到 Pulsar 中。Logstash 安装可按照官方文档的指引⊖完成。以 Linux YUM 工具为例，
可以按照如下步骤进行安装。首先需要在 YUM 中安装公钥，然后在 /etc/yum.repos.d/ 路径
下添加 Logstash 的仓库信息。此时通过 YUM 安装命令就可完成 Logstash 的安装了具体实
现代码如下。

```
# 添加公钥
$ rpm --import https://artifacts.elastic.co/GPG-KEY-elasticsearch
# 添加仓库信息
$ echo '[logstash-7.x]
name=Elastic repository for 7.x packages
baseurl=https://artifacts.elastic.co/packages/7.x/yum
gpgcheck=1
gpgkey=https://artifacts.elastic.co/GPG-KEY-elasticsearch
enabled=1
autorefresh=1
type=rpm-md'  > /etc/yum.repos.d/logstash.repo
$ yum install logstash
```

⊖ 参见 https://www.elastic.co/guide/en/logstash/7.17/installing-logstash.html。

在 Logstash 成功安装后，进入默认安装目录，可以通过以下命令在标准输入与输出中
验证服务。

```
$ cd /usr/share/logstash
# 通过标准输入与输出验证服务
$ bin/logstash -e 'input { stdin { } } output { stdout {} }'
```

Logstash Pulsar 相关功能插件可以从 Github 中下载[⊖]。下载插件后先对相关压缩包进行
解压，然后通过如下命令安装 Logstash 的 Pulsar 插件并启动采集任务。此时从命令行输入
的数据都会被转发到 Pulsar，用户可以根据自身需求修改配置，比如若是想采集不同源头的
数据，可修改为其他 Logstash Input 插件。

```
$unzip logstash-output-pulsar-2.7.1.zip
$ bin/logstash-plugin install --no-verify logstash/logstash-output-pulsar-
    2.7.1.gem

$ echo 'input{
    stdin {}
}
output{
    pulsar{
    topic => "persistent://public/default/logstask_output_test"
    serviceUrl => "pulsar://127.0.0.1:6650"
    enable_batching => true
    }
}' > pulsar_output.conf
# 启动采集
$ bin/logstash -f pulsar_output.conf
```

Logstash Input 插件负责读取不同载体的数据到 Logstash 中。目前社区也提供了
Logstash Pulsar Input 插件供用户读取 Pulsar 中的数据。通过这些插件，Logstash 可以很方
便地将数据输出至其他存储系统中。

Logstash Pulsar Input 相关功能插件也可以从 Github 中进行下载[⊖]。与 Pulsar Output 插
件类似，通过如下命令可以安装 Logstash 的 Pulsar Input 插件并启动采集任务。此时可以将
Pulsar 主题中的数据读取至 Logstash。

```
$unzip logstash-input-pulsar-2.7.1.zip
$ bin/logstash-plugin install --no-verify logstash/logstash-input-pulsar-
    2.7.1.gem

$ echo 'input{
    pulsar{
        serviceUrl => "pulsar://127.0.0.1:6650"
        codec => "json"
```

⊖　参见 https://github.com/streamnative/logstash-input-pulsar。
⊖　下载地址：https://github.com/streamnative/logstash-output-pulsar。

```
        topics => [
            "persistent://public/default/test_input"
        ]
        subscriptionName => "my_consumer"
        subscriptionType => "Shared"
        subscriptionInitialPosition => "Earliest"
    }
}
output{
    stdout {}
}' > pulsar_input.conf
# 启动采集
$ bin/logstash -f pulsar_input.conf
```

11.2　Pulsar 与 Spark 集成

Apache Spark 是用于大数据处理的统一分析引擎。它可提供基于 Java、Scala、Python 和 R 的高级 API，以及支持通用执行图的优化引擎。它还支持一组丰富的高级工具，包括用于 SQL 和结构化数据处理的 Spark SQL、用于 Pandas 工作负载的 Pandas API on Spark、用于机器学习的 MLlib、用于图形处理的 GraphX，以及用于增量计算和流处理的结构化流[⊖]。

Spark Streaming 是核心 Spark API 的扩展，它支持对实时数据流进行可扩展、高吞吐、容错性处理。数据可以从许多来源（如 Kafka、Kinesis 或 TCP 套接字）获取，并且可以使用复杂的算法进行处理，这些算法用高级函数（如 map、reduce、join 和 window）表示。处理后的数据可以推送到文件系统、数据库和实时仪表板。事实上，我们可以将 Spark 的机器学习和图形处理算法应用于数据流[⊖]。

Spark Streaming 需要不断接收新数据，然后进行业务逻辑处理，而用于接收数据的组件就是接收器。Pulsar 社区提供了 Spark Pulsar 接收器用于读取 Spark Streaming 中的数据。

在 Spark 中使用 Pulsar 首先需要导入如下依赖。

```
<dependency>
    <groupId>org.apache.pulsar</groupId>
    <artifactId>pulsar-spark</artifactId>
    <version>2.8.0</version>
</dependency>
```

通过如下代码可以在 Spark 中读取 Pulsar 数据。

```
    // 构建 Spark 运行环境
SparkConf sparkConf = new SparkConf().setMaster("local[*]").setAppName("Pulsar
    Spark Example");
```

⊖　参见 https://spark.apache.org/docs/latest/。

⊖　参见 https://spark.apache.org/docs/latest/streaming-programming-guide.html。

```
    JavaStreamingContext jsc = new JavaStreamingContext(sparkConf, Durations.
    seconds(60));
# Pulsar 配置
String serviceUrl = "pulsar://localhost:6650/";
    String topic = "persistent://public/default/test_topic";
    String subs = "test_topic_sub";
    ConsumerConfigurationData<byte[]> pulsarConf = new
    ConsumerConfigurationData();
    Set<String> set = new HashSet();
    set.add(topic);
    pulsarConf.setTopicNames(set);
    pulsarConf.setSubscriptionName(subs);
    # PulsarReceiver 配置
    SparkStreamingPulsarReceiver pulsarReceiver = new
    SparkStreamingPulsarReceiver(
        serviceUrl,
        pulsarConf,
        new AuthenticationDisabled());
# Pulsar 输入数据源
    JavaReceiverInputDStream<byte[]> lineDStream = jsc.receiverStream
    (pulsarReceiver);
```

完成上述操作后就可以对 Spark-Pulsar 数据源中的数据进行处理了。通过 Spark 流式计算可得出想要的结果。相关的实现代码如下。

```
    // 计算逻辑
JavaDStream<String> stream = lineDStream.map(t -> new String(t));
stream.flatMap(t -> new Iterators.Array<>(t.split(" "))).print();
// 启动运算
    jsc.start();
    jsc.awaitTermination();
```

11.3　Pulsar 与 Kafka 集成

Kafka 是一个成熟的 Apache 大数据项目，为了方便用户将 Kafka 应用切换到 Pulsar 中，Pulsar 社区提供了一系列与 Kafka 集成的方式，例如 Kafka 客户端适配器（Client Wrapper）、Kafka Source、Kafka Sink、Kafka Connector Adaptor。本节将对这些集成方式进行介绍。

11.3.1　Kafka 客户端适配器

社区基于 Pulsar 开发了兼容 Kafka 客户端接口的适配器，该适配器可以通过类似 Kafka 客户端的使用方式进行 Pulsar 消息的生产与消费。基于此适配器，Kafka Java 客户端编写的应用程序可以较为简单地升级到 Pulsar 服务。

在使用 Kafka 客户端适配器时，首先需要在现有 Kafka 应用程序中将 Kafka 客户端依赖项更改为 Pulsar Kafka 包装器，即将 kafka-clients 依赖替换为 pulsar-client-kafka。使用新的依赖项，之前的代码无须进行任何更改即可运行。在调整配置后，将生产者和消费者指向 Pulsar 服务，即可将原有的应用切换至 Pulsar。

```xml
<!-- 需要被替换的包 -->
<dependency>
    <groupId>org.apache.kafka</groupId>
    <artifactId>kafka-clients</artifactId>
    <version>${kafka.version}</version>
</dependency>
<!-- 替换后的包 -->
<dependency>
    <groupId>org.apache.pulsar</groupId>
    <artifactId>pulsar-client-kafka</artifactId>
    <version>${pulsar.version}</version>
</dependency>
```

以 Kafka 生产者为例，通过如下代码即可实现将 Pulsar 业务逻辑替换为原有 Kafka 业务逻辑的功能。

```java
# 由 pulsar-client-kafka 提供的客户端包
import org.apache.kafka.clients.producer.KafkaProducer;
import org.apache.kafka.clients.producer.Producer;
import org.apache.kafka.clients.producer.ProducerRecord;
import org.apache.kafka.common.serialization.IntegerSerializer;
import org.apache.kafka.common.serialization.StringSerializer;

// 替换后的 Pulsar 主题名
String topic = "persistent://public/default/my-topic";
Properties props = new Properties();
// 将服务地址指向 Pulsar 服务端
props.put("bootstrap.servers", "pulsar://localhost:6650");
props.put("key.serializer", IntegerSerializer.class.getName());
props.put("value.serializer", StringSerializer.class.getName());
Producer<Integer, String> producer = new KafkaProducer(props);
for (int i = 0; i < 10; i++) {
    producer.send(new ProducerRecord<Integer, String>(topic, i, "hello-" + i));
    log.info("Message {} sent successfully", i);
}
producer.close();
```

当从 Kafka 迁移到 Pulsar 后，应用程序可能会在迁移过程中使用原始的 Kafka 客户端和 Pulsar Kafka 客户端适配器。此时应该考虑使用原生的 Pulsar Kafka 客户端适配器。相关实现代码如下。

```xml
<!-- 原生 Pulsar Kafka 客户端适配器 -->
<dependency>
    <groupId>org.apache.pulsar</groupId>
    <artifactId>pulsar-client-kafka-original</artifactId>
```

```
<version>${pulsar.version}</version>
</dependency>
```

使用原生 Pulsar Kafka 客户端适配器时，需要使用 org.apache.kafka.clients.producer.
PulsarKafkaProducer 代替 org.apache.kafka.clients.producer.KafkaProducer 来构建生产者，
并使用 org.apache.kafka.clients.producer.PulsarKafkaConsumer 代替 org.apache.kafka.clients.
producer.PulsarKafkaConsumer 来构造消费者。相关实现代码如下。

```
# 由 pulsar-client-kafka-original 提供的客户端，替换原有生产者
import org.apache.kafka.clients.producer.PulsarKafkaProducer;
# 同理替换消费者
Import org.apache.kafka. Clients.producer.pulsarkafkaConsumer
```

通过 Kafka 适配器，原有的 Kafka 逻辑功能可以获得部分 Pulsar 特性，如横向扩容、
分层存储与存算分离，从而让我们可用较小成本来修改原有的 Kafka 代码逻辑。

11.3.2　Pulsar I/O Kafka

Kafka Source 连接器可以从 Kafka 主题中提取消息，并将消息持久化存储到 Pulsar 主
题中。Kafka Sink 连接器从 Pulsar 主题中提取消息，并将消息持久化存储到 Kafka 主题中。
通过两种 Pulsar I/O 连接器，Pulsar 可以通过无侵入的方式与 Kafka 相结合。

Kafka 连接器需要从官网下载，并通过如下方式进行安装。在 pulsar-io-kafka 的安装包
中包含 Pulsar Source 与 Pulsar Sink 插件。

```
$ cd $PULSAR_HOME/connectors
$ wget https://archive.apache.org/dist/pulsar/pulsar-2.10.1/connectors/pulsar-
    io-kafka-
2.10.1.nar
# 重新加载 Pulsar I/O 插件
$ bin/pulsar-admin sources reload
# 查看支持的 Pulsar I/O 插件
$ bin/pulsar-admin sources available-sources
kafka
Kafka source and sink connector

----------------------------------------
```

Kafka 服务端中存储的是二进制原始数据，在消费与写入 Kafka 消息时，需要指定相
应的序列化器与反序列化器。在 Kafka Source 连接器中，keyDeserializationClass 参数用于
Kafka 消息 Key 的反序列化，valueDeserializationClass 用于 Kafka 消息的反序列化。使用
Pulsar Source 连接器时需要进行如下配置。

```
# Source 连接器 Yaml 配置文件
configs:
    bootstrapServers: "kafka-broker-url:9092"     # Kafka Broker 地址
    groupId: "kafka-group"                        # Kafka 消费组
    topic: "kafka-topic"                          # Kafka 主题
```

```
    sessionTimeoutMs: "10000"                        # Kafka 客户端相关参数
    autoCommitEnabled: false
```

在使用 Pulsar Sink 连接器时，需要进行如下配置。

```
# Sink 连接器 YAML 配置文件
configs:
    bootstrapServers: "localhost:6650",
    topic: "test",
    acks: "1",
    batchSize: "16384",
    maxRequestSize: "1048576"
```

以 Kafka Source 连接器为例，通过如下命令可以在 Pulsar 集群中启动 Kafka Source 服务。

```
$bin/pulsar-admin source localrun \
--tenant public \
--namespace default \
--name kafka \
--destination-topic-name my-topic \
--source-config-file ./conf/kafkaSourceConfig.yaml \
--archive ./pulsar-io-kafka.nar \
--parallelism 1
```

11.3.3 Pulsar Connector 适配器

Kafka Connector 是 Apache Kafka 提供的进行消息输入与输出的工具，与 Pulsar I/O 有着类似的功能。Kafka 先于 Pulsar 出现，社区及相关企业基于 Kafka Connector 框架贡献了一批开源插件。Pulsar 社区提供了能够兼容 Kafka Connector 的适配器以扩展 Pulsar I/O 功能。

使用 Pulsar 连接器时，需要根据 Kafka Connector 的不同，为 Pulsar 源码添加不同的依赖并进行编译。本节将以 Kafka-Connect-JDBC 项目为例展开介绍。该项目可以基于数据库查询的方式，通过 JDBC 驱动程序将数据库内的数据同步至消息队列中⊖，同时还可以使用 JDBC Sink 连接器将数据从 Kafka 主题导出到具有 JDBC 驱动程序的任意关系型数据库。JDBC 连接器支持多种数据库，所以无须为每个数据库定制代码。

社区所提供的适配器代码在 pulsar-io/kafka-connect-adaptor-nar 路径下，官网提供了预编译的 kafka-connect-adaptor-nar 安装包，但是该安装包中缺少第三方 Kafka 连接器依赖，因此无法单独启动 Kafka Connector 任务。

若想使用第三方 Kafak 连接器，需要在 pulsar-io/kafka-connect-adaptor-nar 项目的 Maven 依赖中添加必要依赖，并使用自己编译后的安装包。以 Kafka-Connect-JDBC 项目为例，添加下列依赖后，构建的安装包就可以使用 Kafka JDBC 连接器功能了。

```
# 引入 Kafka-connect 与其他必要依赖
```

⊖ 参见 https://github.com/confluentinc/kafka-connect-jdbc。

```xml
<dependency>
    <groupId>io.confluent</groupId>
    <artifactId>kafka-connect-jdbc</artifactId>
    <version>10.3.3</version>
</dependency>
<dependency>
    <groupId>mysql</groupId>
    <artifactId>mysql-connector-java</artifactId>
    <version>8.0.30</version>
</dependency>
```

我们以 MySQL 数据库为例，演示如何通过 Kafka-Connect-JDBC 将 MySQL 中的数据同步至 Pulsar 主题。与普通 Pulsar I/O 服务类似，Kafka-Connect-JDBC 也需要通过 Yaml 配置文件指定任务配置。Pulsar 连接器适配器中需要两类参数：一类是 Kafka Connector 通用参数，用于配置任务类、元数据存储和序列化；另一类是 Kafka Connector 任务相关参数，比如本案例中需要填写的待同步数据库的连接参数。相关代码如下所示。

```yaml
# 连接器 Yaml 配置文件
configs:
    # Kafka Connector 通用配置
    task.class: io.confluent.connect.jdbc.source.JdbcSourceTask
    topic.namespace: public/default
    key.converter: "org.apache.kafka.connect.json.JsonConverter"
    value.converter: "org.apache.kafka.connect.json.JsonConverter"
offset.storage.topic: "offset-topic"

    # Kafka-Connect-JDBC 任务配置
    connection.url: jdbc:mysql://localhost:3306/test
    connection.user: root
    connection.password: password
    mode: incrementing
    incrementing.column.name: id
    tables: test_table
```

通过如下命令可以在 Pulsar 集群中启动 Kafka-Connect-JDBC 服务。此时 Pulsar Function 会在内部启动 Kafka Connector 应用，并将读取到的消息写入 Pulsar 主题。通过当前配置模板，Pulsar 会根据数据库 test 中 test_table 表中的 id 字段进行数据同步，程序还会根据 id 字段对消息进行排序，并周期性采集新增的消息。

```bash
$ bin/pulsar-admin source create \
--tenant public \
--namespace default \
--name kafka-adaptor \
--destination-topic-name kafka-adaptor-topic \
--source-config-file kafka-adaptor.yaml  \
-a connectors/pulsar-io-kafka-connect-adaptor-2.10.1.nar
```

查看任务日志可以看到如下同步命令。

```
Begin using SQL query: SELECT * FROM `test_table` WHERE `test_table`.`id` > ?
    ORDER BY `test_table`.`id` ASC
```

11.4 Pulsar CDC

CDC 是一种可以用于数据库容灾备份与大数据集成的关键技术。此技术可以动态捕获数据库的变更，并将这种数据变更传递到备份库或者其他数据系统中。

目前业界主流的变更数据捕获实现机制可以分为两种：基于查询的捕获与基于日志的捕获。

基于查询的捕获使用数据库查询语句实现，可根据主键或者时间字段进行查询。这种方式使用门槛低，对服务端配置没有要求，可以基于常见的 SQL 语句支持多种不同的数据库。但是这种机制无法很好地捕获数据的变更与删除，从而无法保证数据一致性。典型的应用案例包括基于 Kafka Connector 的 Kafka-Connect-JDBC[一]、DataX[二]、Sqoop[三]等项目。

基于日志的捕获是基于数据库的事件日志实现的，例如 MySQL 的 Binlog 日志（MySQL Binlog 是二进制格式的日志文件，是用来记录 MySQL 内部对数据库改动的关键日志）。通过对事件日志的解析，可以获取数据的增删改查等一系列操作。基于日志的捕获可以有更高的实时性与一致性，它的缺点在于不同的数据库系统拥有不同的事件日志，并且需要在运维端将事件日志对外开放，相对于查询捕获有更高的使用门槛。典型的应用案例包括 Flink CDC[四]、Canal[五]、Debezium[六]。

Pulsar 基于 Canal 与 Debezium，并结合 Pulsar I/O 提供了 Pulsar CDC 能力。本节将介绍 Pulsar CDC 的原理与使用方法。

11.4.1 Pulsar Canal CDC

Canal 是基于 MySQL 数据库增量日志解析来提供增量数据订阅和消费的框架。Canal 会模拟 MySQL Slave 的交互协议，将自己"伪装"为 MySQL Slave，并向 MySQL Master 发送数据同步请求。Canal 通过解析事件日志提供数据同步功能。

Pulsar 基于 Canal 实现了 Pulsar Canal 连接器，Pulsar I/O 使用 Canal 客户端实现了对动态数据的捕获。下面将会以 MySQL 为例，介绍如何部署与使用 Pulsar Canal CDC。

[一] 参见 https://github.com/confluentinc/kafka-connect-jdbc。

[二] 参见 https://github.com/alibaba/DataX。

[三] 参见 https://github.com/apache/sqoop。

[四] 参见 https://github.com/ververica/flink-cdc-connectors。

[五] 参见 https://github.com/alibaba/canal。

[六] 参见 https://github.com/debezium/debezium。

如果在 MySQL 实例中进行 Binlog 采集，需要开启 MySQL 服务端的 Binlog 功能，并使用行结构（ROW）的 Binlog 日志。配置文件示例如下所示（在修改配置后需要重启服务端）。

```
# mysqld.cnf 配置文件
[mysqld]
pid-file    = /var/run/mysqld/mysqld.pid
socket      = /var/run/mysqld/mysqld.sock
datadir     = /var/lib/mysql
symbolic-links=0
log-bin=mysql-bin
binlog-format=ROW
server_id=1
```

在使用 Pulsar Canal 之前还需要启动 Canal 服务端并采集 Binlog 日志。在下载、解压后，首先对 Canal 配置文件进行修改，并配置数据库实例的相关信息。最后通过 startup 命令启动 Canal 服务。相关实现代码如下。

```
$ wget https://github.com/alibaba/canal/releases/download/canal-1.0.17/canal.
    deployer-1.0.17.tar.gz
$ mkdir /tmp/canal
$ tar zxvf canal.deployer-1.0.17.tar.gz
# 修改 conf/example/instance.properties 中的数据库参数
canal.instance.master.address=demo:3306
canal.instance.dbUsername=test_user
canal.instance.dbPassword=test_password
# 启动服务
$ bin/startup.sh
```

Pulsar Canal 连接器使用方式与普通 Pulsar I/O 连接器类似，首先需要准备相应的配置文件。cluster 代表是否使用 Canal 集群模式，其中 zkServers 参数用于配置 Canal 服务所需的 Zookeeper 地址。在集群模式下 Canal 可以通过 Zookeeper 自动完成故障转移、服务器列表自动扫描等工作。要使用 Pulsar Canal 连接器，还需要 Canal 服务端的账号信息：username、password、singlePort、singleHostname。相关实现代码如下。

```
# 连接器 yaml 配置文件
configs:
    zkServers: ""
    batchSize: "5120"
    destination: "test"
    username: ""
    password: ""
    cluster: false
    singleHostname: "pulsar-canal-server"
    singlePort: "11111"
```

在 Pulsar 安装路径下通过下列命令即可下载 Pulsar Canal 安装包，并以本地模式启动连接器实例。此时消费主题 my-topic 即可获取数据库中的消息，消息的格式是 Canal 协议定义的格式。

```
$ cd $PULSAR_HOME
$ wget https://archive.apache.org/dist/pulsar/pulsar-2.10.1/connectors/pulsar-
    io-canal-2.10.0.nar -P connectors
$ bin/pulsar-admin source localrun \
--archive ./connectors/pulsar-io-canal-2.10.1.nar \
--classname org.apache.pulsar.io.canal.CanalStringSource \
--tenant public \
--namespace default \
--name canal \
--destination-topic-name my-topic \
--source-config-file /pulsar/conf/canal-mysql-source-config.yaml \
--parallelism 1
```

11.4.2　Pulsar Debezium CDC

Debezium 是一个分布式数据库采集平台，它可将现有的数据库转换为事件流，并响应数据库中的每个行级更改。Debezium 包括多个连接器，如 MongoDB、MySQL、PostgreSQL、SQL Server、Oracle、DB2。

Debezium 最初构建在 Apache Kafka 之上，并提供与 Kafka Connector 兼容的连接器。它用于监控特定的数据库管理系统。Pulsar Debezium 连接器就是利用 Debezium 的事件流采集能力，结合 Pulsar I/O 来构建 Pulsar 生态中的 CDC 工具的。

下面以 MySQL 事件日志为例。MySQL 通过一个二进制日志来记录数据库的所有操作，这包括对表模式的更改以及对表中数据的更改。Debezium MySQL 连接器读取二进制日志，为行级插入（INSERT）、更新（UPDATE）和删除（DELETE）操作生成更改事件，并将更改事件发送到消息队列中。客户端应用程序读取这些事件数据，可实现数据库的数据捕获。

与 Pulsar Canal CDC 类似，Debezium CDC 也需要从仓库中下载连接器插件，并在指定配置文件后再执行。

```
$ cd $PULSAR_HOME
$ wget https://archive.apache.org/dist/pulsar/pulsar-2.10.1/connectors/pulsar-
    io-debezium-mysql-2.10.1.nar -P connectors
$ bin/pulsar-admin source localrun \
--archive connectors/pulsar-io-debezium-mysql-2.10.1.nar \
--name debezium-mysql-source --destination-topic-name debezium-mysql-topic \
--tenant public \
--namespace default
--source-config-file conf/canal-mysql-source-config.yaml
```

MySQL 连接器的核心配置文件如下所示。

```
# 连接器 yaml 配置文件 canal-mysql-source-config.yaml
configs:
    database.hostname: "localhost"      # 数据连接地址
    database.port: "3306"               # 数据库端口
    database.user: ""                   # 用户名
    database.password: ""               # 密码
    database.server.id: "184054"        # 连接器唯一标识符
database.server.name: "dbserver1"       # 数据库集群的逻辑名称
# 连接器写入和恢复 DDL 语句的数据库历史信息配置
    database.history: "org.apache.pulsar.io.debezium.PulsarDatabaseHistory"
    database.history.pulsar.topic: "history-topic"
    database.history.pulsar.service.url: "pulsar://127.0.0.1:6650" # 读取历史数据
        的地址
# Kafka 消息格式转换器
    key.converter: "org.apache.kafka.connect.json.JsonConverter"
    value.converter: "org.apache.kafka.connect.json.JsonConverter"
    offset.storage.topic: "offset-topic"               # offset 存储主题
```

使用 PostgreSQL、SQL Server、Oracle 连接器时所用的配置参数与使用 MySQL 连接器时的类似。在使用 MangoDB 连接器时需要将数据库地址改为如下配置。

```
# MangoDB 连接器 Yaml 配置文件
configs:
    mongodb.hosts: "rs0/mongodb:27017"   # 数据库地址
    mongodb.name: "dbserver1"            # 数据库名
    mongodb.user: "debezium"             # 用户名
    mongodb.password: "dbz"              # 密码
    mongodb.task.id: "1"                 # 任务 ID
```

11.5 可靠性优先场景

在金融场景下，对数据可靠性的要求要高于对性能的要求。本节将介绍在可靠性优先的场景下应该如何使用 Pulsar。

11.5.1 幂等性、消息确认与事务

Pulsar 通过生产者幂等性来保证生产者写入消息的一致性，通过消息确认机制保证消费者消息的一致性，通过事务机制保证消息端到端（End-to-End）处理的事务性。

在开启幂等性生产者后，客户端发出的消息写入请求会带有自增序列号。在遇到网络故障等异常时，服务端会进行写入重试过程，此时利用生产者的幂等性，Pulsar 可以保证发送到单个分区的每条消息有且仅有一条。

在 Pulsar 中被服务端确认写入的消息会被持久保存，直至消费者将其正确处理。在消费者中消息被正确处理的标志就是消息确认。消费者在正确处理每条消息后都需要向服务端发送确认请求，告知服务端该消息已经被成功消费，未被正常确认的消息可以通过确认

超时、消息重试、死信队列等一系列机制进行兜底。

在 Pulsar 中，幂等性生产者与确认机制可以保证单分区内的简单消息操作的正确性，在更复杂的应用场景下还需要通过事务机制把生产或消费等多个操作都作为一个单元进行提交，这样可保证一个事务中的所有消息操作要么全部提交，要么全部失败。

生产者的幂等性通过服务端的消息去重机制来实现。开启该功能的方式有以下几种。

❑ 服务端配置 broker.conf 中的 brokerDeduplicationEnabled 为全局默认配置项，若该配置项被设为 true，则所有的主题都拥有了生产者幂等性。

❑ 使用 pulsar-admin namespaces set-deduplication 命令可为特定命名空间启用消息去重功能。实现代码如下。

```
# 为 public/default 开启去重功能
$ bin/pulsar-admin namespaces set-deduplication public/default --enable
```

在 Pulsar 服务端启用消息去重功能，还需要在客户端对生产者进行如下配置，即指定生产者的名称并将消息超时设置为 0（即无超时）。

```
Producer producer = pulsarClient.newProducer()
    .producerName("producer-1")
    .topic("persistent://public/default/topic-1")
    .sendTimeout(0, TimeUnit.SECONDS)
    .create();
```

消息的确认机制、死信机制和事务功能已经在前文介绍过了，所以这里不再展开。Pulsar 应用层可靠性服务如图 11-2 所示。

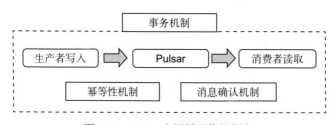

图 11-2　Pulsar 应用层可靠性服务

11.5.2　可靠性与一致性

在分布式系统中通常依赖多副本与复制机制来保证服务的高可靠性。Pulsar 也不例外，Pulsar 通过 BookKeeper 中实现的多副本与去中心化复制机制实现了存储层的高可靠性。在可靠性优先的场景下，通过合理配置，Pulsar 可以获得极高的可靠性与一致性，其中最关键的两个配置是对副本复制机制的配置与对磁盘持久化的配置。

副本复制机制决定了一份数据以何种方式复制到其他副本中，以及如何确认一份数据已经成功写入。在 Pulsar 的每一份数据副本中，由 Ensemble Size、Write Quorum Size、

Ack Quorum Size 三个核心参数共同保证一致性与可靠性级别。默认情况下 Pulsar 会存储两份数据副本（通过参数 managedLedgerDefaultWriteQuorum 进行控制），在极端情况下若两份副本同时损坏，就可能造成数据损失。如果想要获取更高的可靠性，可以适当调大数据副本数，副本数越多，Pulsar 获得的分区容错性越高，但消耗的资源也会越多。

除了可靠性外，调整最大副本数时还需要注意最小副本数的配置，只有写入成功副本数满足最小副本数的要求时，要写入的数据才算写入成功。同理，在副本数不满足最小副本数时，写入的数据将无法被外部访问。为保证可靠性，在允许牺牲一些可用性的情况下，可以尽量调大最小副本数。

除了副本复制机制之外，Pulsar 的可靠性与磁盘持久化级别有关。Pulsar 通过 BookKeeper 的 journalWriteData 和 journalSyncData 两个参数可以控制集群的磁盘持久性。Pulsar 通过 journalWriteData 参数决定是否在数据写入 Ledger 前，将数据记录到预写日志中。通过 journalSyncData 参数来控制是否在消息持久化到磁盘前就返回写入成功的响应。当两者都设为 true 时，Pulsar 具有最高的数据可靠性，即可以实现数据的同步刷盘。

通过对数据副本数的控制以及 BookKeeper 磁盘持久化的配置，Pulsar 集群可以从原理角度获取更高的可靠性。

推荐阅读